U0784719

实验动物科学丛书 3

丛书总主编 / 秦川

Ⅰ实验动物管理系列

中国实验动物学会团体标准汇编及实施指南

（第一卷）

（下册）

秦　川　主编

科学出版社

北　京

内 容 简 介

本书收录了由全国实验动物标准化技术委员会（SAC/TC281）和中国实验动物学会实验动物标准化专业委员会联合组织编制的第一批中国实验动物学会团体标准及实施指南，分为四个部分：实验动物基础通用系列标准、实验动物管理系列标准、实验动物质量控制系列标准、实验动物检测方法系列标准。基础通用系列标准包括从业人员和术语2项。管理系列标准包括健康监测、小鼠大鼠命名、动物实验报告、动物实验偏倚、动物实验生物安全5项。质量控制系列标准包括树鼩、SPF鸡、SPF鸭、SPF猪等11项。检测方法系列标准包括鸭I型肝炎病毒、牛棒状杆菌、小鼠诺如病毒、布鲁杆菌、螺杆菌、小鼠肝炎病毒、小鼠脑脊髓炎病毒、小鼠细小病毒（MPV株和MVM株）、小鼠和大鼠微卫星DNA标记的检测方法10项，总计28项标准及相关实施指南。

本书适用于实验动物学、医学、生物学、兽医学研究机构和高等院校从事实验动物生产、使用、管理和检测等相关研究、技术和管理人员使用，也可供对实验动物标准化工作感兴趣的相关人员使用。

图书在版编目(CIP)数据

中国实验动物学会团体标准汇编及实施指南（第一卷）/秦川主编.
—北京：科学出版社，2018.3
ISBN 978-7-03-053996-0

Ⅰ.①中… Ⅱ.①秦… Ⅲ.①实验动物学-标准-中国 Ⅳ.①Q95-65

中国版本图书馆CIP数据核字(2017)第175351号

责任编辑：罗　静 / 责任校对：李　影
责任印制：张　伟 / 封面设计：北京图阅盛世文化传媒有限公司

科学出版社出版
北京东黄城根北街16号
邮政编码：100717
http://www.sciencep.com
北京厚诚则铭印刷科技有限公司 印刷
科学出版社发行　各地新华书店经销
*
2018年3月第 一 版　开本：787×1092　1/16
2020年5月第二次印刷　印张：36
字数：840 000

定价：258.00元（上下册）

目　录

上　册

第一篇　实验动物基础通用系列标准

第二篇　实验动物管理系列标准

第三篇　实验动物质量控制系列标准

第四篇　实验动物检测方法系列标准

下 册

第一篇 实验动物基础通用系列标准

第二篇 实验动物管理系列标准

第三篇 实验动物质量控制系列标准

第四篇　实验动物检测方法系列标准

第一篇

实验动物基础通用系列标准

第一章　T/CALAS 1—2016《实验动物从业人员要求》实施指南

第一节　工 作 简 况

根据国家标准化管理委员会下达的《2003 年制修订国家标准项目计划目录》中的要求，全国实验动物标准化技术委员会（SAC/TC281）负责制定该项国家标准：《实验动物　从业人员要求》。全国实验动物标准化技术委员会（SAC/TC281）组织专家成立工作组负责此项国标制定工作。2015 年，因国家相关政策改变，此标准变更为中国实验动物学会团体标准。

实验动物科学发展对生物医学、药学等领域研究起到支撑作用，是衡量一个国家科技水平的重要标志。从业人员素质直接影响实验动物行业发展的速度和质量。本标准制定的目的就是规范实验动物从业人员要求，加强培训和资质认证工作，以推动从业人员素质的提高。

本标准起草单位：中国医学科学院医学实验动物研究所、中国农业大学、中国医科大学、首都医科大学、南京医科大学。

第二节　工 作 过 程

2011 年 7 月 28 日，全国实验动物标准化技术委员会邀请科技部、卫生部、国家标准委等各部委领导和部分标准起草专家召开《实验动物　从业人员要求》等五项标准启动会。

2011 年 8 月 31 日，标准起草组召开第一次工作会议，讨论确定了该标准的框架，并进行了任务分工。

2011 年 12 月 21 日工作组召开第二次会议讨论修改第一稿，会后各位专家多次提出修改意见形成第二稿。

2012 年 2 月 23 日工作组召开第三次工作会议，对标准草案进行讨论。与会专家重点讨论了标准中关于人员的分类和有关要求。

工作组委托赵德明教授在 2012 年 9 月 25~28 日在第十届中国实验动物科学年会国家标准征求意见分会场上，对实验动物从业人员标准草案进行公开征求意见，修改形成第四稿。

2012 年 12 月 4 日工作组召开第四次工作会议。与会专家逐条对标准征求意见稿进行分析讨论，确定了从业人员分类和各类人员的资格要求、资格评定和管理要求，并提出修改意见，形成第五稿。

2013 年 5 月 23 日工作组召开第五次工作会议，对标准草案第六稿进行讨论。与会专家重点讨论了标准中关于人员的分类和有关工作年限和学历要求。

2014 年 3 月 28 日工作组再次召集专家讨论修改，形成第七稿。

2014 年 6 月 10 日，标委会秘书处面向标委会委员公开征求意见，并根据意见修改成第八稿。

2014 年 6 月 28 日，工作组专家魏强在中国实验动物学会年会上再次公开征求专家意见，修改形成第九稿。经过反复修改和开会磋商，最终形成征求意见稿。

2014 年 7 月 15 日 ~9 月 15 日面向全国实验动物单位和专家公开征求意见。

2014 年 9 月底梳理反馈意见，召开工作组会议讨论修改。

2015年12月25日，因国家相关政策变化，改为团体标准，由中国实验动物学会发布。2016 年 1 月 1 日起实施。

2017 年 12 月，根据中共中央办公厅、国务院办公厅《中国科协所属学会有序承接政府转移职能扩大试点工作实施方案》（厅字〔2015〕15 号）等有关文件精神，将《实验动物 从业人员要求》（T/CALAS 1—2016）中，“资格要求”、“资格培训”、“资格评定”、“资格考试”和“资格证书”分别修改为“专业水平要求”、“技能等级培训”、“专业水平评定”、“专业水平考试”和“专业水平证书”。

第三节 编写背景

经过三十多年的发展，实验动物行业取得了显著成就，实验动物从业人员达三十万人以上，其中在实验动物专业机构工作的从业人员在两万人以上。然而，实验动物从业人员专业背景较杂，有医学、兽医学、生物学等学科，实验动物专业的人员很少，多数从业人员对实验动物科学与技术缺乏系统的了解。

实验动物从业人员还普遍面临以下问题：第一，实验动物从业人员队伍的规模越来越大，但是没有被收入国家职业名录，从业人员待遇得不到落实；第二，职称评定时没有体现本专业的特点，实验动物专业得不到重视，有碍于本学科的发展；第三，实验动物从业人员大多缺乏本专业的系统教育，行业内也缺少针对各类从业人员的专业培训机构，导致实验动物从业人员缺乏行业认同感。因此，我国需要对实验动物从业人员进行分类，有针对性地开展技术培训并认定其资质。

大学文凭和受教育程度成为个人实现自我发展和社会地位提升的唯一渠道，并不意味着社会进步和正常的社会流动。相反，只有当教育带给个人更多选择时，教育才在真正意义上促进着人的发展和社会进步。这也是制定本标准的意义所在，制定本标准是基于实验动物行业的工作性质需要，是为了提升实验动物从业人员职业素养和技能水平，也是为了与美国、欧盟、日本等国家国际接轨的需要。其目的不是为了与单位职称挂钩，也不是单纯为了提升从业人员的工资水平。实验动物从业人员技能等级培训和资质认定只是一个行业技能证明，也是这个职业继续学习的需要。

根据《实验动物管理条例》（国务院 2 号令）第二十七条之规定，“地方各级实验动物工作的主管部门，对从事实验动物工作的各类人员，应逐步实行资格认可制度”。条例要求：①对实验动物从业人员实施资格认可；②实行资格认可的对象是从事实验动物工作的各类人员，应该对从业人员分类认可。本标准的制定可为国家实验动物主管部门制定《实验动物从业人员管理办法》提供工作基础。

第四节 编制原则

本标准的编制遵循下列原则：

（1）保证标准修订过程的科学性；

（2）保证标准执行过程的可操作性；

（3）充分考虑我国国情，符合我国实验动物行业发展水平。

第五节 内容解读

一、术语和定义

本标准系统梳理了我国从事实验动物工作的各类人员，为方便技术培训的需要，将从业人员定义为从事实验动物或动物实验相关工作的各类人员，包括技术人员、管理人员、实验动物医师、科研人员、辅助人员、阶段性从业人员。

二、从业人员分类

（一）实验动物技术人员系列

分为初、中、高三级，不设技术工人。技术工人经过培训考核后直接评定实验动物助理技师。该分类参考了美国实验动物学会（AALAS）的分类标准：实验动物助理技术员 Assistant Laboratory Animal Technician（ALAT）；实验动物技术员 Laboratory Animal Technician（LAT）；实验动物技术专家 Laboratory Animal Technologist（LATG）。

（二）实验动物管理人员系列

美国实验动物学会（AALAS）管理人员只有一个层次，即动物资源职业机构负责人 The Certified Manager Animal Resources（CMAR）。考虑到管理人员还需要有上升空间，所以本标准增加了实验动物高级管理师。

（三）实验动物医师系列

按照我国职业通用分类法，分为三级，实验动物助理医师、实验动物医师和实验动物高级医师。

该分类参考美国、欧盟、日本的国家实验动物医师培训和认证。

（四）实验动物研究人员系列

按照我国职业通用分类法，分为三级，实验动物初级研究员（相当于研究实习员）、实验动物中级研究员（相当于助理研究员）和实验动物高级研究员（相当于副高级和高级研究员、教授）。

（五）实验动物辅助人员

又可以分为技术工人系列和工程师系列，包括锅炉工、电工、网络工程师等工种。国家有统一的职业资格考试，通常不会跟实验动物直接接触，故在本标准中不做培训和考试要求。

（六）实验动物阶段性从业人员

临时从事实验动物行业工作1年以内的人员，主要为因工作需要，暂时开展动物实验的人员。

三、从业人员专业水平要求

（一）基本要求

根据我国各地区实验动物从业人员的基本现状制定。

（二）工作年限、考试要求及能力要求

1. 实验动物技术人员系列

实验动物助理技师设2种情况：一种是中专以下的，要求从事实验动物工作2年及以上，并通过相应考试，另一种是具有大专及以上学历，要求从事实验动物工作经历半年及以上，并通过相应考试即可获得实验动物助理技师证书。

实验动物技师：要求已经获得实验动物助理技师的人员，从事实验动物工作2年及以上，通过相应考试，或无助理技师证，但具有本科学历，具有实验动物工作经历半年及以上，并通过相应考试，即可获得实验动物技师证书。

实验动物技术专家：本标准要求具有实验动物技师证书，同时具有大专及以上学历（美国要求具有高中学历就可以），继续从事实验动物工作2年及以上，或有研究生学历，从事实验动物工作2年及以上，通过相应考试。

本标准对实验动物技术人员能力要求参考上述考试内容，并从以下几方面进行考核实验动物助理技师：要求掌握实验动物学及动物福利基础知识，实验动物饲养基本技能，了解实验动物健康、疾病预防与控制、设施管理、动物实验的准备等基本技能。

实验动物技师：要求熟练掌握和运用实验动物健康、疾病预防与控制、动物福利、设施管理等知识，并具有解决工作中遇到实际问题的能力；

实验动物技术专家：在实验动物技师的基础上要求具有一定的组织、管理与培训实验动物助理技师和技师的能力。

2. 实验动物管理人员系列

实验动物管理师：本科生要求从事实验动物工作5年，管理工作3年，研究生学历工要求从事实验动物工作3年，管理工作2年，并通过相应考试即可获得实验动物管理师证书。

实验动物高级管理师：实验动物管理师的基础上继续从事实验动物管理工作3年及以上的，通过相应考试即可晋升为实验动物高级管理师，年限条件相当于技术或管理岗位的副高级工作年限。

（1）实验动物管理师主要考核以下各个方面的能力：

a）实验动物科学的基础知识和常规实践操作技能；

b）实验动物福利、伦理和法规相关知识；

c）实验动物设施运行管理与维护的基本知识和基本技能，并具有解决常见问题的管理能力；

d）管理一定范围内实验动物和技术人员及相应范围内实验动物环境设施的能力，对实验动物从业人员进行培训培训的能力。

对实验动物管理师，增加了具有对实验动物设施运行管理与维护的基本知识和基本技能，以及解决常见问题的管理能力的要求。

（2）实验动物高级管理师主要考核以下几方面的能力：

a）实验动物科学的理论知识和实践操作技能、组织管理实验动物繁育、保种、育种、生产供应、动物实验及实验动物质量控制能力等；

b）掌握并运用实验动物福利、伦理和法规相关知识进行相应的管理工作的能力；

c）熟练掌握实验动物设施运行管理与维护知识和技能，并具有解决实际问题的组织、管理能力；

d）对实验动物从业人员进行相关的培训、人员调配及组织实施的能力；

e）承担或参与实验动物相关课题研究的能力。

对实验动物高级管理师，增加了具有对实验动物从业人员进行相关的培训、人员调配及组织实施的能力和承担或参与实验动物相关课题研究能力的要求。

3. 实验动物医师系列

（1）实验动物助理医师：具有兽医学相关专业专科以上学历的人员，从事实验动物工作1年以上，并通过相应考试。

（2）实验动物医师：

a）获得实验动物助理医师证书或国家执业助理兽医师证书后，从事实验动物工作2年以上并通过相应考试；

b）具有兽医学相关专业本科及以上学历或获得国家执业兽医师后，从事实验动物工作1年以上，并通过相应考试。

（3）实验动物高级医师：获得实验动物医师证书后，继续从事实验动物工作3年以上并通过相应考试即可获得实验动物高级医师证书。

本标准制定实验动物医师系列能力要求以以下几个方面为基础：①实验动物学及相关学科基础知识；②实验动物福利、伦理和法规相关知识；③实验动物疾病的诊断、监测、预防、治疗；④实验动物保定和操作，安死术以及其他方法。不同级别要求掌握的程度逐级提高，实验动物高级医师应具备为实验动物研究人员提供专业指导及培训的能力。

4. 实验动物研究人员系列

参考我国专业技术职称分类方法，将实验动物研究人员分为初中高三类，实验动物初级研究员相当于研究实习员或助教，实验动物中级研究员相当于助理研究员或讲师，实验动物高级研究员相当于副高级、高级研究员或教授。

初级研究员要求在获得专业技术职称的基础上通过相应的实验动物专业考试，中级和高级研究员要求在获得技术职称的基础上有2年实验动物工作经历并通过相应考试。

实验动物研究人员实验动物专业以下几方面为基础：①实验动物一般生物学特性、饲养、微生物学、疾病学等基本相关知识；②实验动物福利、伦理和法规相关知识；③动物实验基础理论知识及实验操作技术。要求掌握的程度也是逐级升高，实验动物高级研究员应具备独立承担实验动物相关课题研究的能力，能够独立进行科研设计、课题实施，并为实验动物研究人员提供专业指导及培训等。

5. 实验动物辅助人员

依据从事的专业不同要求其通过国家统一的职业资格考试，因为辅助人员通常不会跟实验动物直接接触，故在本标准中只要求经过实验动物基础知识及基本技能培训，不做实验动物方面考试要求。要求熟练掌握相关专业技术领域知识和技能并具有解决实际问题的实践能力。

6. 实验动物阶段性从业人员

由于是暂时性接触动物实验，因此只要求经过实验动物基础知识及基本技能培训并获得所从事职业的阶段性从业人员专业水平证书。要求了解实验动物基本知识，掌握所从事职业的基本技能即可。

四、技能等级培训及评定

（一）技能等级培训

为了确保实验动物从业人员技能等级培训的灵活性和有效性，明确了国家级实验动物学会具有对各级实验动物培训机构的审批权，经审批合格的培训机构方可进行实验动物从业人员技能等级培训及考试。

（二）技能等级评定

从业人员经过技能等级培训及考试后，最终的技能等级评定及证书颁发仍由国家级实验动物学会统一执行，有利于监管。技能等级晋升评定机构应针对不同分类、不同级别的从业人员制定每年需完成的继续教育学分的要求，作为推动从业人员提升专业能力的形式和手段。继续教育的形式灵活，包括国家级、省级相关专业的继续教育、会议及培训，从业人员易于完成。

五、管理要求

1. 明确规定了国家级的实验动物学会为实验动物从业人员职业培训和职业技能鉴定、考核和颁发证书的行业主管机构。

2. 为了确保实验动物从业人员职业培训和职业技能鉴定、考核等的公平化、合理化和规范化，国家级实验动物学会负责对培训机构进行评估和认证以及培训课程的制定。

第六节 国内外同类标准分析

一、国内外实验动物从业人员分类对比（表1）

表1 中美日欧四个国家实验动物从业人员分类和资质认定对比

	中国	美国	日本	欧盟
人员分类	中国分为六类，实验动物技术人员、研究人员、实验动物医师、实验动物管理人员、辅助人员、阶段性从业人员	美国形成了一个实验动物从业人员培训和资格认证体系，分为研究人员、兽医师、技师系列和管理人员等四个方面	日本实验动物从业人员分为实验动物技术员（Technician）、实验动物研究人员（Scientist）和实验动物技术专家（Technologist）	欧洲 FELASA 自 1995 年开展实验动物从业人员的执业培训工作，并分为四类，实验动物饲养人员（A）、动物实验人员（B）、实验动物技术指导（C）、实验动物科学家（D）

续表

	中国	美国	日本	欧盟
人员资质	实验动物技术人员（ALAT、LAT、LATG）、研究人员（JLAR、LAR、SLAR）、实验动物医师（ALAV、LAV、SLAV）、实验动物管理人员（MAR、SMAR） 辅助人员和阶段性从业人员暂时不做考试要求	AALAS—实验动物管理人员（CMAR）和实验动物技术系列（ALAT，LAT，LATG） ACLAM—实验动物有证会员或实验动物医学会“专家”（Diplomate）	日本实验动物协会（JSLA）设二级（初级）技术师、一级（中级）技术师两个级别；实验动物培训师分为A、B、S三级	FELASA通过认证培训课程来认证从业人员资质（A，B，C，D）
认定机构	国家级实验动物学会	AALAS下属的资格认证和注册委员会（CRB）	日本实验动物协会（JSLA）	欧洲实验动物科学联盟（FELASA）教育培训认证委员会

二、国外实验动物医师认证

美国实验动物医学教育开始于1957年，标志是美国实验动物医学会（ACLAM）的建立，通过实验动物医学会认证的有证（Diplomate）会员或称为实验动物医学会“专家”。ACLAM认证了700多名实验动物医学会“专家”，其中600多名有效，70名已退休。1996年欧洲的一些实验动物医学家在瑞士布鲁塞尔成立欧洲实验动物医学协会（ESLAV），1999年更名为欧洲实验动物医学会（ECLAM）并获得欧洲兽医专家委员会的临时认可。1991年，日本250名实验动物医师发动成立日本实验动物医学协会（JALAM），后来改称日本实验动物医学会（JCLAM），跟欧美一致，已经认证了65名实验动物医学会“专家”。2005年10月，北美、欧洲、日本和韩国的实验动物医学院组建“国际实验动物医学会联合会（IACLAM）”，通过认证实验动物高级兽医师、发展教育、整合教育资源、发展有关该领域的知识、作为合作伙伴促进3Rs，尤其是加强兽医在优化动物试验中的作用。因此，参考欧美国家的实验动物医学会“专家”（Diplomate），本标准设置了实验动物医师系列。参考我国农业部《执业兽医管理办法》规定，执业兽医分执业兽医师和执业助理兽医师；《中华人民共和国执业医师法》规定医师分执业医师和执业助理医师，将实验动物医师分为实验动物助理医师、实验动物医师和实验动物高级医师。

三、美国实验动物技术人员认证

美国实验动物技术人员资格要求见表2，美国实验动物技术人员考试内容见表3。

表 2 美国实验动物技术人员专业水平要求

已获得证书		教育水平			实验动物工作经历（年）
		高中学历	副学士（只读 2 年学士课程，相当于大专）学历	学士学历或更高	
ALAT					2
		√			1
			√		0.5
LAT		√			3
			√		2
				√	1
	ALAT	√			0.5
	ALAT				2
LATG		√			5
			√		4
				√	3
	LAT	√			0.5

表 3 美国实验动物技术人员考试内容

考试内容	ALAT	LAT	LATG
动物管理、健康和福利	66%~92%	65%~91%	50%
设施管理	8%~34%	9%~35%	50%
试题量	120	155	180
考试时间	2 小时	2.5 小时	3 小时

四、与法律法规、标准的关系

本标准的编制依据为现行的法律、法规和国家标准，与这些文件中的规定相一致。

五、重大分歧的处理和依据

在本标准的编写过程中，重大意见分歧处理情况如下。

1. 在实验动物技术人员系列分类

有专家建议将实验动物技术人员分为实验动物技术人员和动物实验技术人员，每类人员再分为初、中、高三级，有专家建议实验动物技术人员统一分初、中、高三级，无论实验动物还是动物实验，技术人员都是掌握基本的实验动物理论知识，掌握和从事一些基本的饲育和实验操作，复杂深入地开展动物实验的多数是研究人员，因此将研究人员单独列为一类从业人员。后一种技术人员分类方式与美国的技术人员分类相似，美国实验动物技术人员的这种分类、考核及管理也比较成熟，因此最终实验动物技术人员分类借鉴了美国实验动物技术人员的分类方式。

2. 实验动物医师的命名及分类

关于“实验动物医师”名称，有专家建议名为“实验动物兽医师”，经反复讨论统一改为实验动物医师，要求在兽医等专业背景下，进一步学习实验动物疾病诊疗护理知识后才能成为实验动物医师。以区别于普通兽医师。实验动物医师对应实验动物医学（laboratory animal medicine），专业内容上跟兽医学有较大差别。同时也参考了宠物医师的用法。

关于实验动物医师分类，有专家建议参考美国实验动物兽医分类要求，分为一类。经过反复讨论，参考美国实验动物医学会有证会员的资质要求以及我国兽医分类要求，将实验动物医师分为实验动物助理、实验动物医师和实验动物高级兽医师三类。便于今后与我国的职业标准对接。

3. 实验动物助理技师学历要求

有专家对实验动物助理技师具有中专及以下学历提出疑问，相当于对实验动物助理技师没有学历要求。该设置是考虑到全国东西部差异现状，还有部分实验动物饲养人员为小学、初中水平。这么规定是为了放开门槛，鼓励中专以下学历者寻求技术培训机会，提高技术水平。学历要求只是一个方面，还需要经过培训和考试才能获得实验动物助理技师的专业水平证书，对于没有经过专业教育的从业人员，考试会严格把关。

4. 从业人员资质证书的有效期

有专家建议设置证书有效期，比如5年。参照农业部《执业兽医管理办法》和《中华人民共和国执业医师法》规定，暂时不设有效期要求。而是要求每年至少接受一次继续教育活动来维持专业水平证书的有效性，违反此要求，专业水平证书自动失效。

六、作为推荐性标准的建议

本标准为条文强制，其中从业人员专业资格基本要求、培训机构要求、专业资格的评定及证书的颁发、从业人员继续教育等涉及安全问题，暂定为强制性内容，其余内容为推荐性。

本标准发布后，应广泛组织宣传贯彻。

第二章　T/CALAS 2—2017《实验动物　术语》实施指南

第一节　工 作 简 况

根据中国实验动物学会实验动物标准化专业委员会下达的2016年团体标准制修订计划，由中国医学科学院医学实验动物研究所负责起草《实验动物　术语》团体标准。该标准由中国实验动物学会颁布实施并归口管理。

第二节　工 作 过 程

2015年11月由中国实验动物学会实验动物标准化专业委员会传达标准制修订计划的通知，《实验动物　术语》获得立项，并成立编制工作组，成员包括实验动物病理专家、中国实验动物学会理事长秦川教授，中国实验动物学会实验动物标准化专业委员会秘书长孔琪副研究员，和中国实验动物学会实验动物标准化专业委员会副主任委员、《实验动物　微生物学等级及监测》起草人魏强研究员。由于本标准中引用了GB 14922.1《实验动物　寄生虫学等级及监测》、GB 14922.2《实验动物　微生物学等级及监测》、GB 14923《实验动物　哺乳类实验动物的遗传质量控制》、GB 14924.1《实验动物　配合饲料通用质量标准》、GB 14924.2《实验动物　配合饲料卫生标准》、GB 14924.3《实验动物　配合饲料营养成分》、GB 14925《实验动物　环境及设施》国家标准中的术语和定义，所以把以上标准的第一起草人列为本标准的主要完成人。

编制工作组在2015年12月启动编制工作。我们收集整理大量国内外有关实验动物学名词术语的资料，从中选择了一些有专业特性的，常用的术语，列入本标准中。

2016年3月，工作组召开了会议，讨论并确定了标准编制的原则和指导思想；制定了编制大纲和工作计划。2016年3~6月，工作组多次交流编制内容。在参照《实验动物学词典》和《中华医学百科全书——医学实验动物学分册》及国内现有标准的基础上，于2016年6月完成征求意见稿和编制说明初稿。2016年6~10月期间，反复多次修改。

2016年10月，在广西南宁召开的中国实验动物学会年会上，首次公开征求与会专家意见。根据会上和会后汇总的专家意见，工作组再次对征求意见稿修改，最终形成目前的征求意见稿和编制说明。

2016年11~12月，由中国实验动物学会面向社会和实验动物行业单位公开征求意见。收到6家单位意见，形成58条建议，采纳55条，不采纳3条。

2017年1月，起草小组整理汇总专家对本标准征求意见稿提出的问题，同时对标准格式进行了规范，最终形成标准送审稿和编制说明。

2017年2月21日，全国实验动物标准化技术委员会邀请全国的31名知名专家，组织召开了“全国实验动物标准化技术委员会年会暨标准审查会议”，起草单位在审查会上详细汇报了本标准（送审稿），现场专家们肯定了本标准的重要性和必要性，同时提出了一些意见或建议，起草小组对照征求意见进行了修改说明、补充和完善，形成本标准的报批稿。2017年5月，本标准经中国实验动物学会第六届理事会常务理事会第八次会议审议通过，批准发布，于2017年5月19日起正式实施。

第三节 编写背景

实验动物学是一门跨学科的新兴应用性学科。实验动物是其重要基础和组成；是生命科学研究的重要工具和支撑条件；也是国家创新发展的重要战略资源。不仅在医药卫生、环境保护、食品安全、农业、动物医学和生物安全等领域的研究中必不可少，而且在航天、航海、防原、防化等特殊领域的科学研究中也具有十分重要的地位和作用。

实验动物学领域的术语涉及很多，已经发布的国家标准和团体标准中都有术语和定义部分。目前发现，各个标准中同一术语不同定义，或术语不一致的情况，统一术语名称的定义就非常必要。另外，中国医学科学院医学实验动物研究所秦川教授主编了《实验动物学词典》（已出版）和《中华医学百科全书——医学实验动物学分册》，里面涉及大量的实验动物学术语。在此基础上，我们申请制定《实验动物 术语》标准，以便于统一规范实验动物术语名称和定义。

第四节 编制原则

1. 科学性原则：本标准首先要保证实验动物术语的科学性和有效性，避免重复和无效的实验动物术语名称。

2. 适用性原则：实验动物内容较多，术语定义也很多，甚至同一个术语存在不同的名称和定义。如何区分这些术语定义，是本标准考虑的重点内容。我们在选择术语时，注重其代表性和适用面较广，也就是能够国内外通用，并适用于多种实验动物术语的指南。尽量避免每一个重复名称和不规范名称，这样容易导致混乱，也不利于使用者理解。对于特殊实验动物术语，我们今后会不断完善。

3. 动物福利原则：动物福利是实验动物的基本诉求，在规范实验动物名称时，要考虑能够满足3R的基本需求，尽量避免不符合动物福利要求的术语，例如，处死、杀死等，一律用安乐死代替。同时，本标准中也单列出了福利相关术语。

4. 经济性原则：在保证满足科学研究需要的前提下，实验动物的术语和定义要尽量规范、清晰，避免重复或模糊不清。

5. 可操作性原则：应具有较好的可操作性，简单通俗易懂，国内外同行较为认可的术语，对规范实验动物术语具有实际意义。

第五节 内 容 解 读

一、范围

本标准界定了实验动物常用术语的定义或释义。实验动物领域的术语很多，许多存在交叉学科中，此次难以全部收录，所以选择了常用的、有代表性的术语。

本标准适用于实验动物领域的工作，特别是实验动物标准的编写和实施。编制术语标准主要用于实验动物领域的标准、规范、法规、文件和图书、文献等编写工作。督促大家尽量选择规范化的术语，也方便大家理解这些术语的定义。

二、规范性引用文件

下列文件对于本标准的应用是必不可少的。凡是注明日期的引用文件，仅注日期的版本适用于本标准。凡是不注日期的引用文件，其最新版本（包括所有的修改单）适用于本文件。

GB 14922.1《实验动物　寄生虫学等级及监测》

GB 14922.2《实验动物　微生物学等级及监测》

GB 14923《实验动物　哺乳类实验动物的遗传质量控制》

GB 14924.1《实验动物　配合饲料通用质量标准》

GB 14924.2《实验动物　配合饲料卫生标准》

GB 14924.3《实验动物　配合饲料营养成分》

GB 14925《实验动物　环境及设施》

此处列出了包含术语定义的国家标准，当本标准中内容跟国家标准和法律法规相冲突时，以国家标准和相关部门发布的法律法规为准。

三、基本术语

本部分列出了实验动物学领域最核心，不属于分支学科的术语。

四、实验动物术语

本部分列出了实验动物相关的常用术语，主要是各种实验动物品种的术语定义。

五、动物实验术语

本部分列出了动物实验相关的常用术语，主要是各种动物实验分类的术语定义。

六、动物模型术语

本部分列出了动物模型相关的常用术语，主要是各种动物模型分类的定义。

七、实验动物从业人员术语

本部分列出了实验动物从业人员相关的常用术语，主要是各种实验动物从业人员分类的术语定义。

八、比较医学术语

本部分列出了比较医学相关的常用术语，主要是各个比较医学分支学科的术语定义。

九、实验动物医学术语

本部分列出了实验动物医学相关的常用术语，主要是各个实验动物医学分支学科的术语定义。

十、实验动物管理术语

本部分列出了实验动物管理相关的常用术语，主要是各种实验动物管理分类的术语定义。

十一、实验动物微生物学术语

本部分列出了实验动物微生物学相关的常用术语，主要是各种实验动物微生物学学科中最核心的术语定义。

十二、实验动物营养学术语

本部分列出了实验动物营养学相关的常用术语，主要是各种实验动物营养学学科中最核心的术语定义，特别是饲料分类。

十三、实验动物环境设施术语

本部分列出了实验动物环境设施相关的常用术语，主要是各种实验动物环境设施学科中最核心的术语定义，特别是环境及设施分类。

十四、实验动物遗传学术语

本部分列出了实验动物遗传学相关的常用术语，主要是各种实验动物遗传学学科中最核心的术语定义，特别是实验动物的遗传学分类。

十五、实验动物行为学术语

本部分列出了实验动物行为学相关的常用术语，主要是各种实验动物行为学学科中最核心的术语定义，特别是实验动物的行为学分类。

十六、实验动物福利术语

本部分列出了动物福利相关的常用术语，主要是各种动物福利分类的术语定义。

第六节 国内外同类标准分析

本标准参考了国外先进标准、法规、指南中的术语和定义。

第七节 与法律法规、标准的关系

本标准是在收集、整理国内外有关先进标准，并结合我国目前实验动物学科现状的基础上制定的，与现行法律、法规没有冲突。

第八节 重大分歧意见的处理经过和依据

从标准结构框架和制定原则的确定、标准的引用、有关技术指标和参数的试验验证、主要条款的确定直到标准草稿征求专家意见，均未出现重大意见分歧的情况。

第九节 标准实施要求和措施

本标准制定完成后，由中国实验动物学会负责召开标准宣贯培训班，宣传贯彻本标准。

第二篇

实验动物管理系列标准

第三章　T/CALAS 3—2017《实验动物 健康监测总则》实施指南

第一节　工 作 简 况

根据中国实验动物学会实验动物标准化专业委员会下达的2015年团体标准制修订计划，由中国医学科学院医学实验动物研究所负责起草《实验动物　健康监测总则》团体标准。该标准由中国实验动物学会颁布实施并归口管理。

第二节　工 作 过 程

2015年12月由中国实验动物学会实验动物标准化专业委员会传达标准制修订计划的通知，《实验动物　健康监测总则》获得立项，并成立编制工作组，主要起草专家包括实验动物病理专家、中国实验动物学会理事长秦川教授，中国实验动物学会实验动物标准化专业委员会秘书长孔琪副研究员，和中国实验动物学会实验动物标准化专业委员会副主任委员、《实验动物　微生物学等级及监测》起草人魏强研究员。工作组采取充分讨论、沟通、协调一致的工作方式做出决定。

编制工作组在2015年12月启动编制工作，孔琪参考由欧盟实验动物学会联合会（Federation for Laboratory Animal Science Associations，FELASA）编制的多项实验动物健康监测指南，同时收集整理相关资料。

2016年3月，工作组召开了会议，讨论并确定了标准编制的原则和指导思想；制定了编制大纲和工作计划。2016年3~6月，工作组多次交流编制内容。在参照FELASA实验动物健康监测相关指南及国内现有标准的基础上，于2016年6月完成征求意见稿和编制说明初稿。2016年6~10月，工作组反复修改。

2016年10月，在广西南宁召开的中国实验学会年会上，首次公开征求与会专家意见。根据会上和会后汇总的专家意见，工作组再次对征求意见稿修改，最终形成目前的征求意见稿和编制说明。

2016年11~12月，由中国实验动物学会面向实验动物行业单位公开征求意见。收到5家单位意见，形成14条建议，采纳14条，不采纳0条。

2017年1月，起草小组整理汇总专家对本标准征求意见稿提出的问题，同时对标准格式进行了规范，最终形成标准送审稿和编制说明。

2017年2月21日，中国实验动物学会实验动物标准化专业委员会邀请全国的31名知名专家，组织召开了“全国实验动物标准化委员会年会暨标准审查会议”，起草单位在审查会上详细汇报了本标准（送审稿），现场专家们肯定了本标准的重要性和必要性，同时提出了一些意见或建议，起草小组对照征求意见进行了修改说明、补充和完善，形成本标准的报批稿。2017 年 5 月，本标准经中国实验动物学会第六届理事会常务理事会第八次会议审议通过，批准发布，于 2017 年 5 月 19 日起正式实施。

第三节 编 写 背 景

实验动物健康监测是保障实验动物质量的一个重要措施。中国建立了实验动物质量保障体系，包括许可证制度、质量检测机构和质量检测标准等。美国、欧盟、日本、中国台湾地区等都已经建立了实验动物健康监测体系。本标准主要参考这些资料，结合我国国情制定。

欧盟实验动物学会联盟（FELASA）颁布的实验动物健康监测指南包括：

1. *Guidelines for Health Monitoring of Rodents and Rabbits*（2014），针对小鼠（mouse）、大鼠（rat）、地鼠（hamster）、豚鼠（guinea pig）和兔（rabbit）等啮齿类动物和兔制定的健康监测指南。

2. *Recommendations for Health Monitoring of Cats*，*Dogs and Pigs*（1998），针对猫、狗和猪制定的健康监测指南。

3. *Recommendations for Health Monitoring of Experimental Units of Calves*，*Sheep and Goats*（2000），针对实验用牛、羊制定的健康监测指南。

4. *Recommendations for Health Monitoring of Non-human Primate Colonies*（1999），针对实验用非人灵长类动物制定的健康监测指南。

以上指南，我们将制定系列标准，分别编制中国实验动物学会团体标准并发布实施。

本标准是为规范我国实验动物健康监测指南的需要而制定，旨在对实验动物的管理要求、技术要求、过程控制和质量保证等方面的内容进行规范化管理。引进实验动物为潜在的感染源，引进实验动物的实时监测是设施内动物健康监测的重要环节。所有引进实验动物皆需生物净化，并在兽医授权后方能进入饲养设施。实验动物健康的检测方式包括病理学、微生物学、寄生虫学等。常规检测项目为国家标准规定 SPF 级实验动物需排除的病原体，同时不断增加国际标准的检测项目，随时做到与国际标准接轨。

第四节 编 制 原 则

1. 科学性原则：本标准首先要保证实验动物健康监测的科学性和有效性，避免重复和无效的实验动物质量监测措施。

2. 适用性原则：实验动物种类较多，不同种类实验动物健康监测方式存在一定差别，如何更好地保护实验动物健康，是本标准考虑的重点内容。我们在选择标准化要素时，注重其权威性和适用面较广，也就是能够国际通用，并适用于多种实验动物健康监测的指南。

3. 动物福利原则：动物福利是实验动物的基本诉求，在设计实验动物健康监测方案时，要考虑能够满足 3R 的基本需求，尽量避免没有必要的或重复性动物实验。

4. 经济性原则：在保证满足科学研究需要的前提下，实验动物健康监测要尽量规范，避免重复、浪费。

5. 可操作性原则：应具有较好的可操作性，简单易用，对规范实验动物健康监测行为具有实际意义。

第五节 内容解读

一、范围

本标准规定了实验动物健康监测要求，包括方案审查、健康监测系统、哨兵动物管理、健康监测方式、环境监测、饮用水、饲料和垫料、废弃物处理、实验记录与档案管理。

本标准适用于从事实验动物生产、使用的各类机构。

虽然大多数感染不会引起明显的临床症状。然而，潜在的或隐性感染，会对动物实验的结果产生相当大的影响。微生物对实验动物生理学（行为、生长率、相对器官重量、免疫反应）的影响有很多，例如在进行某病毒的毒力验证试验时，若实验动物由于之前感染体内存在针对该病毒的抗体，将无法验证该病毒的毒力。显性或隐性感染，可能会混淆科研结果，扩大生物学实验的差异，导致动物用量的增加。实验动物隐性感染会导致生物材料如可移植性肿瘤和其他组织，细胞和血清，或胚胎和配子发生污染。这些污染可能会反过来感染新的动物或干扰材料的使用。部分实验动物的感染也会感染人类（人畜共患病）。由于上述原因，各机构建立实验动物健康监测方案，并将其整合进实验动物质量保障体系中，是非常必要的。

二、监测方案审查

健康监测是一个复杂的问题，应经过相关机构审查，以确定是否有效。健康监测方案的成功要求全部直接（如饲养人员、技术人员、研究人员）或间接（如后勤供应）从事动物工作的人员对于健康管理和监测的意义有充分理解。健康监测的结果应在一个清晰且易用的标准规范化的健康报告中呈现。然而，应该强调的是，这些报告只是健康监测方案的一部分，其他的还有微生物的定义、采样、样本分析、结果报告，以及对于所报道结果的解读。

健康监测方案必须允许对单位的保护措施进行正确评估。方案设计必须适应当地需求，需要考虑微生物单位、动物物种、免疫状态以及单位内的动物数量、监测频率、需要收集哪些动物和样品，检测哪些物种，检测方法以及单位的健康史。如果微生物单位包含不止一种动物物种，则每一个物种都必须单独检测。此外，遗传背景的差异以及年龄都会影响感染的易感性和血清学反应。因此，应选择不同年龄段的动物进行筛查。如果存在不同的品系或血统，尽可能选择多或全部的动物来筛查，或者随着时间的变化，采样应在不同品系或血统间轮转，因为结果将代表单位内同一物种的全部品系动物。

健康监测方案的彻底性应体现在应用于特定单位的风险等级，以及对其他单位的风险。监测频率同样由病原的生物学特性和传播能力来决定。应经常检测高致病性和传染性的病原体。监测频率也可以反映病原对于研究方案的潜在影响。

三、健康监测系统

本部分规定了实验动物健康监测系统应包含的内容。动物房环境和动物遗传因素及其相互作用可能会影响实验动物在研究中的适用性。在动物设施中出现传染性病原，直接影响动物福利、实验的误差，以及科学研究项目。使用生物学特性已知的动物对于保障实验结果的可重复性至关重要。主要目的是为了协调实验动物健康监测方案（即设计、采样、监测、报告和解读），有助于改善研究用动物的微生物质量，以及满足科学、法律和福利的要求。

四、哨兵动物管理

部分实验和育种单位的一些因素，如住房条件、居民动物的免疫缺陷，或动物量的不足都可能不允许对实验动物的直接采样。这时，便可以对哨兵动物进行健康监测。哨兵动物暴露于同一（不同）物种的需要评估微生物状态的动物中，且需要经过一段足够长的暴露时间后提交检测。它们经常是外源的，但是内源性的动物暴露于具名动物后也可以接受。如果哨兵动物在监测单位中不育，那么它们必须来源于一个没有受监测病原和抗体感染的群体。

一般情况下，哨兵动物应该是待检测动物同一物种。少数时候，外来种啮齿动物被安置在实验室里。哨兵动物可以通过直接或间接与动物群接触获得微生物单位里的病原体。最常见的间接暴露方法是接触污染垫料。这就需要将哨兵保持放置在从待检测微生物单位中足够数量的笼具里去除的垫料中。提供给每个哨兵笼具的笼具数量由健康监测方案的负责人确定。定期改变供应笼具可以清晰地观察到单位的微生物状态。这种方法的可靠性取决于选择的哨兵、病原体的脱落方式、脱落的周期、分泌病原的浓度、病原脱落后的稳定性、转移的污染垫料的体积，以及垫料转移的频率。在某些情况下哨兵可以放置在需要监测动物的笼具里并直接与其接触。直接接触的哨兵动物可以或至少增加了找到某些病原的可能。接触哨兵动物应与待监测动物相容。接触哨兵在不同笼具间的移动可能会将病原带致使此前未感染的笼具里，因此应当禁止。

如果可采用 FELASA 建议的检测频率，至少每季度应换一批新哨兵。在监测周期内，微生物单位里需要足够数量的用于验证性检测的哨兵。哨兵笼通常包含 2~5 只动物。每个单位的哨兵数量取决于许多因素，包括住房的类型，获得感染或检测方法的风险，最终应该由机构里负责监测健康方案的人来决定。

五、病原选择

每一种实验动物都有易感或易携带病原，在监测时应明确需要监测的病原体。监测病原的选择由多种因素包括对动物健康的影响、对生物医药研究的影响（如生理调节导致科学实验的混淆）、物种特异性、人畜共患病的潜在影响、流行率、宿主因素（主要是免疫状态）、所需的单位微生物状态和历史结果。检查出细菌并不意味着必须消除它。

特殊情况下，对另一些病原的监测也是很有用的：如果它们和病变或疾病的临床症状有关，如果有证据表明存在生理扰动或繁殖能力的变化，或使用免疫缺陷动物。关于病原及其对研究的影响的少量信息可以在一些文献和书籍中找到。包括物种特异性及人畜共患病、机会性和新发病原体等。

影响动物健康和研究的新型病原随时都有可能发现。一旦发现，这些病原会挑战健康监测方案，因为需要发展诊断试剂，并了解其流行病学及传播途径。此外，完全了解一个新发现病原对健康和研究的影响需要时间。鉴于以上原因，在将这些生物列入监测清单前，需要慎重考虑。

六、风险因素控制

本部分列出了可能导致动物感染病原的高风险因素和低风险因素，在监测时应加以区别对待。

七、健康监测方法

应检查动物的皮毛，作为寄生虫存在的证据。体内寄生虫可经 PCR、直接目视检查或检查肠道内含物，显微观察去掉杂质的粪便，和肛拭采样来诊断。应尽可能鉴定寄生虫物种名称。血清学方法广泛用于病毒筛查，某些细菌（如泰泽氏菌、支原体）和数量有限的其他生物，如兔脑炎原虫。合适的血清学方法包括基于荧光复用免疫（MFI 或 MFIA）、酶联免疫吸附试验（ELISA）、间接免疫荧光法（IFA）和血凝抑制试验（HAI）。Western 印迹不适合常规筛查，但由于其高灵敏度和特异度，所以偶尔也会被用于确认病毒。

PCR 直接检测病原对于阳性或可疑的血清学结果的确认，早期血清阳转前病原的检测，或免疫缺陷动物的筛查是有用的。需要仔细选择需要评估的动物和组织，因为检测时必须保证目标生物存在于测试样本中。PCR 也可以用来评估动物传播病原的风险，例如检测排泄物中脱落的生物。此外，PCR 在生物材料筛查中具有突出作用，取代了传统的抗体产品检测。

培养技术通常用于检测大多数细菌和真菌。样品通常取自生殖器黏膜、大肠、鼻咽、气管；如有必要还有一些其他的位置。疑似细菌引起的病变应进行培养。家兔和豚鼠的皮肤可以用于检查皮肤癣菌。如果有必要，相关细菌的鉴定应到种的水平。

用于人和动物病原菌鉴定的常用工具可能无法正确识别实验动物的细菌（如肺炎巴氏杆菌、柠檬酸杆菌）。聚合酶链反应通常用于某些细菌的检测和鉴定，其中最主要的是幽门螺杆菌，而这些细菌很难用传统的培养技术培养或鉴定到种的水平。血清学方法在各种细菌病原体的检测中存在，但由于细菌的抗原结构更复杂，与病毒血清学方法相比有较高的假阳性风险。

使用一种合适的测试方法并不一定意味着一个可靠的检测结果。其可靠性取决于检测的敏感性和特异性，以及样品的纯净性。由于阳性的结果表明可能需要对设施采取严厉措施，包括扑杀动物、消毒设施和中断实验，因此通过另一种方法确认阳性结果相当重要。结果应通过对居民动物或哨兵动物的重复抽样证实。如果可能的话，阳性结果也应该由另一个实验室确认。经验表明，不同的诊断实验室的结果可能会有所不同。相互冲突或可疑的结果应进一步调查，直至得出一个病原状态的一致结论。等待验证结果的同时，健康管理行动计划也应到位，以避免潜在的污染物扩散。

每一次分析都会产生假阳性和假阴性结果。患病率数据可能有助于评估检测结果。罕见的病原通常不太可能在群体中发现，因此不太可能产生真阳性。即使检测方法的特异性高达 95% 时，当一批血清经过一连串的血清学实验，仍会产生一些假阳性结果。

动物血清中存在抗体通常表明当前或以前受到感染，但也可能是来自母源抗体、疫苗接种或交叉反应。由于样本污染或DNA产生非特异性扩增时，PCR也可以产生假阳性结果。

如果使用血清学检测方法，阴性结果仅意味着所筛查的动物中没有发现待监测微生物的抗体活性。结果不一定反映单位内所有动物的状态。动物需要几天或数周的时间产生能通过血清学检测发现的抗体反应，因此，在感染的早期阶段，血清学检测结果是阴性的。

对一些感染了较流行的病原的啮齿类动物的研究表明，一些受感染动物阳转缓慢或根本不阳转。血清阳转同样也取决于病原的滴度、生物属性和遗传组成，以及感染动物的年龄和免疫状态。考虑到上述原因，模棱两可的结果应仔细评估。聚合酶链反应也会产生假阴性结果（例如，由于聚合酶抑制剂的存在），如细菌培养。引起亚临床感染的细菌可能由于传统培养介质中其他细菌的过度生长或在运往检测实验室时的衰亡导致数量较少且不能被检测到。从新处死的动物采样，且使用有选择性的运输介质可能有助于克服这些潜在的问题。新兴的病原体和新的健康监测技术也可考虑。新的病原或技术并没有改变健康监测的目标，只是改变了监测报告或方法。如果健康监测表明存在一种不在这些建议的名单内，事实上却非常重要的病原，那么这个病原应在随后的报告中提及，并列入名单中。

八、环境监测

繁殖设施应当只有少数人可以进入。在极少的情况下，动物只有经过严格的措施以保障微生物质量后才能引入。由于饲养设施里的动物可能分布范围较广，健康项目检查的频率和彻底性是防止病原体传播给实验设施的关键。在实验设施里，生产和实验都有可能发生。从外部引入动物更是时有发生。除了动物饲养人员，许多研究人员进入实验动物单位进行操作。生物的材料也被引入实验动物单位，所有这些都需要监控。

笼具水平圈养如独立通风笼（IVC）的使用在当前实验动物设施中较为常见。污染物或动物传染材料在笼具之间的传播通常较开放笼具要少。IVC 圈养能有效降低病原和过敏源的传播。

九、健康监测报告和档案管理

健康监测报告不是实验室报告。实验室报告由检测实验室提供的来源于待检测动物样品的简单结果组成，这意味着它不允许对整体单位的微生物状况下结论，因为它缺乏健康监测报告提供的信息。健康监测报告应由健康监测方案的负责人撰写。在机构内有对此感兴趣的成员，或机构间有动物往来的情况下，这些信息应可以获知。实验中所使用动物的健康状况的数据，是实验工作的一部分内容，应评估它们对实验结果的影响，且应作为动物规范囊括在科学报告和出版物中。健康监测报告，应尽可能采用一种布局和内容规范化了的格式。

如果一个病原当前被检测到并确认，必须在健康报告中声明，如果在随后的健康报告中声明则不需要继续监测。单位必须在随后的监测中继续报道病原阳性，直至病原微生物被根除，例如子宫切除、胚胎移植或从其他来源补充动物。根除感染将通过随后的检测确认。

鉴于统计结果的局限性，健康监测报告不应成为决定允许进口动物进入设施的唯一依据。也应考虑到原产地设施的健康史及健康监测方案，以及可能的污染风险。对此外，在运输过程中动物的健康状况可能发生变化。设施应评估引入动物的固有风险并制定一个相应的计划（例如，隔离和检测过程）。

第六节 国内外同类标准分析

实验动物健康监测系统为实验动物质量监控的主要方法和重要手段。健康监测的方式主要有：动物引入设施前的检测、设施内动物群体的定期抽检、设施内哨兵鼠的定期检测、疑似异常小鼠的送检等。

哨兵鼠的定期监测是小鼠日常监测的常规方法。其监测周期为三个月一次。引进小鼠为潜在的感染源，引进小鼠的实时监测是设施内动物健康监测的重要环节。所有引进小鼠皆需生物净化，并在兽医授权后方能进入饲养设施。动物健康的检测方式包括病理学、微生物学、寄生虫学等。常规检测项目为国家标准规定 SPF 级小鼠需排除的病原体，同时不断增加国际标准的检测项目，随时做到与国际标准接轨。

美国、日本、欧盟、中国台湾地区等国家和地区都已经建立了实验动物健康监测体系，有效地保障了实验动物质量。2014 年欧盟实验动物学会联盟（FELASA）颁布了最新版的实验动物健康监测指南。本标准主要参考这些资料，结合我国国情制定。

以 Charles River Laboratory（CRL）为例，介绍西方的实验动物健康监测体系。

1981 年，CRL 首次建立商业化的全项遗传监测项目。1997 年 CRL 提出了国际遗传学标准（International Genetic Standard，IGS）的概念。通过这一举措，让 CRL 在全球不同地域生产的同一个品系的动物具有相同的生物学性状，极大促进了实验动物的国际化、标准化。1982 年，CRL 建立起动物健康检测实验室。1984 年首次建立无病毒抗体动物，为实验动物模型建立了更高标准。2009 年，针对生物医药行业对免疫缺陷动物的特殊要求，CRL 提出并建立了实验动物标准，满足了行业对高质量实验动物的需要。

每 4 周和每 13 周作监测频率，有些病原监测频率较高（1 次 /4 周），如 PVM，ReoPVM，Reo-3，Sendai virus，GD7，MVM，MHV，KRV，SDAV，M.pul，H，H-1，EDIM，MTLV，MPV，RPV，LCMV，MAd，Ectro，Hanta，K，POLY，MCMV，CARB，ECUNCARB，ECUN 则为每 13 周作一次监测（表 1）。

表 1 健康监测内容

监测类别	监测内容	监测方法
血清学检查	病毒、细菌	首选多联免疫荧光试验 ®（MFIA ®），次选酶联免疫吸附试验（ELISA）和间接免疫荧光试验（IFA）
传染病原 PCR 检测	小鼠 PRIA（鼠类传染性病原体）	PCR 检测
	大鼠 PRIA（鼠类传染性病原体）	PCR 检测
	鼠类传染性病原体	细胞系 / 微生物 PCR
	人类传染性病原体	细胞系 / 微生物 PCR
寄生虫检测	皮肤寄生虫	大体检查、显微镜检查
环境监测	水质、饲料和垫料、台面检测	微生物、PCR 检测法
病理学检测	诊断病理、组织病理、寄生虫、临床病理、病理学研究	解剖、显微镜

第七节 与法律法规、标准的关系

与现行法律、法规没有冲突。《实验动物管理条例》（国家科委 2 号令）第六条规定

“国家实行实验动物的质量监督和质量合格认证制度”。第八条规定“从事实验动物饲育工作的单位，必须根据遗传学、微生物学、营养学和饲育环境方面的标准，定期对实验动物进行质量监测。各项作业过程和监测数据应有完整、准确的记录，并建立统计报告制度。”《实验动物质量管理办法》(国科发财字〔1997〕593号发布)第二条规定“全国执行统一的实验动物质量国家标准。”

本标准跟以下强制性国家标准有关联。

GB 14922.2—2011《实验动物 微生物学等级及监测》

GB 14922.1—2001《实验动物 寄生虫学等级及监测》

GB 14924.2—2001《实验动物 配合饲料卫生标准》

GB 14925—2010《实验动物 环境及设施》

第八节 重大分歧意见的处理经过和依据

从标准结构框架和制定原则的确定、标准的引用、主要条款的确定直到标准草稿征求专家意见，均未出现重大分歧意见的情况。

参考文献

Rehbinder C, Alenius S, Bures J, et al. 2000. FELASA recommendations for the health monitoring of experimental units of calves, sheep and goats Report of the federation of European Laboratory Animal Science Associations (FELASA) Working Group on Animal Health Lab Anim, 34 (4): 329-350.

Nicklas W, Deeny A, Dierckx P, et al.2010. FELASA guidelines for the accreditation of health monitoring programs and testing laboratories involved in health monitoring. Lab Anim (NY), 39: 43-48.

Rehbinder C, Baneux P, Forbes D, et al. 1998.FELASA recommendations for the health monitoring of breeding colonies and experimental units of cats, dogs and pigs. Report of the Federation of European Laboratory Animal Science Associations (FELASA) Working Group on Animal Health Lab Anim, 32 (1): 1-17.

Mähler Convenor M, Berard M, Feinstein R, et al. 2014.FELASA recommendations for the health monitoring of mouse, rat, hamster, guinea pig and rabbit colonies in breeding and experimental units. Laboratory Animals, 48 (3): 178-192.

Weber H, Berge E, Finch J, et al.1997.Sanitary aspects of handling non-human primates during transport. Report of the Federation of European Laboratory Animal Science Associations (FELASA) Working Group on Non-human Primate Health. Laboratory Animals, 31: 298-302.

A Harmonized Health Reporting Format for International Transfer of Rodents [EB/OL]. https://www.aalas.org/about-aalas/position-papers/health-reporting-for-international-transfer-of-rodents.

ANIMAL HEALTH PROGRAM [EB/OL]. https://www.jax.org/jax-mice-and-services/customer-support/customer-service/animal-health/animal-health-program

Animal Health Monitoring and Surveillance [EB/OL].https://www.aphis.usda.gov/aphis/ourfocus/animalhealth/monitoring-and-surveillance.

Animal Health Surveillance[EB/OL].https://www.criver.com/products-services/research-models-services/animal-health-surveillance?region=3601.

第四章　T/CALAS 4—2017《实验动物　小鼠、大鼠品系命名规范》实施指南

第一节　工作简况

根据中国实验动物学会实验动物标准化专业委员会下达的2016年团体标准制修订计划，由中国医学科学院医学实验动物研究所负责起草《实验动物　小鼠、大鼠品系命名规范》(以下简称《命名规范》) 团体标准。该标准由中国实验动物学会颁布实施并归口管理。

第二节　工作过程

2015年12月由中国实验动物学会实验动物标准化专业委员会传达标准制修订计划的通知，《实验动物　小鼠、大鼠品系命名规范》获得立项，并成立编制工作组，成员包括实验动物病理专家、中国实验动物学会理事长秦川教授，中国实验动物学会实验动物标准化专业委员会秘书长孔琪副研究员，中国实验动物学会实验动物标准化专业委员会主任委员、《实验动物　哺乳类实验动物的遗传质量控制》起草人岳秉飞研究员，以及中国实验动物学会实验动物标准化专业委员会副主任委员、《实验动物　微生物学等级及监测》起草人魏强研究员。工作组采取充分讨论、沟通、协调一致的工作方式做出决定。

编制工作组在2015年12月启动编制工作，孔琪参考2016年最新版的国际同行比较认可的 *Guidelines for Nomenclature of Mouse and Rat Strains*，由 International Committee on Standardized Genetic Nomenclature for Mice 编制。同时收集整理相关资料。

2016年3月，工作组召开了会议，讨论并确定了标准编制的原则和指导思想；制定了编制大纲和工作计划。2016年3~6月，工作组多次交流编制内容。在参照 *Guidelines for Nomenclature of Mouse and Rat Strains* 及国内现有标准的基础上，于2016年6月完成征求意见稿和编制说明初稿。2016年6~10月，反复多次修改。

2016年10月，在广西南宁召开的中国实验学会年会上，首次公开征求与会专家意见。根据会上和会后汇总的专家意见，工作组再次对征求意见稿进行修改，最终形成目前的征求意见稿和编制说明。

2016年11~12月，由中国实验动物学会面向实验动物行业单位公开征求意见。收到3家单位意见，形成2条建议，采纳2条，不采纳0条。

2017年1月，起草小组整理汇总专家对本标准征求意见稿提出的问题，同时对标准

格式进行了规范，最终形成标准送审稿和编制说明。

2017 年 2 月 21 日，中国实验动物学会实验动物标准化专业委员会邀请全国的 31 名知名专家，组织召开了“全国实验动物标准化委员会年会暨标准审查会议”，起草单位在审查会上详细汇报了本标准（送审稿），现场专家们肯定了本标准的重要性和必要性，同时提出了一些意见或建议，起草小组对照征求意见进行了修改说明、补充和完善，形成本标准的报批稿。2017 年 5 月，本标准经中国实验动物学会第六届理事会常务理事会第八次会议审议通过，批准发布，于 2017 年 5 月 19 日起正式实施。

第三节 编写背景

实验动物小鼠、大鼠品系繁多，来源于世界各地不同的实验室，遗传背景差异较大。各种小鼠、大鼠品系的规范化命名，对于在世界范围内，培育和使用这些小鼠、大鼠非常重要。尤其是同种品系个体之间也存在遗传漂变的可能性，不同实验室培育的同种品系也应加以区别。

本标准主要参考国际小鼠标准化遗传命名委员会（International Committee on Standardized Genetic Nomenclature for Mice）制定的《小鼠、大鼠品系命名指南》（2016 年 1 月修订版，*Guidelines for Nomenclature of Mouse and Rat Strains*，Revised：January 2016）。

《小鼠、大鼠品系命名指南》由《小鼠品系命名指南》和《大鼠品系命名指南》合并而成。《小鼠品系命名指南》早期版本包括：Snell（1941），小鼠标准化遗传命名委员会（Committee for Standardized Genetic Nomenclature in Mice，1952，1960，1976，1981，1989，1996），Festing（1979，1993），Staats（1986），Maltais 等（1997），Eppig（2006）。《大鼠品系命名指南》早期版本为 1992 年版，由大鼠标准化遗传命名委员会制定（Committee on Rat Nomenclature，1992）。

小鼠、大鼠是使用数量最大的实验动物品系。小鼠来源于小家鼠（*Mus musculus musculus*）和西欧家鼠（*Mus musculus domesticus*）。大鼠来源于褐家鼠（*Rattus norvegicus*），黑鼠（*Rattus rattus*）也用于制作动物模型，但并未培育成实验动物品系。

中国实验动物小鼠、大鼠新品系命名应在中国实验动物学会注册，以便得到国内外实验动物同行的认可。

第四节 编制原则

1. 科学性原则：本标准首先要保证实验动物命名的科学性和有效性，避免重复和无效的实验动物名称。

2. 适用性原则：实验动物种类较多，各种实验动物品系存在细微差别，如何区分这些品系，是本标准考虑的重点内容。我们在选择 *Guidelines for Nomenclature of Mouse and Rat Strains* 时，注重其权威性和适用面较广，也就是说能够国际通用，并适用于多种实验动物命名的指南。尽量避免每一种实验动物重复命名和不规范命名，这样容易导致混乱，也不利于使用者掌握。对于特殊实验动物，我们今后会不断完善或在标准附录中加以说明。

3. 动物福利原则：动物福利是实验动物的基本诉求，在规范实验动物命名时，要考虑能够满足 3R 的基本需求，尽量避免没有必要的或重复性动物实验。

4. 经济性原则：在保证满足科学研究需要的前提下，实验动物的命名要尽量规范，避免重复。

5. 可操作性原则：应具有较好的可操作性，简单易用，对规范实验动物命名具有实际意义。促进具有公开的、精确的、全面的、简明的、逻辑性高的实验动物品种品系培育。

第五节　内 容 解 读

一、范围

本标准规定了实验动物　小鼠、大鼠品系的命名规范。

本标准适用于实验动物　小鼠、大鼠品系命名。

二、规范性引用文件

下列文件对于本标准的应用是必不可少的。凡是注明日期的引用文件，仅注日期的版本适用于本标准。凡是不注日期的引用文件，其最新版本（包括所有的修改单）适用于本文件。

GB 14922.2《实验动物　微生物等级及监测》

GB 14923《实验动物　哺乳类实验动物遗传质量控制》

三、术语和定义

GB 14923 中及以下术语和定义适用于本标准。对于 GB 14923 中列出的术语和定义，本标准中没有列出，只列出了 2 个 GB 14923 中没有的术语。

四、实验动物遗传学分类

按实验动物培育方式和遗传特点的不同做出分类。分类内容基本沿用 GB 14923 中的分类内容。同时对 GB 14923 中的内容进行了补充更新。GB 14923 中实验动物遗传分类和命名版本较旧，并且精简得比较多。本标准参照最新版的 *Guidelines for Nomenclature of Mouse and Rat Strains* 制定。少部分内容跟 GB 14923 一致的，做了引用。

五、实验室代号

小鼠和大鼠命名的一个关键要素是实验室注册代号或实验室代号，这是一个由 3~4 个字母（首字母大写，其余均小写）组成的号码，用于识别培育和拥有某一小鼠或大鼠品系群的特定研究所、实验室或研究人员。亚系应使用实验室代号表示，而存在几种不同形式的同源导入品系和其他品系也应这样表示，否则无法区分。实验室代号由实验动物资源研究所（ILAR）分配。

六、近交系和杂交群

（一）定义

如果同胞兄妹连续交配 20 代或以上，则该品系可以被称为近交系，品系内的所有个体都可以追溯到起源于第 20 代或以后代数的一对共同祖先。这时，品系内个体的基因组一般说来仅有 0.01 的残存杂合性（不包括各种遗传漂变），因此可以被视作遗传上一致，可用于各种研究。此后，近交系必须继续与同胞兄妹交配（或等同的）。

可以使用其他育种方案来培育近交系；也可以采用连续亲子交配策略，只要一直使用该亲代的子代（即，与父本交配的子代接着与其子代交配）。如果近亲交配等效于连续 20 代的同胞交配，其他育种方案也可行。

（二）近交系的命名

近交系应采用一个独特简短符号来命名，其由大写罗马字母或者一种字母与数字组合（字母开头）组成。（注意，某些先前已有的品系不遵循这种约定，如小鼠品系 129P1/J）。

应当注意的是，小鼠和大鼠品系在品系命名上不重叠。（注意，存在一些小鼠和大鼠品系命名相似的例子，这些品系命名以及唯一标识它们亚系的命名被允许存在）。

有着共同起源，但 F20 代前是分离的近交系是亲缘近交系，命名应当反映这种关系。

（三）近交代数的标示

必要时，同胞兄妹的近交代数通过在括号内先后写上字母 F 和代数的方法来标示。

如果总代数的相关信息缺失，但已知最新近交代数的最小值，也可以通过先后写上问号和已知后续近交代数来标示。

（四）亚系

因为一系列环境因素，已培育成功的近交系随着时间的推移可能遗传分化成亚系。

如果两个分支是在近交 20 代之后但在 40 代之前分离的，则仍将会存在足够的残存杂合性，因此会导致形成两个遗传差异的亚系。

如果来自一个共同祖先的分支分离超过了 20 代，很有可能不同分支之间因基因突变和遗传漂变而发生遗传变异。

如果遗传分析证明不同分支之间发生了遗传差异。

亚系的命名方法是原亲代品系符号后面加一条斜线，然后是亚系名称。其名字通常是最初培育该品系的人员或实验室的实验室代号。如果某一实验室培育了多个亚系，那么实验室代号后加上序列号。（注意：过去存在不符此规则的情况，例如，在小鼠中，BALB/c 不是一个亚系，DBA/1 和 DBA/2 是不同的品系，而不是亚系）。

通过不同研究人员的连续保有或者建立一个新种群，亚系可以形成更多的亚系。除此之外，如果发现明确的有别于原亚系的遗传差异，也可以形成亚系。不论哪种情况，要补上新亚系的名字，但不需要另一个斜线了。

实验室代号应当积累，因为遗传差异也会随着时间积累，其速率一定程度上取决于饲养和繁育该品系或亚系的研究机构的质控水平。分销小鼠与大鼠的组织机构应当在他们所提供的关于该品系的信息中加入该品系与亲代品系已经分离的代数。在出版物中，品系名称首次提及时采用正确全称，之后可以使用缩写。

（五）杂交群

杂交方向相同的两个近交系的后代小鼠或大鼠在遗传上是一致的，可用亲代（母系在先）的大写字母缩写，再写上 F1 来命名。注意，正反交 F1 杂交群在遗传上是不同的，因此它们的命名也不同。

进一步杂交培育遗传上不再相同的后代，但仍可以采用类似于 F1 杂交群命名的方式来对它们进行命名。

以上所有举例中，为了清晰起见，在出版物中首次提到杂交群或杂交系时，要给出完整的品系名称。如果采用一个已知在遗传上和 / 或表型上与“标准”品系不同的亚系来构建杂交群，则该亚系应当以杂交群符号表示：如，BALB/cBy=CBy、C3H/HeSn=C3Sn。

七、多源近交系

可以培育出遗传背景清晰、来源于两个或以上近交系的小鼠或大鼠，它们在遗传上可以是相同的，也可以是不同的。这些动物应当根据培育它们的育种方案进行适当命名。

（一）重组近交系

重组近交（RI）品系含有来自于两个原始祖近交系独特的遗传贡献，且各约一半。传统上，通过杂交两个近交系的动物，接着采用连续兄妹交配 20 代或以上，就可以产生重组近交（RI）系。也可以采用其他育种方案，例如，采用高代互交系建立 RI 系集，其中 F2 代动物非同胞交配数代，最后进行连续兄妹交配 20 代或以上。注意，如果涉及与某一亲代品系回交，这会培育出重组同类系，应进行相应命名。RI 系的命名采用两个亲代名称的一个或两个大写字母缩写，母系名称在前，然后用一个大写字母 X 隔开，且无空格。涉及两个相同品系的 RI 集的所有成员连续编号，不管它们培育自一个还是多个实验室。顺序号可从 MGD 处获取。

来源于相同祖先的多种 RI 品系赋予序列号。

如果第二个品系的缩写以数字结尾（如 CX8 RI 品系），应使用连接符来将其与序列号隔开（如 CX8-1）。为了阐明复杂性状，可以对重组近交系进行互交。这些 F1 杂交群被称作重组近交互交系（RIX），可采用与其他近交品系间 F1s 相同的命名。

（二）协同杂交系

国内也有专家翻译为复杂性状遗传小鼠，这种翻译只体现了 CC 小鼠的表型，我们认为还是协同杂交系（CC）更能体现该品系的特点。协同杂交系（CC）是多亲代重组近交系，每一品系含有来自 8 个原祖系的独特贡献：A/J、C57BL/6J、129S1/SvImJ、NOD/ShiLtJ、（NZ）/HILtJ、CAST/EiJ、PWK/PhJ 和 WSB/EiJ。它们采用漏斗育种策略培育，用以将所有 8 个祖系纳入到 3 个远交代中，接着是连续数代的兄妹交配（Threadgill 和 Churchill 2012，协同杂交联盟 2012）。

协同杂交系的命名以 CC 开头，接着是一个 4 位数，一条斜线，最后是培育该品系的研究所的实验室代号。负责初始育种的 3 家研究所（括号内是他们各自的实验室代号）包括：美国北卡罗来纳大学（Unc）、以色列的特拉维夫大学（Tau）和澳大利亚 Geniad（Geni）。而对于其他近交系，建立亚系时附上额外的实验室代号。

为了阐明复杂性状，可以对协同杂交（CC）系进行互交。这些 F1s 被称作重组近交互交系（RIX），可采用与其他近交品系间 F1s 相同的命名。

一旦在出版物中确定了完整 F1 名称，可以使用其缩写版本。在上面的例子中，缩写是 RIX：CC（0012 × 2134）。

（三）混合近交系

来源于最多 3 个亲代品系的初始近交群或近交系可用这 3 个品系的大小字母缩写来命名，并用分号隔开。如果相关品系存在供体 / 宿主关系，第一个分号前的品系名称应当是宿主，分号后的最后品系是供体，特别是对于供体是 ES 细胞系的目标突变。另外，品系缩写顺序可以依据主要贡献品系或者字母数字顺序。应当使用实验室代号和序列号来区分不同实验室培育的品系，或者同一实验室培育的多种品系。在未进行完全近交前，由于这些命名可能会被用于混合群，除非写有近交代数（例如，> F20），否则这些群不能被认为是近交的。来源于 3 个以上祖系的或拥有未知来源遗传贡献的突变系，无论是原品系还是近交系，可以被认为是一种“混合”近交系，可命名成 STOCK，空一格（即，无连接符）加上其所携带的突变或染色体异常。

一旦这种突变群达到近交状态，应当对它进行适当的品系命名。如果符号短的话，用其所携带的遗传突变的符号进行命名，所有字母大写。虽然强烈建议，但由于品系名称的改变是随意的，一些名为 STOCK 的品系可以进行近交。如果通过将携带突变的动物与每一代或隔代 F1 杂交群杂交来维持突变等位基因或者染色体异常，则用该 F1 所用符号对该种群进行命名，但“F1”后缀不需要，之后是合适的等位基因或染色体异常符号。

（四）重组同类系

重组同类（RC）品系的培育方法是，杂交两个近交系，接着将杂交群与其中一个亲代品系（“受体”品系）回交几代（一般 2 代），随后近交，但无须筛选各种特殊标记。这些近交品系将含有分散着供系纯合子片段的背景受系基因组（供系基因组的数量取决于原始回交的次数，2 代回交一般获得 12.5%）。

当理论近交系数接近于标准近交系的数值时，RC 品系应当被视作完全近交系。为此，回交一代将被视作等价于兄妹交配的两代。因此，通过两次回交（N3，等价于 F6）接 14 代兄妹交配（F14）培育的品系是完全近交的。RC 品系应采用两个近交系的大写字母缩写来命名，受系在前，并用小写字母“c”隔开。来源于相同祖系的多 RC 品系被赋予序列号。

如果第二个品系的缩写以数字结尾（如 129P2），则应使用连接符来将其与序列号隔开。

（五）互交系

互交系（AIL）通过先建立 2 个近交系的 F2 代，然后与各自的后代互交来培育获得，但要避免同胞交配。这样做的目的是提高紧密连锁基因重组的概率。

名字符号中应包括培育该品系的实验室的代号，然后是冒号，之后是分号隔开的两个近交系的缩写，符号中的代数写在连接符后面。代数可以表示为 G3、G4、等，以 F2 代后的首次非同胞杂交开头。

八、同源突变近交系、同源导入近交系和分离近交系

仅在近交系基因组的一小部分引入差异的方式有以下几种。

（一）同源突变近交系

同源突变近交系是指该品系产生突变而导致单个基因位点存在差异的近交系。如果含有 ES 细胞目标突变的品系随后与来源于该 ES 细胞的同一近交亚系杂交并维持在其上，则该品系可被视作同源突变近交系，但应考虑其他位点的突变概率。同样地，近交背景系的化学或辐射诱导突变体可以被视作同源突变近交，尽管会出现其他遗传变异。随着时间的流逝，因遗传漂变，同源突变系会积累遗传差异，除非定期与亲代品系回交。同源突变系可用品系符号（适当时，以及亚系符号）接一个连接符以及斜体的差异等位基因符号来表示。

在某些情况下，这些突变将会维持在杂合状态。需要注意的是，这意味着该品系的命名不能反映育种体系，也不表明某一小鼠或大鼠的特定基因型。

如果知道了同源突变系发生突变之后的近交代数，通过将突变之后的近交代数加上前一个数就可以表示该品系。

（二）同源导入近交系

同源导入系通过与近交（背景）品系重复回交培育而成，并经过供系特殊标记的筛选。组织相容性位点存在差异且抗各自移植物的同源导入系被称作同源导入抗性（CR）品系。当与背景品系至少回交 10 代系后，以此种方法培育的品系被视作同源导入系，第 1 代杂交群或 F1 代作为第 1 代同源导入近交系。此时，品系中未连锁供系基因组的残留量很可能小于 0.01。（注意，与选定基因或标记连锁的供系基因组的量以较低速率减少，约等于 200/N，其中 N 是指回交代数，$N > 5$）。

标记辅助育种或标记辅助选择也被称作“快速同源导入”，可用于等同于 10 代回交的仅 5 代内的同源导入系的培育。只要使用了合适的标记选择，如果与选定基因位点或染色体区域未连锁的供系的遗传贡献小于 0.01，这些品系被视作同源导入系。理想情况是，在最先的出版物中描述快速同源导入系时，应包含代数，以及用于确定品系同类性的标记的基因组间距。由于快速同源导入法完全取决于标记分析，会因具体实验方案的不同而不同，因此应谨慎判断快速同源导入系的近交状态。

同源导入系采用含三部分内容的符号命名。用句点将受系的完整或缩写符号与供系的缩写符号隔开，这就是等位基因或突变起源的品系，它可能是、也可能不是构建同源导入系的直接来源。然后，采用连接符将该品系名字与从供系中渗入的差异等位基因的符号（斜体）隔开。

对于发生了未知突变的染色体的情况，例如，供系未近交，或复杂的，或是一个 F1 杂交群，应当使用 Cg 符号来表示这种复杂的遗传起源。供系符号或 Cg 的使用对于区分同源导入系和同源突变系非常重要。Cg 也可以用于表示通过共同杂交两个同源导入系而培育的品系，这两个同源导入系已经分别与同一宿主背景回交，但它们的各自供系存在差异。Cg 还可以用于来源于单个供系的等位基因的情况，但同源导入系也携带其他同源突变等位基因。在句点后 Cg 作为供系使用，表明品系名字中的多个等位基因有多个来源，或者表明品系名字中至少有一个等位基因的遗传起源未知。

如果可以获得来源于相同宿主背景与供系的几个品系，并且它们携带相同的差异等位基因，那么这些个体品系用斜线加序列号和实验室代号的方式区分。

可以使用括号，来表示某一近交系、初始同源导入或同源导入近交系可能具有的来自指定宿主背景和供系之外的较小的遗传贡献率。对于单个附加品系的贡献，可在近交系或同源导入系名字后加括号，里面写上该品系缩写来表示。多个、混合或未知附加品系的贡献可以用 Cg 加括号来标识。如果供系用 Cg 表示，则附加信息可以不需要。

如果已经转移的染色体片段可以用几个基因或多个 DNA 位点界定，那么列出被证明存在于括号内染色体片段中的最近处和最远处的标记，以此界定该片段，并用连接符隔开。

注意，界定该片段的标记仅是经过检测的最近处和最远处的标记，这并不意味着更近处或更远处不存在未经检测的其他标记。如果同一或不同实验室培养了含有相同片段的多个品系，则应该按顺序标上斜线、序列号和实验室代号，否则无法区分。

如有必要，回交代数用品系名字后写上 N 和括号内数字表示；代数不应写到品系名字中。初始同源导入系在 N5 时可以进行同源导入系命名，只要回交的代数清晰地标注在该品系的附加信息中。对于有必要使用更复杂交配体系的情况，代数应当表示成 N 等值（NE），该品系被视作至少 NE10 代的同源导入系。例如，当隐性基因回交到近交背景系时，经过 10 轮的回交和互交来恢复纯合子，用于下一次回交（20 代），该品系将是 NE10。当通过回交后的兄妹交配来维持同源导入系，兄妹交配的代数写在回交代数之后，例如（N10F6），10 代回交接着 6 代兄妹近交；（NE12F17），遗传上等同于 12 代回交的一个回交与互交的复杂体系，接下来是 17 代的兄妹交配。

当培育中快速同源导入系 N 最初将小于 10 时，在 N 之后括号写出实际代数，例如 N（6），所用的育种体系和标记的信息要详细记录在出版物或数据库的某处。

（三）染色体置换系或同染色体型系

染色体置换系或同染色体型系通过将一整条染色体或其一些片段重复回交到一个近交系而培育。术语染色体置换系是同染色体型（consomic）、亚同染色体型（subconsomic）和同染色体塑型（conplastic）品系的一种通用名称。培育一种染色体置换系需要进行一整条染色体或一个大染色体片段的转移。而在同源导入系中，转移的是一个基因、一个标记或包含某一特定标记或间隔的基因组片段。

同染色体型品系通过将一整条染色体不断回交到一个近交系而培育。与同源导入系一样，至少需要 10 代回交，F1 代视为第 1 代。对于常染色体，有必要分析后代的基因型来确保所选的供体染色体未与相应的受体染色体发生重组。同染色体型品系的通用名是 HOST STRAIN-Chr #DONOR STRAIN。

经验表明，有时不可能将整条染色体从一个品系转移到另一品系，原因是某一特定染色体上的致死效应。例如，PWD/Ph 个体染色体被转移到 C57BL/6J 品系的一个同染色体型集揭示，Chr 11 和 Chr X 不能被完整地转移。为了对促成同染色体型集的被转移的染色体“段”命名，该区域可表示成十进制 1、2、3、等。

因此，这个同染色体型集的 Chr 11 的一部分可以是：C57BL/6J-Chr11.1PWD/Ph/ForeJ。

尽管同染色体型品系在概念和培育方法上与同源导入品系相似，在同染色体型命名时，宿主系的名字不缩写，也不要求供系放在句点后面，因为原始品系以上标表示。上标中的所有字母大写，染色体字母 / 数字以及上标非斜体，这样能区分染色体标识符和等位基因符号。

（四）分离近交系

分离近交系是指某一特定等位基因或突变保持着杂合状态的近交系。分离近交系通过近交培育（通常是兄妹交配），但每代都进行杂合性筛选。它们的命名与其他近交系相似，因为分离基因位点是该品系标准基因型的一部分（见本节“同源突变系”）。当分离被毛颜色等位基因是近交系正常表型的一部分时，品系名称中不需要写入它们（见下方举例）。可在出版物和数据库中获得近交系基因型的详细信息。

（五）核转移系

命名方法为 NUCLEAR GENOME-mtCYTOPLASMIC GENOME，如：C57BL/6J-mt BALB/c 指带有 C57BL/6J 核基因组和 BALB/c 细胞质的品系。这样的品系是以雄的 C57BL/6J 小鼠和雌的 BALB/c 小鼠交配，子代雌鼠与 C57BL/6J 雄鼠反复回交 10 代而成。

九、远交系或封闭群

（一）远交系

没有两个封闭群个体的遗传基因是相同的。作为一个封闭群的目的是保持最大的杂合性。用封闭群的一个优点是成本较低，因为封闭群有较长的寿命，对疾病的抵抗力，并具有较高的繁殖力。它们是有用的实验，其中的基因型是不重要的，并需要一个随机的遗传入口。对于封闭群，普通品系之前应加上持有该品系的实验室代码。

示例：

Tac：ICR 的 ICR 小鼠封闭群的 Taconic 公司维持

Hsd：美国国立卫生研究院 NIH 封闭群由 Harlan Sprague Dawley 维持

HSD：J：做多样性封闭群由同一原始祖株由杰克逊实验室协同交叉保持。（丘吉尔等，2012）

（二）封闭群

一个封闭的群体包含有限的遗传多样性，并保持不被同胞交配（自交系），或选择性交配最大的杂合度（繁殖）。所有的交配发生在群的成员，但饲养者不需要选择特定的亲子关系。除一代代交配以外没有新的动物被引入到群。

封闭群可能建立的一种方式，更不易突变，其目的是保持一个合理的统一的背景，但禁止利用同胞交配方案，交配性能较差。请注意，封闭群描述一个永久的交配系统，一个近亲属交叉近交系菌株在单一的一代，作为一个临时的繁殖危机，并不适用于封闭群的概念。

封闭群的名称是起源的应变和适当的定点突变（如适用），其次是 [循环] 表明封闭群。

例子：

C57BL/6tac-bmp4tm1blh[循环] 封闭群小鼠来源于 C57BL/6tac 自交系和携带 bmp4tm1blh 靶向突变。

十、ES 细胞和 iPS 细胞系

此部分虽然出现在 *Guidelines for Nomenclature of Mouse and Rat Strains* 中，但是跟实验动物小鼠、大鼠品系命名没有直接关系，所以暂时不列入。

第六节 国内外同类标准分析

本标准修改采用国际小鼠标准化遗传命名委员会（International Committee on Standardized Genetic Nomenclature for Mice）制定的《小鼠、大鼠品系命名指南》（2016 年 1 月修订版，*Guidelines for Nomenclature of Mouse and Rat Strains*，Revised：January 2016）。

第七节 法律法规、标准的关系

与现行法律、法规没有冲突。与 GB 14923《实验动物 哺乳类实验动物的遗传质量控制》有类似内容。该标准对实验动物小鼠、大鼠的遗传命名做了简要描述，远不及本标准详细、新颖。根据此次国家标准化管理委员会改革动态，今后实验动物命名规范将从 GB 14923《实验动物 哺乳类实验动物的遗传质量控制》中分离出来，不作为强制内容。所以，本标准可以为制定同名的国家标准奠定基础。

第五章　T/CALAS 5—2017《实验动物　动物实验报告指南》实施指南

第一节　工 作 简 况

2015 年 6 月，国家标准化管理委员会批准中国实验动物学会作为团体标准试点单位。2015 年 11 月，经过全国实验动物标准化技术委员会审查同意，由中国实验动物学会下达《实验动物　动物实验报告指南》团体标准编制任务。承担单位为中国医学科学院医学实验动物研究所。

第二节　工 作 过 程

2015 年 3 月，国家标准化管理委员会发出通知，征集首批团体标准试点单位。2015 年 5 月，中国实验动物学会联合全国实验动物标准化技术委员会通过申请成为国家标准化管理委员会和中国科学技术协会认可的团体标准试点单位。

2015 年 9 月，中国实验动物学会实验动物标准化专业委员会筹建换届会议，并发通知征集团体标准制定计划项目。2015 年 11 月，中国实验动物学会实验动物标准化专业委员会完成换届工作，并讨论通过第一批 50 项团体标准制定计划。

自 2015 年 12 月，接到中国实验动物学会下达的编制任务之后，编写人员开始大量的文献检索和资料调研工作。经过检索，发现动物实验报告质量评价工具 6 个，方法学质量评价工具 26 个。经过比对分析，认为英国实验动物 3Rs 中心（The National Centre for the Replacement，Refinement and Reduction of Animals in Research，NC3Rs）编制的《动物研究：体内实验报告指南》（*Animal Research*：*Reporting*：In Vivo *Experiment Guidelines*，简称《ARRIVE 指南》）适用性和实验动物行业内接受程度较高。

ARRIVE（动物研究：体内实验报告）指南是由英国国家 NC3R 中心编制，旨在通过提高动物研究设计，分析和报告的质量，使报告的信息量最大化并将不必要的研究减至最低程度。该指南于 2010 年 6 月在 *PLOS Biology* 网络杂志发表，并得到多家科研杂志、主要的资助机构和学术团体的赞同。

编制工作组在 2015 年 12 月启动编制工作，孔琪翻译英国实验动物 3Rs 中心（The National Centre for the Replacement，Refinement and Reduction of Animals in Research，NC3Rs）编制的《ARRIVE 指南》，同时收集整理相关资料。

2016 年 4 月，工作组召开了会议，讨论并确定了标准编制的原则和指导思想；制定了编制大纲和工作计划。2016 年 4~8 月，工作组多次交流编制内容。在参照《ARRIVE 指南》及国内现有标准的基础上，于 2016 年 8 月完成征求意见稿和编制说明初稿。2016 年 8~10 月，反复多次修改。

2016 年 10 月，在广西南宁召开的中国实验学会年会上，首次公开征求与会专家意见。根据会上和会后汇总的专家意见，工作组再次对征求意见稿修改，最终形成目前的征求意见稿和编制说明。

2016 年 11~12 月，由中国实验动物学会面向实验动物行业单位公开征求意见。收到 5 家单位意见，形成 7 条建议，采纳 4 条，不采纳 3 条。

2017 年 1 月，起草小组整理汇总专家对本标准征求意见稿提出的问题，同时对标准格式进行了规范，最终形成标准送审稿和编制说明。

2017 年 2 月 21 日，中国实验动物学会实验动物标准化专业委员会邀请全国的 31 名知名专家，组织召开了“全国实验动物标准化委员会年会暨标准审查会议”，起草单位在审查会上详细汇报了本标准（送审稿），现场专家们肯定了本标准的重要性和必要性，同时提出了一些意见或建议，起草小组对照征求意见进行了修改说明、补充和完善，形成本标准的报批稿。2017 年 5 月，本标准经中国实验动物学会第六届理事会常务理事会第八次会议审议通过，批准发布，于 2017 年 5 月 19 日起正式实施。

第三节 编写背景

本标准制定的目的是通过科学的指导动物实验设计、结果分析和实验报告的质量，使动物实验报告的科学性和信息量最大化，有效地减少实验动物的使用数量，最大限度地避免不必要的研究。

本标准通过提高动物研究报告的质量，指导作者在稿件中提供必要的信息。本标准使用范围较广，可广泛适应于各种研究领域和实验方案，促进形成具有可重复性、透明性、精确性、全面性、简明性、逻辑性的高质量论文或报告，促进科研成果在科学界更广泛的交流。

本标准并不适合所有的动物实验研究，需要使用者结合研究实际需要有选择的采用部分条款。最适合比较医学研究，即两个或多个实验动物组进行比较，其中一组或多组常设为对照组。也适用于比较药物不同剂量的研究，或者如用单一动物作为其自身对照（被试内实验）。大多数条款也适用于不含对照组的研究。

第四节 编制原则

1. 科学性原则：动物实验报告首先要保证动物实验的科学性和有效性，避免重复和无效的动物实验。

2. 适用性原则：动物实验种类较多，各种动物实验的侧重点是不同的。我们在选择动物实验报告指南时，注重选择适用面较广的，也就是能够适用于多种动物实验的报告指南。尽量避免每一种动物实验都制定一个指南，这样容易导致混乱，也不利于使用者掌握。对于特殊动物实验，我们会在标准附录中加以说明或规范。

3. 动物福利原则：动物福利是实验动物的基本诉求，在设计动物实验时，要首先考虑能够满足动物福利的基本需求，尽量避免没有必要的对动物的伤害。动物实验方案应经过实验动物福利和伦理审查委员会（IACUC）的批准。

4. 经济性原则：在保证满足科学研究需要的前提下，动物实验的设计和实施要尽量节约，避免浪费。对动物的组织、器官等要尽量重复利用，以减少实验动物的使用量，提高利用率。

5. 可操作性原则：动物实验报告指南应具有较好的可操作性，简单易用，对规范动物实验报告具有实际意义。促进具有可重复性、透明性、精确性、全面性、简明性、逻辑性的高质量动物实验报告。

第五节　分 析 报 告

动物实验方法学是质量评价的一个重要指标，也是随机对照试验的一个重要方面。作者调查的32个用于评估动物实验方法学和报告质量的工具，其中以评估报告质量为主的工具6个，以评价方法学质量为主的工具26个。就工具的研发基础而言，纳入的31个评估工具中，26个研究均阐明了其条目形成的基础，其中15个工具通过修改或更新以前的动物实验研究评估的工具而形成，3个工具基于临床偏倚风险评估工具修订形成，5个工具基于临床研究证据或共识而形成，3个工具是基于共识和以前的指南形成的，其余6个工具未报告其具体的研发基础。纳入的32个评估工具所包含的条目数为2~54不等。

就是否采用评分制而言，纳入的32个评估工具中，7个工具提及采用评分制对其方法学质量进行评估。其中有的研究认为需要针对每个评估条目给一个质量分，但有的研究认为质量分＜4是低方法学质量研究，质量分≥4是高方法学质量研究；而有的研究认为质量分＜5是低方法学质量研究，质量分为5或6是中等方法学质量研究，质量分为7或8是高方法学质量研究。而有的研究认为应对方法学标准给出一个总体得分：低方法学质量的研究（≤50%），中等方法学质量的研究（51%~79%），高方法学质量的研究（≥80）。有的研究中方法学质量的评分基于以前的研究。有的研究仅指出在文献中提到的每一个标准，都应该给出一个质量分。有的研究认为应该设置一个评分系统来对方法学质量进行评分，但并未推荐其具体的评分系统。经过检验，7个工具是有研究支持的。

就其适用范围而言，19个工具仅适用于临床前药物研究领域，4个工具仅适用于评估环境毒理学方面的动物实验研究，其余9个工具并未对其具体的适用范围和领域进行限定。就临床前药物研究领域来说，报告学质量工具有2个，1个没有针对具体的疾病模型，1个是针对败血症的；方法学质量工具有16个，其中10个仅针对中风模型，1个针对多发性硬化症，1个针对动物疼痛模型，1个针对骨关节炎，1个针对休克/败血症等特殊疾病模型，另外3个（3/16）未针对特定的疾病模型。就环境毒理学研究领域来说，报告质量工具有1个，方法学质量工具有3个，均未针对具体的疾病模型。

32个评估动物实验报告质量和方法学质量的工具。在6个以评估报告质量为主的工具中，3个均仅适用于临床前药物研究和环境毒理学研究，适用范围较窄，限制了其适用范围，其余3个报告工具未对其适用范围进行限定，适用范围较广泛。其中《ARRIVE指南》充分借鉴了CONSORT声明，GSPC清单不仅基于文献分析和已有科学证据的结果，还重点包括动物实验应客观、完整地报告研究设计方法，饲养动物环境（包括温度、湿度、通风、采光和噪音）、营养（营养类型、营养成分、饲养方式）和水等对研究结果产生重要影响的信息，评价内容均是动物实验所应该报告的信息。虽然两者目前均非官方强制性的研究报告标准，但大多数学者均公认其为撰写和发表动物实验的有效参考清单和写作指南，可确保动物实验所提供的信息被充分地评估和利用，以促进基础研究评审过程的完整性和透明化。

26个以评估方法学质量为主的工具中，17个（17/26）工具仅适用于临床前药物研究领域，其中10个（10/16）仅针对中风模型，4个（4/17）针对多发性硬化症、动物疼痛模型、骨关节炎，休克/败血症等特殊疾病模型，另外3个（3/17）未针对特定的疾病模型，其适用范围较局限。此外，3个（3/26）仅适用于环境毒理学研究，也限制了这些评估工具的使用范围和领域。在6个（6/26）未对其适用范围及领域进行限定的评估工具中，仅SYRCLE动物实验偏倚风险评估工具是目前唯一一个专门适用于动物实验内在真实性评估的工具，避免了动物干预性实验系统评价在进行风险评估时产生的差异。其各评估条目的研发基础是在Cochrane偏倚风险评估工具的基础上建立的，共包含10个条目，其中5个条目与Cochrane偏倚风险评估工具对应的条目完全一致，2个条目在原Cochrane偏倚风险评估工具的基础上进行了一定的修改，另外新增3个条目。

推荐使用SYRCLE动物实验风险评估工具（方法学质量）、《ARRIVE指南》和GSPC清单（报告质量），以有效地提高动物实验设计、实施、报告以及对动物实验的评估水平，促进动物实验的发展，促进科学成果充分利用和转化。

第六节　国内外同类标准分析

动物实验是基于实验动物开展的一种常用的科学研究和评价方法。尤其是临床前动物实验的基本目的是初步验证人类疾病干预措施的安全性和有效性，并为新干预措施是否可以进入临床研究阶段提供科学证据，跟人类健康息息相关。但在方法学方面普遍存在的一些问题大大降低了临床前动物实验的真实性和可靠性，例如原始实验设计未经过专门委员会（如IACUC）批准，非随机的研究、对照设立欠佳，动物质量未标准化，观察指标单一，结果报告不完整、可重复性差等。从而难以避免药物不良反应的发生。

作为英国最大的动物实验资助机构，英国国家实验动物3Rs中心（The National Centre for the Replacement，Refinement and Reduction of Animals in Research，NC3Rs）对其所资助的动物实验的报告质量进行回顾性分析后发现：许多被资助的研究都缺乏对实验设计、实施和分析等一些重要信息的报告，仅59%的论文说明了该实验的假设和目的、动物的实验数量和所用实验动物的基本特征。30%的动物实验未描述其统计学方法以及未采用正确的统计指标描述统计结果。分别有87%和86%的动物实验未实施“随机分配”和“盲法”，更加严重的是在33个实施了“随机化”原则的动物实验中，仅9%（3/33）的实验在其研究报告论文中阐述了具体的随机化方法。最终导致许多3Rs中心资助动物实验的研究成果的利用率和转化率低下，使得 3Rs 中心科研基金的投入产出比不成正比。因此，准确科学评估动物实验的方法学和报告质量非常必要。

国外第一个动物实验方法学质量评估工具发表于 1996 年，此后不同国家 / 地区的研究机构陆续发表了多个评估动物实验质量的条目 / 清单，有些是专门针对毒理的，有些同时适用于内在和外在真实性的评估，尚无统一标准。此后《ARRIVE 指南》和动物实验金标准报告清单（Gold Standard Publication Checklist，GSPC）也陆续得以发表，用以规范动物实验的科学报告。

目前国内尚无研究对动物实验方法学质量和报告质量工具进行系统分析，比较其适用范围和优缺点。本标准基于《ARRIVE 指南》，规范了动物实验报告的基本要求，有利于规范动物实验行为，提高动物实验报告的质量。

第七节 与法律法规、标准的关系

《实验动物管理条例》、《实验动物质量管理办法》等法规条文跟本标准内容无关联。《实验动物 微生物等级及监测》、《实验动物 环境设施》等实验动物强制性标准跟本标准内容无关联。

《关于善待实验动物的指导性意见》中第二十四条“使用实验动物进行研究的科研项目，应制定科学、合理、可行的实施方案。该方案经实验动物管理委员会（或实验动物道德委员会、实验动物伦理委员会等）批准后方可组织实施。”和第二十五条：“使用实验动物进行动物实验应有益于科学技术的创新与发展；有益于教学及人才培养；有益于保护或改善人类及动物的健康及福利或有其他科学价值。”跟本标准内容相符，无冲突。

参考文献

Guidelines ARRIVE to improve reporting of animal experiments [EB/OL]. http：//www. nc3rs. org. uk/news. asp：id=1356

Kilkenny C，Browne WJ，Cuthill IC，et al. 2010. Improving bioscience research reporting: the ARRIVE guidelines for reporting animal research. PLoS biology，8（6）：e1000412. doi：10. 1371/journal. pbio. 1000412.

Kilkenny C，Browne W，Cuthill IC，et al. 2010. Animal research: reporting in vivo experiments: the ARRIVE guidelines. Br J Pharmacol，160（7）：1577-1579.

Kilkenny C，Browne WJ，Cuthi I，et al. 2012. Improving bioscience research reporting: the ARRIVE guidelines for reporting animal research. Vet Clin Pathol，41（1）：27-31.

Liu Y，Zhao X，Mai Y，et al. 2016. Adherence to ARRIVE Guidelines in Chinese Journal Reports on Neoplasms in Animals. Hills RK，ed. PLoS ONE，11（5）：e0154657. doi:10. 1371/journal. pone. 0154657.

方泽萍，冷曦，刘雅莉，等 . 2015. 兰州市动物实验研究人员对 ARRIVE 指南及 GSPC 知晓情况调查。中国循证医学杂志，18（7）:797-801.

白哲，杨晶晶，许家科，等 . 2016. ARRIVE 指南和 GSPC 清单在国内期刊的引入 : 对期刊“稿约”和编辑的调查研究。中国循证医学杂志，16（9）:1020-1025.

第六章　T/CALAS 6—2017《实验动物　动物实验偏倚风险评估指南》实施指南

第一节　工 作 简 况

根据中国实验动物学会实验动物标准化专业委员会下达的 2016 年团体标准制修订计划，由中国医学科学院医学实验动物研究所负责起草《实验动物　动物实验偏倚风险评估指南》团体标准。该标准由中国实验动物学会颁布实施并归口管理。

第二节　工 作 过 程

2015 年 12 月由中国实验动物学会实验动物标准化专业委员会传达标准制修订计划的通知，《实验动物　动物实验偏倚风险评估指南》获得立项，并成立编制工作组，主要成员包括实验动物病理专家、中国实验动物学会理事长秦川教授，中国实验动物学会实验动物标准化专业委员会秘书长孔琪副研究员，中国实验动物学会实验动物标准化专业委员会副主任委员、《实验动物　微生物学等级及监测》起草人魏强研究员。工作组采取充分讨论、沟通、协调一致的工作方式做出决定。

编制工作组在 2015 年 12 月启动编制工作，孔琪翻译 2014 年最新版的国际同行比较认可的《SYRCLE 动物实验偏倚风险评估工具》（*SYRCLE's Risk of Bias Tool for Animal Studies*），由荷兰动物实验系统评价研究中心（the SYstematic Review Centre for Laboratory animal Experimentation，SYRCLE）编制。同时收集整理相关资料，以做参考。

2016 年 3 月，工作组召开了会议，讨论并确定了标准编制的原则和指导思想；制定了编制大纲和工作计划。2016 年 3~6 月，工作组多次交流编制内容。在参照 *SYRCLE's Risk of Bias Tool for Animal Studies* 及国内现有标准的基础上，于 2016 年 6 月完成征求意见稿和编制说明初稿。2016 年 6~10 月，反复多次修改。

2016 年 10 月，在广西南宁召开的中国实验学会年会上，首次公开征求与会专家意见。根据会上和会后汇总的专家意见，工作组再次对征求意见稿修改，最终形成目前的征求意见稿和编制说明。

2016 年 11~12 月，由中国实验动物学会面向实验动物行业单位公开征求意见。收到 5 家单位意见，形成 7 条建议，采纳 6 条，不采纳 1 条。

2017 年 1 月，起草小组整理汇总专家对本标准征求意见稿提出的问题，同时对标准格式进行了规范，最终形成标准送审稿和编制说明。

2017 年 2 月 21 日，中国实验动物学会实验动物标准化专业委员会邀请全国的 31 名知名专家，组织召开了“全国实验动物标准化委员会年会暨标准审查会议”，起草单位在审查会上详细汇报了本标准（送审稿），现场专家们肯定了本标准的重要性和必要性，同时提出了一些意见或建议，起草小组对照征求意见进行了修改说明、补充和完善，形成本标准的报批稿。2017 年 5 月，本标准经中国实验动物学会第六届理事会常务理事会第八次会议审议通过，批准发布，于 2017 年 5 月 19 日起正式实施。

第三节 编写背景

动物实验中存在很多影响因素，会影响动物实验结果的科学性和准确性，产生偏倚。为了避免这种偏倚，对动物实验方案进行风险评估就非常重要。

2008 年，荷兰动物实验系统评价研究中心（the Systematic Review Centre for Laboratory Animal Experimentation，SYRCLE）成立（以前名为 3R 研究中心）。基于 Cochrane 风险评估工具，由来自 SYRCLE 中心的 Hooijmans 等多名学者研究、起草和制定了 *SYRCLE's Risk of Bias Tool for Animal Studies*，并于 2014 年发布。这个工具很快引起了国际同行的关注。

本标准是通过翻译 *SYRCLE's Risk of Bias Tool for Animal Studies*，比较分析后编制而成。可以为我国动物实验方案的偏倚风险评估提供借鉴和指导。

SYRCLE 动物实验偏倚风险评估工具是在 Cochrane 偏倚风险评估工具的基础上发展而来，其差异主要来自随机对照试验（RCT）与动物实验在设计方面的不同。SYRCLE 动物实验偏倚风险评估工具共包括 10 个条目，偏倚类型包括选择性偏倚、实施偏倚、测量偏倚、失访偏倚、报告偏倚和其他偏倚，与 Cochrane 偏倚风险评估工具一致，但涉及领域略有不同。

SYRCLE 动物实验偏倚风险评估工具中 10 个条目的评估结果最终以“是”、“否”和“不确定”表示，其中“是”代表低风险偏倚，“否”代表高风险偏倚，“不确定”代表不确定风险偏倚。

第四节 编制原则

1. 科学性原则：本标准首先要保证动物实验的科学性和有效性，避免重复和无效的动物实验偏倚风险。

2. 适用性原则：动物实验种类较多，各种动物实验存在差别，如何区分这些动物实验，是本标准考虑的重点内容。我们在选择 *SYRCLE's Risk of Bias Tool for Animal Studies* 时，注重其权威性和适用面较广，也就是能够国际通用。

3. 动物福利原则：动物福利是实验动物的基本诉求，在规范动物实验时，要考虑能够满足 3R 的基本需求，尽量避免没有必要的或重复性动物实验。

4. 经济性原则：在保证满足科学研究需要的前提下，动物实验方案要尽量规范，避免重复、浪费和发生偏倚。

5. 可操作性原则：应具有较好的可操作性，简单易用，对规范动物实验具有实际意义。促进形成具有公开的、全面的、简明的、逻辑性的动物实验方案。

第五节 内容解读

一、范围

本标准规定了动物实验偏倚风险评估的原则和方法。

本标准适用于动物实验的方法学质量评估。

二、规范性引用文件

下列文件对于本标准的应用是必不可少的。凡是注明日期的引用文件，仅注日期的版本适用于本标准。凡是不注日期的引用文件，其最新版本（包括所有的修改单）适用于本文件。

三、术语和定义

此处列出了本标准中核心的术语和定义，方便理解标准内容。本标准未引用我国的标准。

四、动物实验分组（选择性偏倚）

本部分列出了在动物实验分组时，可能产生的选择性偏倚。在 SYRCLE 的 10 个评估条目中，动物安置随机化是一个全新的条目。动物实验中对于动物的安置方式，如不同光照和温度等均会对实验结果产生重要影响。就光照条件和强度等的影响，已有多个研究发现，如架子顶端的笼子所接受的光照强度是架子底端的 4 倍，光照强度的轻微改变会对动物生殖和行为产生影响和改变等。

温度对实验动物的影响亦体现在，如细微的温度变化对动物的代谢率和毒性的影响，同一个支架不同高度上的笼子内的温度不同（通常架子顶端会比低端高 5℃），不同的高度对动物房的影响（如 1.5 米高处动物房的温度比 0.5 米处的要高 3~4℃）等方面。

五、动物实验实施（实施偏倚）

本部分列出了在动物实验实施过程中，可能产生的实施偏倚。若动物未随机安置，研究人员可能会预见各组动物的行为表现，从而产生实施偏倚。动物实验中，对于干预实施和结果测量阶段盲法的应用亦有别于 RCT，尽管不需要对动物施盲，但由于在干预实施过程中，大部分研究者又同为动物饲养者，因此，若未对动物饲养者施盲，则可能会导致其预期实验结果产生主观偏倚。

六、动物实验结果（测量偏倚）

本部分列出了在测量动物实验结果时，可能产生的测量偏倚。由于多数生物存在昼夜节律现象，如类脂（化合）物代谢作用、神经递质水平、药代动力学等影响均会使动物周期 / 昼夜节律发生变化，若在对结果进行测量时未采用随机化的方法，而仅在某一个时间段对样本进行测量和评价，则可能产生测量偏倚风险。在结果测量过程中对结局测量者施盲，也是同样道理。因此，SYRCLE 特别将对动物饲养者和结局测量者施盲作为重要的评估条目。

七、动物实验报告（失访偏倚、报告偏倚）

本部分列出了在撰写动物实验报告时，可能产生的报告偏倚。虽然动物实验的样本相对临床试验来说较小，但显示出的重要基线差异却很大。因此，SYRCLE 亦将基线特征列为评估选择性偏倚大小的条目之一，但若能保证序列的充分产生和分配隐藏，则认为基线特征具有可比性。

八、其他偏倚

本部分列出了应说明不包括在上述偏倚中的其他一些重要偏倚。

参 考 文 献

陈匡阳，马彬，王亚楠，等 . 2014. SYRCLE 动物实验偏倚风险评估工具简介 . 中国循证医学杂志，14（10）：1281-1285.

双梅，赵晨，张莉，商洪才 . 2016. 运用 SYRCLE 工具评价中文期刊发表卒中 / 中风动物实验的方法学质量 . 中国循证医学杂志，(5)：592-597.

牛军强，王亚楠，朱芊各，等 . 2015. 动物实验方法学和报告质量评估工具的横断面研究。中国循证医学杂志，15（2）：223-229.

Hooijmans CR1，Rovers MM，de Vries RB，et al. 2014. SYRCLE's risk of bias tool for animal studies. BMC Med Res Methodol，26；14：43.

Bailoo JD，Reichlin TS，Würbel H. 2014. Refinement of Experimental Design and Conduct in Laboratory Animal Research，ILAR Journal，55（3）：383-391.

Krauth D，Woodruff TJ，Bero L. 2013. Instruments for assessing risk of bias and other methodological criteria of published animal studies ：a systematic review. Environ Health Perspect，121（9）：985-992.

第七章　T/CALAS 7—2017《实验动物　动物实验生物安全通用要求》实施指南

第一节　工 作 简 况

根据中国实验动物学会实验动物标准化专业委员会下达的2016年团体标准制修订计划，由中国医学科学院医学实验动物研究所负责起草《实验动物动物实验生物安全通用要求》团体标准。该标准由中国实验动物学会颁布实施并归口管理。

第二节　工 作 过 程

2015年3月，国家标准化管理委员会发出通知，征集首批团体标准试点单位。

2015年5月，中国实验动物学会联合全国实验动物标准化技术委员会通过申请成为国家标准化管理委员会和中国科学技术协会认可的团体标准试点单位。

2015年9月，中国实验动物学会实验动物标准化专业委员会筹建换届会议，并发通知征集团体标准制定计划项目，本标准提出立项申请和标准草案。2015年11月，中国实验动物学会实验动物标准化专业委员会完成换届工作，并讨论通过第一批50项团体标准制定计划。

2015年12月由中国实验动物学会实验动物标准化专业委员会传达标准制修订计划的通知，《实验动物　动物实验生物安全通用要求》获得立项，并成立编制工作组，核心成员包括实验动物病理专家、中国实验动物学会理事长秦川教授，中国实验动物学会实验动物标准化专业委员会副主任委员、《实验动物　微生物学等级及监测》起草人魏强研究员，中国实验动物学会实验动物标准化专业委员会秘书长孔琪副研究员，本标准由秦川教授设计规划，魏强研究员主笔，孔琪副研究员完成编制说明。工作组采取充分讨论、沟通、协调一致的方式做出决定。

编制工作组在2015年12月启动编制工作，翻阅大量国内外相关图书文献，收集整理相关资料。2016年3月，工作组召开了会议，讨论并确定了标准编制的原则和指导思想；制定了编制大纲和工作计划。2016年3~6月，工作组多次交流编制内容。在参考国内外相关标准的基础上，于2016年6月完成征求意见稿和编制说明初稿。2016年6~10月，反复多次修改。

2016年10月，在广西南宁召开的中国实验动物学会年会上，首次公开征求与会专家意见。根据会上和会后汇总的专家意见，工作组再次对征求意见稿进行修改。最终形成征求意见稿和编制说明。

2016 年 11~12 月，由中国实验动物学会面向实验动物行业单位公开征求意见。收到 4 家单位意见，形成 22 条建议，采纳 18 条，不采纳 4 条。

2017 年 1 月，起草小组整理汇总专家对本标准征求意见稿提出的问题，同时对标准格式进行了规范，最终形成标准送审稿和编制说明。

2017 年 2 月 21 日，由中国实验动物学标委会组织专家征求意见。收到 10 条意见，采纳 5 条，不采纳 5 条。

合计收到 5 家单位意见，形成 32 条建议，采纳 23 条，不采纳 9 条。

2017 年 5 月，本标准经中国实验动物学会第六届理事会常务理事会第八次会议审议通过，批准发布，于 2017 年 5 月 19 日起正式实施。

第三节 编 写 背 景

健康、安全、环保是强制性国家标准的三个重要标志。生物安全对于动物实验来说非常重要，尤其是感染性动物实验，生物安全问题应该排在第一位。

有关实验室生物安全发生过的许多“著名”事件和事故，包括实验室人员感染结核、出血热、猴 B 病毒，甚至 SARS 等。其实，实验室生物安全事件造成的实验人员得病、死亡只是极端例子。而无时无刻发生在实验室涉及的化学品、药品、试剂、辐射、热、电、水、病原微生物、实验材料以及实验动物等造成的潜在或一般性事件，很容易被忽略。

实验室操作主要分为体内和体外实验，也就是说动物操作和试管操作。动物实验相关实验室既涵盖了一般实验室的生物安全要求，同时也使得实验室生物安全变得更加复杂和多变，人员要求更加严格，生物安全事件也相对较多。因此，制定一个动物实验相关实验室生物安全的标准就显得非常迫切，而且意义重大。

实验室生物安全是每个实验室人员应该高度重视的问题，实验的每个环节都会有潜在风险。大家往往想，这些事件总是发生在别人身上，不会在我身上发生。其实不然，大家是在一个环境中工作，从事类似的操作，面临相似的问题，加之我国教育体系中缺乏良好的实验室生物安全教育、培训课程。大家并没有严格、专业的实验室风险识别和风险控制的意识和技能，实验室环境也没能形成安全、清洁的文化氛围，只要查一查，每天都会有许许多多程度不同的生物安全隐患和风险。

第四节 编 制 原 则

1. 科学性原则：动物实验安全标准首先要保证工作人员的安全、健康，其次才是动物实验的科学性和有效性，避免重复和无效的动物实验。

2. 适用性原则：动物实验种类较多，各种动物实验的侧重点是不同的。我们在考虑动物实验安全标准时，注重选择适用面较广的，也就是能够适用于多种动物实验的安全防护。对于感染性动物模型，是本标准的重点内容。

3. 动物福利原则：动物福利是实验动物的基本诉求，在设计动物实验时，要首先考虑能够满足动物福利的基本需求，尽量避免没有必要的对动物的伤害。动物实验方案应经过实验动物福利和伦理审查委员会（IACUC）的批准。

4. 经济性原则：在保证满足科学研究需要的前提下，动物实验的设计和实施要尽量节约，避免浪费。对于动物实验生物安全防护和管理，也尽量考虑节能环保，在保障安全的前提下，尽量减少实验消耗。

5. 可操作性原则：动物实验方案应具有较好的可操作性，简单易用，对规范动物实验生物安全防护具有实际意义。

第五节 内 容 解 读

一、范围

本标准规定了动物实验生物安全相关的实验动物质量要求、从业人员资格、动物实验要求、风险评估和风险控制、管理要求的通用要求。

本标准适用于动物实验的基本要求和管理。

二、规范性引用文件

下列文件对于本标准的应用是必不可少的。凡是注明日期的引用文件，仅注日期的版本适用于本标准。凡是不注日期的引用文件，其最新版本（包括所有的修改单）适用于本文件。

GB19489—2008 《实验室生物安全通用要求》

GB14925—2010 《实验动物环境及设施》

跟本标准关系最密切的就是以上两个标准，在标准正文中都做了引用。

三、术语和定义

列出了本标准中涉及的术语和定义，部分重要内容采用了相关标准中提及的术语和定义。

四、实验动物质量要求

用于动物实验的动物通常包括标准化的实验动物和尚未标准化的实验用动物。使用的实验动物或实验用动物应经过质量监测，检疫合格，来源明确。动物实验之前应了解拟使用动物可能的携带、感染病原；动物应排除人兽共患病病原污染，并做好防控。应尽可能使用实验动物而不是实验用动物做动物实验。

实验动物是一类特殊的动物群体，来源于原种动物，但通过遗传选择、杂交、近交和诱变等方法，改变了群体的遗传组成，使其具有了人类所需要的特征。在动物培育过程中，它们的遗传组成经历了重新组合、纯化和稳定的变化过程。

实验动物不同于普通动物，它的培育是严格控制在非常清洁的环境中。因此，相对而言，它们的免疫功能是低下或不健全的。人们往往注重它们的饲育、生产环境，忽视使用、实验环境。如，饲育时在无菌隔离器中、层流柜中，或清洁环境中，但实验时，往往放在普通实验室、一般动物室，甚至在走廊、过道和办公室中。从干净环境中突然到普通环境中，会遇到很多病原微生物和寄生虫的侵袭，加之实验动物本身抗病能力不强，非常容易得病、死亡。实验动物得病后，也会对人的健康带来不利影响，特别是一些人兽共患病，如出血热、结核病、狂犬病、菌痢、寄生虫等疾病更是直接威胁我们的健康。

五、从业人员资格

动物实验不同于体外实验，任何对动物带来的不良操作，都会影响实验结果。动物实验的结果应该是客观、公正、准确的，要求实验人员必须了解正确的操作和结果判断。北京地区在这方面做得非常好，要求所有从事实验动物和动物实验的人员，包括临时实验人员，必须经过一定时间的培训，考试合格，并取得上岗证后，才能进行动物实验。中国实验动物学会在全国范围内，依托有条件的大学和科研院校，设立了14家培训基地。动物实验的能力，包括动物饲养能力、对动物认知能力、操作能力、信息采集能力、分析能力、关护能力和生物安全防护能力。具备了这些能力，才能完成良好的动物实验，同时保证实验中的生物安全。

动物活体检测、外科手术、活体采样、解剖取材等技能更是要求人员能够熟练掌握。必须经过严格培训，才能实际应用。能力，是安全的保证。

（1）操作能力不足：动物采血是最常见的操作，如果不了解准确的部位，加之血管非常细小，如小鼠的尾静脉，不通过反复练习，临时或匆忙上阵，会造成动物反复损伤，人员刺伤。动物手术、取样、解剖时经常弄伤自己，一定要重点防范。

（2）分析能力不足：曾经有人做关于流感的动物实验，临床表现描述为：动物第一天开始发烧、流涕、乏力、头疼、恶心、呕吐、无食欲、关节疼……然而人无法知道动物乏力、头疼、恶心、无食欲、关节疼这些主观体验，动物实验的信息采集一定要客观描述，如使用动物活动减少、摄食量减少、精神萎靡、被毛脏乱等术语。有些人类出现的主观体验，如乏力、恶心等对动物来讲是不得而知的，动物实验是为人类服务，不能反过来把人类的临床主诉，强加于动物。

（3）护理能力不足：曾经有实例表明，将手术后的动物放回笼具中后，因处理不当，动物抓挠伤口，造成再次伤害。小鼠通过去眼球采血后，止血不好，放回后，遭其他动物嗜咬，不仅非常残忍，而且造成局部环境污染。

六、动物实验要求

动物实验不可避免要进行病原感染性实验，也是感染性动物模型制备的基础。比如艾滋病动物模型要用到猴，流感病毒要感染小鼠、雪貂；结核模型动物有小鼠、豚鼠和猴等；肝炎模型动物有树鼩、转基因小鼠、土拨鼠等。做这些实验既要了解病原的危害，也要了解动物感染后的危害和可能的生物安全风险，操作中要提高能力，降低风险。

还应该注意，不同动物对不同疾病病原，包括细菌、病毒和寄生虫敏感性不同，也就是说，有些病原，如艾滋病病毒HIV即使注入普通小鼠、大鼠、兔、犬和猴等动物体内，它们也不会得病。目前发现，除了大猩猩能感染HIV（只是一过性感染，不会得病）外，其他所有动物都不会感染人艾滋病HIV，因而也就不会得人类艾滋病。因此，做动物模型制备研究时，需要多查文献报道，避免反复、重复感染不敏感动物，既伤害动物，也不会有任何结果。不做无意义的动物实验，或不进行不必要的操作，会减少对人员造成的心理伤害或操作本身导致的人员伤害。

七、风险评估和风险控制

生物安全风险评估和风险控制通俗地讲就是要了解实验可能的各种风险，万一出现了风险，马上采取相应的应对控制手段。动物实验涉及的所有方面，包括动物、病原、试剂、操作等都应预先知道，并识别可能的危害。根据危害程度，提出风险评估，采取风险控制措施，是生物安全的核心工作。良好的危害评估工作应始于实验之前，实时评估应于实验活动之中，定期阶段性再评估应于使用之后。

动物实验的过程既是科学研究的过程，也是人和动物相互“碰撞”的过程。动物不理解人类拿它们在干什么，一定会对操作、伤害做出反抗和攻击，可能会伤害到人。动物实验可能带来的危害主要有：一是动物咬伤、抓伤等直接危害；二是动物携带人兽共患病病原，在操作过程中通过空气、分泌物、直接接触等途径感染人类；三是人类高致病性病原感染动物实验，从动物或环境再感染人。

应该注意，使用的动物会不同程度地携带有不同微生物（除非使用 SPF 或无菌动物），感染之前，一定要了解原先是否带有和实验同样或类似的病原。如果有，一定会干扰实验结果，比如已有的免疫状态、抗体产生等会使结果不准确或出现错误。这样也会误用无辜动物，造成伤害。如果携带有人兽共患病病原，易造成人员的生物安全危害，应高度注意。

最常见的安全风险是，实验动物没有良好的设施设备作保障，动物污染后处理不当，造成环境、动物、人员的生物危害。按照国家要求，病原按危害程度被分为 1~4 类，1~2 类称为高致病性病原。所有病原都应该在 1~4 级不同等级生物安全实验室中进行，生物安全实验室统一名称为 BSL-1，BSL-2，BSL-3 和 BSL-4。动物生物安全实验室统一名称为 ABSL-1，ABSL-2，ABSL-3 和 ABSL-4，动物实验应事先做好生物安全风险评估和风险控制，严格操作，以确保安全。

在做动物实验操作时不戴手套、不戴口罩、不戴面具、野蛮操作、忽视防护等是非常不负责任的行为。

在实验室工作中，通常应根据危害程度分类，对特定的病原微生物采取相应级别的生物安全防护水平，减少人员暴露的危险和使环境污染降到最低限度。

（1）动物的风险评估应包括：动物等级、大小、特性、饲养、操作、被动物咬伤、抓伤、气溶胶可导致的感染等等。举例来说，小鼠产生的气溶胶要远远小于犬、猴产生的气溶胶，因此，不同类型实验动物控制措施就会截然不同。

（2）病原微生物的风险评估主要包括：病原微生物的毒力、致病性、生物稳定性、传播途径、病原微生物的传染性、流行性，有效的疫苗和治疗方法的可用性等，这些数据与资料可从国家监测数据、流行病学调查、已发表的科研论著、医学微生物学和传染病学教科书中查询。

（3）操作的风险评估内容更广：应预先确定拟进行的实验项目，以及实验操作中可能的各种危害的实验步骤，如在处理病原微生物的感染性材料时是否使用可能产生病原微生物气溶胶的搅拌机、离心机、匀浆机、振荡机、超声波粉碎仪和混合仪等设备。

八、管理要求

（一）管理机构

一般实验人员注重动物实验本身，对于动物福利、伦理和生物安全要求不太关注或操作不够专业。因此，国际上提倡成立动物实验福利、伦理委员会，负责审查动物实验，对每个环节进行把关。

（二）动物福利

动物实验福利、伦理审查的基本原则是兼顾动物福利和人员利益，在综合评估动物所受的伤害和使用动物的必要性基础上进行科学审查。涉及动物保护、动物福利、伦理、科学需要、生物安全等各方面内容。遵循动物保护原则，禁止无意义滥养、滥用、滥杀实验动物，制止没有科学意义和社会价值或不必要的动物实验。动物福利原则强调保证实验动物的权利。伦理原则，既要考虑动物的利益，善待动物，又要保证实验动物项目的科学性。生物安全员则提倡要保证实验人员和环境的安全。

（三）监管重点

动物实验方案审查的内容应该包括：实验人员是否符合操作要求；设施设备是否符合动物要求；饲料、垫料、饮水是否符合动物要求；动物运输是否符合要求；实验方案是否符合动物福利要求；动物处置是否符合伦理规范；动物处死是否符合安乐死原则；动物尸体处理是否符合环保要求等方面。

（四）注意事项

1）人员培训情况：动物实验人员必须经过操作培训，包括：动物基本知识、动物操作、麻醉方法、手术方法、给药方法、取材方法、解剖方法、生物安全防护等各种操作，最好持有专业培训证书。

2）动物医师监护：动物实验中必须配备实验动物医师人员。实验动物医师的基本职责之一就是代表动物利益，维护动物权利。认为对动物伤害过大时，可建议、劝告、终止实验。实验动物医师同时会识别可能的生物危害。

3）是否正确选择动物：应该选用微生物等级明确的动物用于实验，提倡在得到足够结果时最大限度地减少动物数量的使用。尽量使用遗传背景一致的动物和微生物控制级别高的动物，可以做到以质量代替数量。数量减少和质量提高，可降低生物危害的范围。

4）动物实验的必要性：提倡替代性生命系统、非生命系统、电脑模拟的应用。离体培养的器官、组织、细胞、微生物在许多研究中得到广泛应用，能够利用替代性材料时不使用活体动物。如能进行电子模拟、体外方法进行替代实验的，就不易进行动物实验。提倡使用低等动物，代替高价的高等级实验动物，也能较易实现对小体积动物的微生物控制。

5）动物实验方案的合理性：严谨合理的方案应使动物操作合理正确，减少外伤，减少污染。使用合适的统计学方法，鼓励用少量动物获得较多结果，使污染源尽量缩小范围。

6）动物运输：运输过程中要避免碰撞和惊吓动物，动物活动量增加，释放气溶胶、广泛接触的可能性就加大，风险也随之加大。

7）动物饲养：要正确饲养动物，饲养空间要足够大，保证饮水质量，食物要干净，室内外环境要保持卫生清洁，降低疾病发生的概率。

8）实验过程：应尽量在麻醉状态下进行动物实验。实验开始前，准备工作要充分，各种可能发生的生物安全意外事故和解决方案均要考虑周全。

9）控制疼痛：应判断实验造成动物疼痛的等级。应考虑使用一切手段以减少动物在实验过程中所产生的疼痛，合理使用必要的麻醉剂、镇痛剂或镇静剂。疼痛可使动物不安、活动加大、相互撕咬、攻击性强，这些都会带来一定的安全隐患。

10）减少对动物的侵扰：尽量不过多干扰动物，减少对动物的刺激，避免应激反应。正确而熟练地抓取动物、固定动物，使动物不会剧烈反抗。鼓励人性化动物保定技术，必要时对动物进行训练调教，既能使实验结果更加可靠，也能降低许多风险。

11）舒适措施：福利提倡提供必要的玩具，特别是犬、猴。有条件时可以给动物增加音乐和色彩环境，对于中大型实验动物实验会产生较好效果。尽量保证恒温恒湿、通风换气、噪音、光照度等的合理设置？同时，设置必要的活动场地。但这些要求，增加了生物污染的范围，应该注意玩具等的消毒灭菌。高等级病原动物实验时，应以生物安全为第一要素，可减少或不提供玩具等。

12）动物安乐死：对实验结束后的动物要施行安乐死，注意不能在其他动物可视范围内进行动物解剖、处死等操作。如引起其他动物恐惧，同样会增加动物带来的各种生物安全风险。

第六节　国内外同类标准分析

国外没有单独的动物实验生物安全标准，但有比较多的实验室生物安全指南，本标准充分参考了国外先进标准，标准水平不低于国外先进标准。

第七节　与法律法规、标准的关系

与现行法律、法规没有冲突。与 GB19489—2008《实验室生物安全通用要求》和 GB14925—2010《实验动物环境及设施》有相关内容，标准正文进行了引用，避免重复。建议在本标准制定后，由中国实验动物学会多召开标准宣贯培训班，宣传贯彻本标准。

第三篇

实验动物质量控制系列标准

第八章 T/CALAS 8—2017《实验动物 树鼩微生物学等级及监测》实施指南

第一节 工 作 简 况

《实验动物 树鼩微生物学等级及监测》编制任务来自国家科技部资助的以下三个国家科技支撑项目，分别为：

（1）野生动物人工种群的生物净化及相关疾病动物模型的建立与评价（2009BAI83B02）；

（2）实验动物新品种的种群建立与质量标准化研究（2011BAI15B01）；

（3）实验用树鼩的标准化研究和人类重大疾病树鼩模型创建与应用集成示范（2014BAI101B01）。本部分的编制为这些课题的研究成果之一。

本标准起草单位：中国医学科学院医学生物学研究所、中国食品药品检定研究院。本标准主要起草人：孙晓梅、代解杰、贺争鸣、岳秉飞、罕园园、王文广、李娜、巩薇、王淑菁、邢进、付瑞、匡德宣、陆彩霞、仝品芬

第二节 工 作 过 程

本标准先后在3个国家科技支撑计划项目资助下逐步形成。

2009年，为完成“野生动物人工种群的生物净化及相关疾病动物模型的建立与评价（2009BAI83B02）”任务内容，编制树鼩微生物感染谱的调查和质量控制标准及检测方法标准（研究稿）。

2011年，随着“实验动物新品种的种群建立与质量标准化研究（2011BAI15B01）”项目的实施，进一步开展树鼩质量标准和技术规范研究，制定树鼩微生物学质量标准和相关条件控制标准。

2014年在“实验用树鼩的标准化研究和人类重大疾病树鼩模型创建与应用集成示范（2014BAI101B01）”项目中得到持续研究和完善，形成本标准研究稿，即标准雏形。

2014年4月14~16日，在北京召开课题中期检查会，2015年3月28日在昆明召开第四次课题研讨和专家咨询会，起草单位就树鼩质量控制的主要标准包括微生物、寄生虫、饲料、环境设施等及其技术规范的讨论稿进行了汇报和讨论，分别得到与会专家的指导意见，并做了修改。

2015年6月10日，起草单位向全国实验动物标准化委员会提交“国家标准制修订计

划项目提案表”；6月17日，在全国实验动物标准化技术委员会工作会议上获得通过，进行备案。

2015年11月11日，起草单位在项目中期检查会上将本标准申报稿通过会议和通讯的方式，向来自国内实验动物领域的18位知名专家征求意见，起草小组对照反馈意见进行了修改、补充和完善。

2016年上半年，起草小组反复进行多次修改和完善，形成《实验动物　树鼩微生物学等级及监测》征求意见稿。

2017年1月，起草小组整理汇总专家对本标准征求意见稿提出的问题，共收到8个单位的回函，征得25条意见，采纳意见23条，未采纳2条，同时对标准格式进行了规范，最终形成标准送审稿。

2017年2月21日，中国实验动物学会实验动物标准化专业委员会邀请全国的31名知名专家，组织召开了“全国实验动物标准化委员会年会暨标准审查会议”，起草单位在审查会上详细汇报了本标准（送审稿），现场专家们肯定了本标准的重要性和必要性，同时提出了一些意见或建议，起草小组对照征求意见进行了修改说明、补充和完善，形成本标准的报批稿。

2017年5月，本标准经中国实验动物学会第六届理事会常务理事会第八次会议审议通过，批准发布，于2017年5月19日起正式实施。

第三节　编写背景

树鼩（Tree threws，*Tupaia belangeri*）是我国正在开发的具有自主知识产权的实验动物新品种，由于其亲缘关系与灵长类最为接近，在生理解剖、生化代谢、神经发育、病毒感染特性、心理应激模式等方面与灵长类甚至人类之间都存在高度的相似性；同时，由于其具有体型小、繁殖周期短、易于操作、饲养成本低，比高等灵长类动物更适合大规模应用等独特优势，作为非人灵长类动物模型的补充，目前已经被用于更多重要疾病如乙型肝炎、丙型肝炎、手足口等病毒感染，以及自发性肿瘤、代谢性疾病、抑郁症等动物模型的创建。随着相关研究的不断深入，树鼩得到越来越广泛的关注，实验树鼩的标准化也就显得迫切而重要，而实验树鼩质量标准的制定将在很大程度上保证科研数据的可靠性、一致性和可重复性，对提升我国实验动物科学自主创新的研究水平，进而提高我国在实验动物领域的国际地位亦具有重要的科学意义。

微生物等级监测是实验动物标准化（质量控制）中的重要组成部分。近年来，国内外已有部分关于树鼩微生物学的相关研究报道，但至今仍然缺乏一个国家层面的、指导性强的标准，难以保证所用动物的质量，很大程度上制约了实验树鼩这一新品种资源的建设、标准化和产业化发展。需要说明的是虽然在2010年颁布了云南省《实验树鼩　第1部分　微生物学等级及监测》标准，但随着研究的深入发现此标准存在一些缺陷。因此，在前期大量研究基础上，本标准的制定旨在按照我国实验动物质量控制等级要求，基于排除引起人兽共患病、树鼩烈性传染病以及对科学研究干扰大的各类细菌、真菌和病毒等病原的实际情况进行等级分类，规范检测标准、检测方法和检测程序等，制定树鼩微生物学等级及检测的团体标准。只有实现树鼩的标准化，才能在树鼩生产和使用机构申请许可证认证时提供检测依据，保证实验结果的科学性和可靠性。

第四节　编 制 原 则

本标准的编制遵循以下基本原则：

（1）本标准编写格式应符合 GB/T 1.1—2000 的规定；

（2）本标准规定的技术内容及要求应科学、合理，具有适用性和可操作性；

（3）本标准的水平应达到国内领先水平。

本标准编写的依据为国家标准 GB 14922.2—2011《实验动物　微生物学等级及监测》、云南省地方标准 DB53/T 328.1—2010《实验树鼩　第 1 部分　微生物学等级及监测》，以及迄今为止国内外研究机构所有发表的以树鼩作为实验材料开展的微生物学质量控制的研究成果。

第五节　内 容 解 读

本标准由适用范围、规范性引用文件、术语和定义、树鼩等级分类、缩略语、检测要求、检测程序、检测规则、检测方法、结果判定和判定结论共十一章构成。从标准研究稿到标准报批稿经过了多次修改。现将《实验动物　树鼩微生物学等级及监测》报批稿主要技术内容的确定说明如下。

一、等级设定

参考实验动物有关标准，结合目前树鼩的生产水平和使用情况，本标准将树鼩按微生物学控制标准分为 2 个等级，即普通级和无特定病原体级（即 SPF 级）。

基于两个方面因素，其一，我国实验动物现行国家标准已颁布的啮齿类实验动物微生物学控制标准分为清洁级、SPF 级和无菌动物；颁布的灵长类实验动物微生物学控制标准分为普通级和 SPF 级。树鼩虽然在体型上属于小型实验动物，但在分类上隶属于攀鼩目，经核基因组学分析，在进化上与灵长类处于同一分支，是灵长类的近缘物种；前期研究发现树鼩在解剖结构、生理生化等方面与灵长类动物接近。其二，前期的研究已经能够在实验室培育得到清洁级的树鼩，但目前国内大多数树鼩饲养机构尚处于起步阶段，仅仅具备普通级饲养设施。同时，很多实验研究中又需要排除其自身易感的病原，因此，在制定本标准时综合考虑将树鼩的微生物学等级设定为普通级和 SPF 级 2 个等级。

二、检测项目分类

本标准将检测项目分为必须检测和必要时检测两类。必须检测项目是在进行树鼩质量评价时必须检测的项目；必要时检测项目是在引种、疑有本病感染或开展相关研究时需要检测的项目。这种分类既可以突出重点，确保树鼩的质量，又在一定程度上简化了检测工作量，更具可操作性。

三、不同等级要求排除的病原微生物

普通级实验动物应排除人兽共患病和树鼩烈性传染病病原。沙门菌是一种常见的人兽共患病病原，人和动物通过进食污染的食物引起沙门菌性肠胃炎，甚至败血症。在一项大样本的树鼩肠道细菌检测报道中提示树鼩携带沙门菌。皮肤病原真菌能引起人兽共患的皮肤病，主要侵害人和动物的皮肤、毛发和爪甲等部位，各种动物均可感染。志贺菌是肠道传染病中最为常见的病原菌，可引起细菌性痢疾及急性胃肠炎。在一项树鼩肠道细菌检测报道中提示树鼩能够感染志贺菌，以福氏志贺菌和宋氏志贺菌为主。因此，本标准中把这三种病原列入普通级树鼩必须检测和排除的项目。

疱疹病毒是一类较为常见的病毒，宿主范围广，感染率高，当机体抵抗力下降时，体内潜伏的病毒被激活而发病，危害性大，少数感染者可发生病情严重的中枢神经系统和多器官弥漫性感染，预后不良。有研究报道显示疱疹病毒可实验性感染树鼩，建立动物模型。轮状病毒是引起婴幼儿腹泻的主要病原体之一，其主要感染小肠上皮细胞而引起腹泻。有报道称轮状病毒能实验性感染树鼩，同时，也能够从树鼩肠道分离出轮状病毒。呼肠孤病毒能引起树鼩肠道、呼吸道及神经系统感染，前期研究发现树鼩对呼肠孤病毒易感，并多次从体内分离得到该病毒。腺病毒在树鼩群体内常常携带，其 40 和 41 型病毒能引起腹泻。本标准把疱疹病毒、轮状病毒、呼肠孤病毒和腺病毒列入 SPF 级树鼩必须检测和排除项目。树鼩被认为是良好的肝炎病毒模型，由此被大量用于肝炎病毒感染机制及药物研发当中，但是，能诱导树鼩肝炎模型的病毒种类很多，原先在讨论稿和征求意见稿中分别都罗列了一些必要时检测的肝炎病毒项目，如 HBV、HCV、小鼠肝炎病毒，最后经查阅大量文献证实除了实验性感染以外，树鼩不携带人肝炎病毒和小鼠肝炎病毒，起草小组认为列举肝炎病毒不恰当，决定删除该项目。当用于肝炎病毒感染研究时再行排除。

肺炎链球菌、变形杆菌、金黄色葡萄球菌和空肠弯曲菌都是树鼩易感病菌。本标准将肺炎链球菌和变形杆菌列入 SPF 级树鼩必须检测和排除项目；将金黄色葡萄球菌和空肠弯曲菌列为 SPF 级树鼩必要时检测项目。

四、检测程序和检测规则

本标准提出的检测程序和检测规则，与颁布的《实验动物　微生物学等级和监测》基本一致。

五、检测方法

针对沙门菌、皮肤病原真菌、志贺菌、金黄色葡萄球菌、肺炎链球菌、轮状病毒、空肠弯曲菌、疱疹病毒的检测方法均可分别按照实验动物国家标准进行检测。本标准在附录中提供了呼肠孤病毒、腺病毒两种病毒核酸的 PCR 检测方法，以及变形杆菌的培养鉴定方法。呼肠孤病毒、腺病毒均为树鼩源病毒，将分离得到病毒经形态学、血清学和核酸测序鉴定后设计了特异性引物，建立了相应的 PCR 检测方法。方法的特异性强、灵敏度高，经验证适合于树鼩呼肠孤病毒和腺病毒的检测。

六、结果判定

根据所采取的检测方法的结果判定标准进行相应判定。

第六节　分 析 报 告

一、树鼩微生物携带状况的系统调查

2012 年，由中国食品药品检定研究院实验动物资源研究所与中国医学科学院医学生物学研究所共同合作，完成了野生树鼩可培养细菌和真菌携带情况的调查，研究者采用经典方法，对 61 只野生树鼩呼吸道、肠道和体表毛发样本进行分离培养，形态学、生化和分子生物学多种方法鉴定，结果显示可培养的 16 个科 32 个属 56 种细菌及 11 种真菌。以肠杆菌属、葡萄球菌属、链球菌属携带率最高，其中常见病原菌有甲型副伤寒沙门氏菌携带率 3.3%、金黄色葡萄球菌携带率 93.6%、肺炎链球菌携带率 52.5%、空肠弯曲菌携带率 8.2%、鲍氏志贺菌携带率 6.6%、变形杆菌携带率 9.8% 等（邢进等，2012）。多项研究也证实树鼩携带沙门菌、志贺菌等人兽共患病致病菌（刘丽君等，2015），仅仅是携带率有差异。因此，可以得出这样的结论：树鼩作为小型的哺乳类动物，携带多种病菌，其中沙门菌、志贺菌和皮肤病原真菌是重要的人兽共患病致病菌，沙门菌和志贺菌还是树鼩的烈性传染病病原，作为基本的普通级实验动物必须排除；其他病原菌虽然携带率高，但多为条件致病，所以把它们列为 SPF 级树鼩必须或必要控制的项目。

二、树鼩病毒携带状况的调查

（一）抗体调查

在一份研究报道中，作者就 60 只野生树鼩的单纯疱疹病毒、流感病毒、柯萨奇病毒、甲肝病毒、乙肝病毒、丙肝病毒、丁肝病毒、登革热病毒、出血热病毒和麻疹病毒进行血清抗体筛查。结果仅检测到单纯疱疹病毒血清抗体阳性率为 36.7%，说明树鼩能够自然感染（王新兴等，2011）。考虑到单纯疱疹病毒危害较大、动物易感，因此把它列入 SPF 级树鼩必须排除项目。国内外研究报道也显示树鼩能实验性感染单纯疱疹病毒和轮状病毒，成为这些病毒病研究的动物模型。

（二）抗原检测

研究人员曾从树鼩粪便中分离到树鼩呼肠孤病毒，通过建立相应的 PCR 方法进行检测，阳性率为 27%（李晓飞等，2014）；在一项检测报告中报道了树鼩的腺病毒核酸检出率为 73%；粪便中 ELISA 法检测到轮状病毒阳性率为 6.7%。虽然这几种病毒的检出率较高，但对于树鼩而言为条件致病病原，将其列为 SPF 级树鼩排除的病原。

以上这些基础研究结果为我们制定团体标准提供许多重要依据。

第七节 国内外同类标准分析

树鼩作为具有我国自主知识产权的实验动物新品种，目前没有国外标准可借鉴。在制订本标准时本着立足国内、面向国际的原则，尽可能采用国际上认可的原则和方法，同时又符合目前国情，注重可操作性。在等级设定和检测项目设定方面均从国内的整体水平考虑；标准中列举的检测方法是目前国内外通常采用的检测方法；对树鼩来源的特异性强的病原采用附录提供的核酸 PCR 检测方法。

第八节 与法律法规、标准关系

本标准是在收集、整理国内外相关组织、地方和行业有关实验树鼩质量控制标准，以及迄今为止国内外研究机构所有发表的以树鼩作为实验材料开展微生物学质量控制研究基础上制定的。在确定本标准的各项指标时，严格遵循国家科委颁发的《实验动物管理条例》和国家科委与国家技术监督局联合颁发的《实验动物质量管理办法》，同时参考国家标准《实验动物 微生物学等级及监测》。

在实验动物微生物学等级及监测方面迄今无国家层面的相关标准，有地方标准。2010 年由云南省技术监督局颁布了云南省地方标准 DB53/T 328.1—2010《实验树鼩 第 1 部分：微生物学等级及监测》，虽然有标准但由于颁发时间较早，存在前期研究数据不足、内容有缺陷，甚至缺乏科学性等问题，在地方标准检测项目中将结核杆菌列入是缺乏科学根据的，因为从未查阅到树鼩感染结核杆菌的实验证据。而本标准的制定原则是尽量做到各项指标既不遗漏又符合实验树鼩实际情况，实现科学性和可操作性。

第九节 重大意见分歧的处理和依据

从标准结构框架和制定原则的确定、标准的引用、有关技术指标和参数的试验验证、主要条款的确定直到标准草稿征求专家意见（通过函寄和会议形式多次咨询和研讨），均未出现重大意见分歧的情况。

第十节 作为推进性标准的建议

考虑到本标准为首次制定，还需要经过广泛实践的检验逐步完善，建议作为推荐性团体标准。

第十一节 标准实施要求要求和措施

标准如果颁布，建议由中国实验动物学会对有关人员进行宣贯和培训。

第十二节　其他说明事项

本部分的编写格式是按照GB/T1.1—2000《标准化工作导则》第一部分：标准的结构和编写规则执行的。

本部分的制定引用了以下文件：

NY/T 541 《动物疫病实验室检验采样方法》

GB 14922.2—2011 《实验动物　微生物学等级及监测》

GB/T 14926.50~14926.55 《实验动物　微生物学检测方法》

GB/T 14926.1 《实验动物　沙门菌检测方法》

GB/T 14926.4 《实验动物　皮肤病原真菌检测方法》

GB/T 14926.47 《实验动物　志贺菌检测方法》

GB/T 14926.14 《实验动物　金黄色葡萄球菌检测方法》

GB/T 14926.15 《实验动物　肺炎链球菌检测方法》

GB/T 14926.30 《实验动物　兔轮状病毒检测方法》

GB/T 14926.49 《实验动物　空肠弯曲杆菌检测方法》

GB/T 14926.60 《实验动物　猕猴疱疹病毒Ⅰ型（B病毒）检测方法》

GB/T 14926.50 《实验动物　酶联免疫吸附实验》

GB/T 14926.52 《实验动物　免疫荧光试验》

参考文献

李晓飞，殷安国，张媛，等. 2014. 树鼩呼肠孤病毒RT-nPCR检测方法的建立及初步应用. 中国比较医学杂志，24（6）：63-68.

刘丽君，余柄廷，胡凝珠，等. 2015. 树鼩粪便细菌分离培养与鉴定. 中国比较医学杂志，25（10）：64-68.

王新兴，李靖潇，王文广，等. 2011. 野生中缅树鼩病毒携带情况的初步调查. 动物学研究，32（1）66-69.

邢进，冯育芳，付瑞，等. 2012. 野生树鼩可培养细菌和真菌携带情况的调查. 实验动物科学，29（3）：34-38.

第九章　T/CALAS 9—2017《实验动物树鼩寄生虫学等级及监测》实施指南

第一节　工 作 简 况

编制任务来自国家科技部资助的以下三个国家科技支撑项目：

（1）野生动物人工种群的生物净化及相关疾病动物模型的建立与评价（2009BAI83B02）；

（2）实验动物新品种的种群建立与质量标准化研究（2011BAI15B01）；

（3）实验用树鼩的标准化研究和人类重大疾病树鼩模型创建与应用集成示范（2014BAI101B01）。

本部分的编制为这些课题的研究成果之一。

本标准起草单位：中国医学科学院医学生物学研究所、中国食品药品检定研究院、昆明理工大学。

本标准主要起草人：孙晓梅、代解杰、贺争鸣、王文广、岳秉飞、罕园园、李娜、巩薇、夏雪山、冯育芳、陆彩霞、匡德宣、全品芬、冯悦。

第二节　工 作 过 程

本标准先后在3个国家科技支撑计划项目资助下逐步形成。

2009年，为完成“野生动物人工种群的生物净化及相关疾病动物模型的建立与评价（2009BAI83B02）”中的任务内容，在收集、整理相关文献和大量研究的基础上，开始进行树鼩寄生虫感染谱的调查和编制寄生虫控制及检测方法标准（研究稿）。

2011年，随着“实验动物新品种的种群建立与质量标准化研究（2011BAI15B01）”项目的实施，进一步开展了树鼩质量标准和技术规范研究，制定了树鼩寄生虫学质量标准和相关条件控制标准。

2014年在“实验用树鼩的标准化研究和人类重大疾病树鼩模型创建与应用集成示范（2014BAI101B01）”项目中得到了持续研究和完善。形成了本标准研究稿，即标准雏形。

2014年4月14~16日，在北京召开的课题中期检查会上，以及2015年3月28日在昆明召开的第四次课题研讨和专家咨询会上，起草单位就树鼩的质量控制的主要标准包括微生物、寄生虫、饲料、环境等及其技术规范的讨论稿进行了汇报和讨论，分别得到了与会专家的指导意见，并做了修改。

2015 年 6 月 10 日，起草单位向全国实验动物标准化委员会提交了“国家标准制修订计划项目提案表”；6 月 17 日，在全国实验动物标准化技术委员会举办的工作会议上获得通过，进行了备案。

2015 年 11 月 11 日，起草单位在项目中期检查会上将本标准申报稿通过会议和通讯的方式，向来自国内实验动物领域的 18 位知名专家征求了意见，起草小组对照反馈意见进行修改、补充和完善。

2016 年上半年，起草小组又反复进行了多次修改和完善，形成《实验动物 树鼩寄生虫学等级及监测》征求意见稿。

2017 年 1 月，起草小组整理汇总专家对本标准征求意见稿提出的问题，共收到了 6 个单位的回函，征得 12 条意见，采纳意见 10 条，未采纳 2 条，同时对标准格式进行了规范，最终形成标准送审稿。

2017 年 2 月 21 日，中国实验动物学会实验动物标准化专业委员会邀请全国的 31 名知名专家，组织召开了“全国实验动物标准化委员会年会暨标准审查会议”，起草单位在审查会上详细汇报了本标准（送审稿），现场专家们肯定了本标准的重要性和必要性，同时提出了一些意见或建议，起草小组对照征求意见进行了修改说明、补充和完善，形成本标准的报批稿。

第三节 编 写 背 景

树鼩（Tree shrew，*Tupaia belangeri chinensis*）是我国正在开发的具有自主知识产权的实验动物新品种，由于其亲缘关系与灵长类最接近，在生理解剖、生化代谢、神经发育、病毒感染特性、心理应激模式等方面与灵长类甚至人类之间都存在高度的相似性；同时，由于其具有体型小、繁殖周期短、易于操作、饲养成本低，比高等灵长类动物更适合大规模应用等独特优势，作为非人灵长类动物模型的补充，目前已经被用于更多重要疾病如乙型肝炎、丙型肝炎、手足口等病毒感染，以及自发性肿瘤、代谢性疾病、抑郁症等动物模型的创建。随着相关研究的不断深入，树鼩得到越来越广泛的关注，树鼩的标准化也就显得迫切而重要，而实验树鼩质量标准的制定将在很大程度上保证科研数据的可靠性、一致性和可重复性，对提升我国实验动物科学自主创新的研究水平，进而提高我国在实验动物领域的国际地位亦具有重要的科学意义。

寄生虫等级及监测是实验动物标准化（质量控制）的重要组成部分。自 20 世纪 80 年代以来，国内外已有关于树鼩寄生虫学的研究报道，但至今仍然缺乏一个国家层面的、指导性强的标准，难以保证所用动物的质量，很大程度上制约了实验树鼩这一新品种资源的建设、标准化和产业化发展。需要说明的是虽然在 2010 年颁布了云南省《实验树鼩 寄生虫学等级及监测》标准，但随着研究的深入，发现此标准存在一些缺陷。因此，在前期大量研究基础上，本标准的制定旨在按照我国实验动物质量控制等级要求，基于排除引起人兽共患病、树鼩烈性传染病以及对科学研究干扰大的各类寄生虫病病原的实际情况进行等级分类，规范检测标准、检测方法和检测程序等，制定树鼩寄生虫学等级及检测的国家团体标准。只有实现树鼩的标准化，才能为树鼩生产和使用机构申请许可证认证时提供检测依据，才能保证实验结果的科学性和可靠性。

第四节 编 制 原 则

本标准的编制应遵循以下基本原则：

（1）本标准编写格式应符合 GB/T 1.1—2000 的规定；

（2）本标准规定的技术内容及要求应科学、合理，具有适用性和可操作性；

（3）本标准的水平应达到国内领先水平。

本标准编写的依据为国家标准《实验动物　寄生虫学等级及监测》、云南省地方标准《实验树鼩　寄生虫学等级及监测》，以及迄今为止国内外研究机构所有发表的以树鼩作为实验材料开展的寄生虫学质量控制研究成果。

第五节 内 容 解 读

本标准由范围、规范性引用文件、术语和定义、实验树鼩等级分类、缩略语、检测要求、检测程序、检测规则、检测方法、结果判定、判定结论共十一章构成。从标准研究稿到标准报批稿经过了多次修改。现将《实验动物　树鼩寄生虫学等级及监测》报批稿主要技术内容的确定说明如下。

一、等级设定

参考实验动物有关标准，结合目前树鼩的生产水平和使用情况，本标准将实验树鼩按寄生虫学控制标准分为 2 个等级，即普通级和无特定病原体级（即 SPF 级）。

基于两个方面因素，其一，我国实验动物现行国家标准已颁布的啮齿类实验动物寄生虫学控制标准分为清洁级、SPF 级和无菌动物；颁布的灵长类实验动物寄生虫学控制标准分为普通级和 SPF 级。树鼩虽然在体型上属于小型实验动物，但在分类上隶属于攀鼩目，经核基因组学分析，在进化上与灵长类处于同一分支，是灵长类的近缘物种；前期研究发现树鼩在解剖结构、生理生化等方面与灵长类动物接近。其二，前期的研究已经能够在实验室培育得到清洁级的树鼩，但目前国内大多数树鼩饲养机构处于起步阶段，仅仅具备普通级饲养设施。因此，在制定本标准时综合考虑将树鼩的寄生虫学等级设定为普通级和 SPF 级 2 个等级。

二、检测项目分类

本标准将检测项目分为必须检测和必要时检测两类。必须检测项目是在进行树鼩质量评价时必须检测的项目；必要时检测项目是在引种、疑有本病感染或开展相关研究时需要检测的项目。这种分类既可以突出重点，确保树鼩的质量，又在一定程度上简化了检测工作量，更具可操作性。

三、不同等级要求排除的寄生虫

普通级树鼩应排除人兽共患病和烈性传染的寄生虫病原。体外寄生虫（主要指节肢动物）是寄生于动物体外并暂时性吸取营养，能造成动物皮肤损害并传播多种疾病，危害性很大的寄生虫病病原。弓形虫为一种原虫，也是常见的人兽共患病原，寄生于终宿主猫和猫科动物的小肠上皮细胞内，完成有性生殖，形成卵囊随粪便排出，很多哺乳动物误食后可造成全身感染，该病原感染范围广、传播性强、危害性大。因此本标准中把这两种寄生虫列入普通级树鼩必须检测和排除的项目。

蠕虫是多细胞动物，自然界中广泛存在，部分寄生于动物体内，主要有扁形动物门中的吸虫纲和绦虫纲，还有线形动物门中的线虫纲，危害较大。经大量的文献收集、总结，以及大样本树鼩感染谱的调查分析鉴定，发现树鼩体内携带人类常见的蠕虫，包括线虫、绦虫、吸虫及旋毛虫，其中线虫的携带率较高，通过药物可以清除。因此将全部蠕虫列入SPF 级树鼩必须检测和排除的项目。

肉孢子虫对动物机体有一定危害，轻度感染可导致恶心、腹胀、腹痛、腹泻等消化道疾病，重度感染危害较大，前期研究发现树鼩自然携带肉孢子虫。在树鼩体内携带鞭毛虫，据报道尤以鞭毛虫中的毛滴虫最为普遍，导致消化道疾病。本标准将肉孢子虫列入 SPF 级树鼩必须检测和排除的项目；将鞭毛虫列为 SPF 级树鼩必要时检测项目。

四、检测程序和检测规则

本标准提出的检测程序和检测规则，与颁布的 GB14922.1—2001《实验动物　寄生虫学等级和监测》一致。

五、检测方法

针对体外寄生虫、弓形虫、蠕虫、肉孢子虫、鞭毛虫和纤毛虫的检测方法均可按照国标进行检测。

六、结果判定

根据所采取的检测方法的结果判定标准进行相应判定。

第六节　分 析 报 告

树鼩属于小型哺乳类，全身被毛，加上其食性和生态环境与人类活动范围密切，容易感染各类人兽共患寄生虫。

一、树鼩体外寄生虫携带状况调查

自 20 世纪 80 年代以来，关于树鼩携带的体外寄生虫就有多篇报道。经统计大约有 40 余种，尤以螨、蜱、蚤、虱种类居多，其中螨的种类就高达 20 多种（彭燕章等，1991）。这些节肢动物不仅造成动物皮炎、贫血和过敏反应，还是很多重大传染病的传染源，因此把它列为普通级必须排除的项目。

二、树鼩肠道蠕虫携带状况的系统调查

由中国医学科学院医学生物学研究所，完成了野生树鼩肠道蠕虫感染情况的调查及分析。采用经典的粪便直接图片法，对203只野生树鼩肠道蠕虫携带率、蠕虫种类鉴定等进行了分析，发现野生树鼩常见携带的蠕虫有长膜壳绦虫、奇口线虫、粪类圆线虫和鞭虫等，其中长膜壳绦虫、奇口线虫和粪类圆线虫感染率较高，分别为27.67%、30.06%和61.52%（孙晓梅等，2015）；此结果与其他研究结果相吻合；还有报道称树鼩能自然感染多种线虫，包括树鼩圆线虫、血管圆线虫等。由于树鼩食性广泛，喜食昆虫，生活在村落附近，基本上能感染人类所有的蠕虫。因此把全部蠕虫列为SPF级必须排除的项目。

三、树鼩原虫携带状况的调查

有树鼩感染肉孢子虫的研究报道，该肉孢子虫为一新种，对机体有一定危害，但感染率低（Xiang et al.，2010）。研究发现树鼩携带大量的鞭毛虫，经形态和核酸测序鉴定属三毛滴虫属的胎儿三毛滴虫（陈玲霞，2015），感染率高但为条件性致病。因此把这两个原虫列为SPF级树鼩必须和需要排除的项目。

第七节 国内外同类标准分析

树鼩作为具有我国自主知识产权的实验动物新品种，目前没有国外标准可借鉴。在制订本标准时本着立足国内、面向国际的原则，尽可能采用国际上认可的原则和方法，同时又符合目前国情，注重可操作性。在等级设定和检测项目设定方面均从国内的整体水平考虑；标准中列举的检测方法是目前国内外通常采用的检测方法。

第八节 与法律法规、标准关系

本标准是在收集、整理国内外相关组织、地方和行业有关树鼩质量控制标准，以及迄今为止国内外研究机构所有发表的以树鼩作为实验材料开展寄生虫学质量控制研究基础上制定的。在确定本标准的各项指标时，严格遵循国家科委颁发的《实验动物管理条例》和国家科委与国家技术监督局联合颁发的《实验动物质量管理办法》，同时参考国家标准GB14922.1—2001《实验动物寄生虫学等级及监测》。

在实验动物微生物学等级及监测方面迄今无国家层面的树鼩的相关标准，但有地方标准。2010年由云南省技术监督局颁布了云南省地方标准DB53/T 328.2—2010《实验树鼩 寄生虫学等级及监测》。虽然有标准，但由于颁发时间较早，存在前期研究数据不足、内容有缺陷，甚至缺乏科学性等问题；如地方标准中，无特定病原体检测指标把各类线虫分别罗列，缺乏科学性，而本标准则是把全部蠕虫（其中包含了全部线虫）列为SPF级应检测的指标，更加全面。总之，本标准的制定立足各项指标既符合树鼩实际情况，又具有科学性和可操作性。

第九节　重大分歧的处理和依据

从标准结构框架和制定原则的确定、标准的引用、有关技术指标和参数的试验验证、主要条款的确定直到标准草稿征求专家意见（通过函寄和会议形式多次咨询和研讨），均未出现重大意见分歧的情况。

第十节　作为推荐性标准的建议

考虑到本标准为首次制定，还需要经过广泛实践的检验逐步完善，建议作为推荐性团体标准。

第十一节　标准实施要求和措施

标准如果颁布，建议由中国实验动物学会对有关人员进行宣贯和培训。

第十二节　其他说明事项

本部分的编写格式是按照 GB/T1.1—2000《标准化工作导则》第一部分：标准的结构和编写规则执行的。

本部分的制定引用了以下文件：

NY/T 541 《动物疫病实验室检验采样方法》

GB 14922.1—2001 《实验动物　寄生虫学等级及监测》

GB/T 18448.1—2001 《实验动物　体外寄生虫检测方法》

GB/T 18448.2—2008 《实验动物　弓形虫检测方法》

GB/T 18448.6—2001 《实验动物　蠕虫检测方法》

GB/T 18448.10—2001 《实验动物　肠道鞭毛虫和纤毛虫检测方法》

参考文献

陈玲霞，尹博文，李振宇，等 . 2015. 树鼩鞭毛虫的形态学观察及其 18S rRNA 基因分析 . 中国比较医学杂志，25（11）：5-8.

彭燕章，叶智彰，邹如金，等 . 1991. 树鼩生物学 . 昆明 . 云南科技出版社：162-163.

孙晓梅，仝品芬，匡德宣，等 .2015. 野生树鼩肠道蠕虫感染调查及分析 . 中国比较医学杂志，25（2）：15-17.

Xiang Z，Rosenthal BM，He YS，et al.2010. *Sarcocystis tupaia*，sp.nov.，a new parasite species employing tree shrews（Tupaiidae，*Tupaia belangeri chinensis*）as natural intermediate hosts.Parasitol Int，59，128-132.

第十章　T/CALAS 10—2017《实验动物树鼩环境及设施》实施指南

第一节　工 作 简 况

编制任务来自国家科技部资助的以下三个国家科技支撑项目：

（1）野生动物人工种群的生物净化及相关疾病动物模型的建立与评价（2009BAI83B02）;

（2）实验动物新品种的种群建立与质量标准化研究（2011BAI15B01）;

（3）实验用树鼩的标准化研究和人类重大疾病树鼩模型创建与应用集成示范（2014BAI101B01）。

本部分的编制为这些课题的研究成果之一。

本标准起草单位：中国医学科学院医学生物学研究所、昆明理工大学。

本标准主要起草人：匡德宣、代解杰、孙晓梅、罕园园、陆彩霞、仝品芬、王文广、李娜、夏雪山、冯悦。

第二节　工 作 过 程

本标准前后在3个国家科技支撑计划资助下逐步形成的。

2009年，为完成“野生动物人工种群的生物净化及相关疾病动物模型的建立与评价（2009BAI83B02）”中的任务内容，在收集、整理相关文献和大量研究的基础上，开始编制树鼩微生物感染谱的调查和质量控制标准及检测方法标准（研究稿）。

2011年，“实验动物新品种的种群建立与质量标准化研究（2011BAI15B01）”项目的实施，进一步开展树鼩质量标准和技术规范研究，制定树鼩微生物学质量标准和相关条件控制标准。

2014年，在“实验用树鼩的标准化研究和人类重大疾病树鼩模型创建与应用集成示范（2014BAI101B01）”项目中得到了持续研究和完善。形成了本标准研究稿，即标准雏形。

2015年6月10日，起草单位向全国实验动物标准化委员会提交了“国家标准制修订计划项目提案表”，6月17日，在全国实验动物标准化技术委员会举办的工作会议上获得通过，进行了备案。

2015年11月11日，起草单位在项目中期检查会上将本标准申报稿通过会议和通讯方式，向来自国内实验动物领域的18位知名专家征求了意见，起草小组对照反馈意见进行修改、补充和完善。

2016年上半年，起草小组又反复进行了多次修改和完善，形成了目前的本标准征求意见稿。

2017年1月，起草小组整理汇总专家对本标准征求意见稿提出的问题，去除重复意见，共收到意见26条，经过起草小组讨论，采纳26条，不采纳0条。同时对标准格式进行了规范，最终形成标准送审稿。

2017年2月21日，中国实验动物学会实验动物标准化专业委员会邀请全国的31名知名专家，组织召开了“全国实验动物标准化委员会年会暨标准审查会议”，起草单位在审查会上详细汇报了本标准（送审稿），现场专家们肯定了本标准的重要性和必要性，同时提出了一些意见或建议，起草小组对照征求意见进行了修改说明、补充和完善，形成本标准的报批稿。

2017年5月，本标准经中国实验动物学会第六届理事会常务理事会第八次会议审议通过，批准发布，于2017年5月19日起正式实施。

第三节　编写背景

树鼩（Tree shrew，*Tupaia belangeri*）作为我国正在开发的具有自主知识产权的实验动物新品种，由于其亲缘关系与灵长类最接近，在生理解剖、生化代谢、神经发育、病毒感染特性、心理应激模式等方面，与灵长类甚至人类都存在高度的相似性，同时，由于其具有体型小、繁殖周期短、易于实验操作、饲养成本低，比高等灵长类动物更适合大规模应用等独特优势，作为非人灵长类动物模型的补充。目前已经被用于若干重要疾病如乙型肝炎（HBV）、丙型肝炎（HCV）、手足口等病毒感染，以及自发性肿瘤、代谢性疾病、抑郁症等动物模型的创建。随着树鼩相关研究的深入得到越来越广泛的关注，实验树鼩质量标准的制定将在很大程度上提升我国实验动物科学自主创新的研究水平，从而提高我国在实验动物领域的国际地位具有重要的科学意义和必要性。

实验动物的健康状况直接影响其生产和应用，而影响动物健康的因素众多，除了病原微生物和寄生虫外，动物生存环境中的化学物质，饲料、垫料和空气中的有害物质，甚至噪声和光照都可能引发动物健康问题。实验树鼩的健康状况及正常繁殖生长离不开适宜环境条件和设备的支持，环境及设施的好坏直接影响着动物质量和实验结果。虽然国内外近来有不少关于生长环境及设施的相关研究报告，但由于各研究报告间，在生长环境的参数控制和设施的配置情况上具有较大差异，因此，本标准的制定旨在规范实验用树鼩的生长环境参数控制和设施配置，从而保证实验用树鼩种群的健康及稳定的生长繁殖。只有实现树鼩的标准化，才能为实验树鼩生产和使用机构申请许可证认证时提供检测依据，才能保证实验结果的科学性和可靠性。

第四节　编制原则

在确定本标准的各项指标时，严格遵循国家科委颁发的《实验动物管理条例》和国家科委与国家技术监督局联合颁发的《实验动物质量管理办法》，同时参考国家标准《实验动物　环境及设施》，最终制定《实验动物　树鼩环境与设施》标准。本标准的编制遵循“科学性、实用性、统一性、规范性”的原则，有利于云南省实验树鼩资源的有效利用，提升我国实验动物标准化水平，拓展使用范围。

第五节 内 容 解 读

一、等级设定及定义

参考实验动物有关标准，结合目前实验树鼩的生产水平和使用情况，按照微生物学控制标准将实验树鼩分为普通级和无特定病原体2个等级；按照空气净化的控制程度将树鼩环境设施分为即普通环境设施、屏障环境设施和隔离环境设施3个等级。按照设施的使用功能将实验树鼩设施分为动物生产设施、动物实验设施2种。

（一）普通级树鼩（conventional tree shrew）

经人工培育，遗传背景明确或者来源清楚，对其携带的微生物和寄生虫实行控制，不携带所规定的人兽共患病病原和烈性传染病病原，用于科学研究、教学、生产和检定以及其他科学实验的树鼩。简称普通树鼩。

（二）无特定病原体级树鼩（specific pathogen free tree shrew）

除普通树鼩应排除的病原外，不携带所规定的潜在感染或条件致病和对科学实验干扰大的病原的树鼩。简称无特定病原体树鼩或SPF树鼩。

（三）普通环境（conventional environment）

符合动物居住的基本要求，不能完全控制传染因子，但能控制野生动物的进入。

（四）屏障环境（barrier environment）

符合动物居住的要求，严格控制人员、物品和空气的进出。

（五）隔离环境（isolation environment）

采用无菌隔离装置以保持无菌状态或无外来污染物。隔离装置内的空气、饲料、水、垫料和设备应无菌，动物和物料的动态传递须经特殊的传递系统，该系统既能保证与环境的绝对隔离，又能满足转运动物时保持内环境一致。

（六）动物生产设施（laboratory animal production facilities）

指用于动物生产的建筑物、设备以及运营管理在内的总和。包括生产区、辅助生产区及辅助区。

（七）动物实验设施（animal experimental facility）

指以研究、试验、教学、生物制品、药品生产等为目的进行动物饲育和试验的建筑物、设备以及运营管理在内的总和。包括动物实验区、辅助实验区及辅助区。

二、确定本标准内容的主要论据

本标准是在收集和整理国内外相关组织、地方和行业有关实验树鼩质量控制标准，以及迄今为止国内外研究机构所有发表的以树鼩作为实验材料开展环境设施质量控制研究基础上制定的。确定本标准的主要论据是以下论文和专利：

（1）匡德宣，孙晓梅，江勤芳，等．树鼩的动物福利措施探讨[J]. 中国比较医学杂志，

2013，23（4）：76-81.

（2）匡德宣，江勤芳，黄璋琼，等. 树鼩独立换气笼具的设计 [J]. 中国比较医学杂志.2012，22（9）：77-80.

（3）江勤芳，匡德宣，全品芬，等. 树鼩规模化繁殖及繁殖群的建立 [J]. 实验动物科学，2011，28（6）：35-38.

（4）代解杰，冯建洪，叶尤松，等. 人工饲养繁殖及实验用树鼩专用笼具 [P]. 中国实用新型专利，CN200820199835.4.2009-9-16.

（5）代解杰，冯建洪，孙晓梅，等. 独立换气树鼩专用隔离笼具 [P]. 中国实用新型专利，CN201020242799.2.2011-1-12.

第六节 分析报告

一、设计充分考虑人员的人身健康和福利

结合树鼩饲养和繁殖的管理特点、清洗及消毒的连续过程以及运输和使用等综合考虑，设立相应的技术指标，以减轻饲养管理和科研人员的工作强度，达到提高实验动物管理水平。笼具具备结构简单、易清洗消毒等特点，操作方便、安全、可靠，笼具易于拆装，便于运输，且高度便于管理人员操作和观察，有效降低工作强度，提高动物管理和职业卫生防护水平，保证人员的实验生物安全防护要求，提高和解决饲养管理、质量控制及感染性疾病动物模型实验过程中的实际问题。

二、设立技术指标时充分考虑树鼩繁殖、生长与动物福利

在设立技术指标时，充分考虑树鼩的动物福利，笼具设计新颖，选用材质、制作设计空间都应符合实验动物福利的要求，树鼩饲养过程中不受饥渴、不受痛苦伤害和疾病威胁，无任何疾病、无行为异常、无心理紧张压抑和痛苦等发生，能享受舒适的生活和表达天性的自由，保证了实验动物自由采食、饮水、自由活动等功能，有效减少动物死亡率，并可避免疾病交叉感染；窝箱采用 PVC 材料，避光有利于动物休息；提高了实验树鼩的生活质量，经过对树鼩各项生理生化指标的观察检测分析，结果显示均属于正常，说明所设立的技术参数是科学合理的。同时充分考虑到标准执行的可行性和执行成本。对于优化和提高树鼩繁殖、生长与实验的管理水平是至关重要的，是为科学实验提供准确、可靠、科学的实验数据和结果的重要基础。

三、设计科学，节能减排

在设立环境设施相应的技术指标时，充分考虑树鼩在生产和实验中的安全性、稳定性、动物健康状况的代表性和经济性。为保证树鼩正常的繁殖和试验处理，本标准制定规定了实验树鼩设施和环境条件的技术要求及检测方法，同时规定了饮水和笼具的原则要求。将屏障环境与相通房间的静压差降低到 10Pa，主要是在满足动物房的压力梯度的要求前提下，既满足使用要求，又节约了运行费用。使用独立通风笼具的实验动物设施，独

立通风笼具的排风是排到室外的，提高了通风的效率，独立通风笼具内的实验动物对房间环境的影响不大，故只对新风量提出了要求，而并未规定新风与回风的比例，以利于节能。

第七节 国内外同类标准分析

树鼩作为具有我国自主知识产权的实验动物新品种，目前没有国外标准可借鉴。在制订本标准时本着立足国内、面向国际的原则，尽可能采用国际上认可的原则和方法，同时又符合目前国情，注重可操作性。

本标准在云南地方标准 DB53/T 328.5—2010《实验树鼩》第 5 部分 环境与设施的基础上，参考了 GB 14925—2010《实验动物 环境及设施》。进一步研究细化，最终设立相应的技术指标。

本部分与 DB53/T 328.5—2010《实验树鼩》第 5 部分 环境与设施相比，主要变化如下：

（1）对标准的范围、引用标准、定义进行了规范；

（2）对设施、环境、工艺布局的规定更具可操作性；

（3）对污水、废弃物及动物尸体处理、笼具、垫料、饮水、动物运输的规定较为具体。

第八节 与法律法规、标准关系

目前，在实验树鼩环境及设施质量控制方面迄今无国家层面的相关标准，仅有由云南省技术监督局颁布的云南地方标准 DB53/T 328.1~5—2010 和 DB53/T 328.6~10—2012 共十部分，前者虽然包括该标准 DB53/T 328.5—2010《实验树鼩》第 5 部分 环境与设施，但由于颁发时间较早，存在前期研究数据不足、内容有缺陷，甚至缺乏科学性等问题。而且标准仅仅是推荐性的地方标准，该标准的条款内容有很多不够全面和准确的地方，需要进一步的补充完善和提高，而本标准的制定原则是基于我们实验结果的总结、提炼，充分参考了国内外有关实验树鼩研究成果，广泛采纳有关专家合理建议，立足各项指标既符合实验树鼩实际情况，又具有科学性和可操作性。

第九节 重大分歧意见的处理和依据

从标准结构框架和制定原则的确定、标准的引用、有关技术指标和参数的试验验证、主要条款的确定直到标准草稿征求专家意见（通过函寄和会议形式多次咨询和研讨），均未出现重大意见分歧的情况。

第十节 作为推荐性标准的建议

本标准的制定，是在云南省地方标准 DB53/T 328.5—2010《实验树鼩》的基础上，结合我国目前实验树鼩的现有水平和发展趋势，在实践过程中需要不断改进和完善，随着树鼩种群人工培育代数的繁衍进展和科研的广泛应用，将对设施及环境提出更高要求，因此，建议作为推荐性团体标准。

第十一节　标准实施要求和措施

由于树鼩是珍贵资源，而且培育成本也远高于啮齿类动物，因此，本标准结合树鼩的生物学特性，设立相应的技术参数指标，同时还考虑到我国目前实验用树鼩现有水平和发展趋势，最终设立相应的技术指标，基本上代表了我国实验用树鼩的环境和设施控制要求及水平。建议实验动物管理部门在制定实验树鼩生产单位审批和检查相关文件时可参考此标准，提出具体措施；建议实验树鼩生产和使用单位参考本标准对实验树鼩的质量控制提出具体要求。建议本标准由全国实验动物标准化技术委员会组织宣传，贯彻实施。

第十二节　其他应予说明的事项

本标准在编写格式上符合 GB/T 1.1—2009 的规定。下列文件对于本文件的应用是必不可少的。凡是注日期的引用文件，仅所注日期的版本适用于本文件。凡是不注日期的引用文件，其最新版本（包括所有的修改单）适用于本文件。

GB 5749—2006《生活饮用水卫生标准》

GB 8978—1996《污水综合排放标准》

GB 50052—2009《供配电系统设计规范》

GB 19489—2008《实验室生物安全通用要求》

GB 50346—2011《生物安全实验室建筑技术规范》

GB18871—2002《电离辐射防护与辐射源安全基本标准》

GBZ 133—2009《医用放射性废物的卫生防护管理》

GB 14925—2010《实验动物　环境及设施》

DB53/T 328.5—2010《实验树鼩　第 5 部分　环境及设施》

参考文献

彭燕章，叶智彰，邹如金，等．1991．树鼩生物学．昆明：云南科技出版社，1-7.

许凌，范宇，蒋学龙，等．2013．树鼩进化分类地位的分子证据．动物学研究，34（2）：70-76.

郑永唐，姚永刚，徐林．2014．树鼩基础生物学与疾病模型．昆明：云南科技出版社.

Fan Y，Huang ZY，Cao CC，et al．2013．Genome of the Chinese tree shrew．Nat Commun，4：1426-1434.

第十一章　T/CALAS 11—2017《实验动物树鼩遗传质量控制》实施指南

第一节　工 作 简 况

编制任务来自国家科技部资助的以下三个国家科技支撑项目：

（1）野生动物人工种群的生物净化及相关疾病动物模型的建立与评价（2009BAI83B02）；

（2）实验动物新品种的种群建立与质量标准化研究（2011BAI15B01）；

（3）实验用树鼩的标准化研究和人类重大疾病树鼩模型创建与应用集成示范（2014BAI101B01）。

本部分的编制为这些课题的研究成果之一。

本标准起草单位：中国医学科学院医学生物学研究所、首都医科大学、中国食品药品检定研究院。

本标准主要起草人：王文广、代解杰、陈振文、岳秉飞、孙晓梅、冯育芳、张媛、李娜、罕园园、陆彩霞、匡德宣、仝品芬。

第二节　工 作 过 程

本标准先后在3个国家科技支撑计划项目资助下逐步形成。

2009年，为完成"野生动物人工种群的生物净化及相关疾病动物模型的建立与评价（2009BAI83B02）"中的任务内容，在收集、整理相关文献和大量研究的基础上，开始建立封闭群树鼩遗传质量检测方法和控制标准（研究稿）；

2011年，随着"实验动物新品种的种群建立与质量标准化研究（2011BAI15B01）"项目的实施，进一步开展了树鼩质量标准和技术规范研究，初步制定了封闭群树鼩遗传质量控制标准。

2014年在"实验用树鼩的标准化研究和人类重大疾病树鼩模型创建与应用集成示范（2014BAI101B01）"项目中得到了持续研究和完善。

2014年4月14~16日，在北京召开了课题（2011BAI15B01）中期检查会。会议汇报了树鼩的质量标准和相关条件控制标准（微生物、寄生虫、遗传、病理、饲料、环境），以及技术规范（饲养管理技术规范、生物学特性描述规范、数据测定技术规范）的讨论稿，分别得到了与会专家的指导意见，并做了修改。

2015 年 3 月 27~29 日，在昆明召开课题（2011BAI15B01）第四次研讨和专家咨询会。在标准整体框架基本不变的基础上，课题组围绕修改的内容，特别是针对专家意见所做的修改，对本标准的编制情况进行了汇报。与会专家对课题组研究制定的标准和技术规范的内容逐条进行了讨论，起草单位根据专家意见进行修改。

2015 年 6 月 10 日，起草单位向全国实验动物标准化委员会提交了“国家标准制修订计划项目提案表”；6 月 17 日，在全国实验动物标准化技术委员会举办的工作会议上获得通过，进行了备案。

2015 年 11 月 11 日，起草单位在项目中期检查会上将本标准申报稿通过会议和通讯的方式，向来自国内实验动物领域的 18 位知名专家征求了意见，起草小组对照反馈意见进行了修改、补充和完善。

2016 年上半年，起草小组又反复进行了多次修改和完善，形成《实验动物　封闭群树鼩遗传质量控制》征求意见稿。

2017 年 1 月，起草小组整理汇总专家对本标准征求意见稿提出的问题，共收到了 5 个单位的回函，征得 12 条意见，采纳意见 9 条，未采纳 3 条，同时对标准格式进行了规范，最终形成《实验动物　树鼩遗传质量控制》送审稿。

2017 年 2 月 21 日，中国实验动物学会实验动物标准化专业委员会邀请全国的 31 名知名专家，组织召开了“全国实验动物标准化委员会年会暨标准审查会议”，起草单位在审查会上详细汇报了本标准（送审稿），现场专家们肯定了本标准的重要性和必要性，同时提出了一些意见或建议，起草小组对照征求意见进行了修改说明、补充和完善，形成本标准的报批稿。

2017 年 5 月，本标准经中国实验动物学会第六届理事会常务理事会第八次会议审议通过，批准发布，于 2017 年 5 月 19 日起正式实施。

第三节　编 写 背 景

树鼩（Tree shrew，*Tupaia belangeri*）是我国正在开发的具有自主知识产权的实验动物新品种，由于其亲缘关系与灵长类最接近（Fan et al.，2013），在生理解剖、生化代谢、神经发育、病毒感染特性、心理应激模式等方面与灵长类甚至人类之间都存在高度的相似性；同时，由于其具有体型小、繁殖周期短、易于操作、饲养成本低，比高等灵长类动物更适合大规模应用等独特优势，作为非人灵长类动物模型的补充，目前已经被用于更多重要疾病，如乙型肝炎（Yan et al.，2012）、丙型肝炎（Amako et al.，2010）、手足口病（王文广等，2012）等病毒感染，以及自发性肿瘤、代谢性疾病、抑郁症等动物模型的创建。随着相关研究的不断深入，树鼩得到越来越广泛的关注，树鼩的标准化也就显得迫切而重要，而树鼩质量标准的制定将在很大程度上保证科研数据的可靠性、一致性和可重复性，对提升我国实验动物科学自主创新的研究水平，从而提高我国在实验动物领域的国际地位亦具有重要的科学意义。

实验动物的遗传质量直接决定着实验的可重复性、稳定性，因此遗传质量控制也是树鼩标准化的重要组成部分。目前，国内外使用的树鼩多源于中缅树鼩滇西亚种的野生型，虽然已被广泛应用于各种人类疾病模型的建立，但其遗传背景不清晰一直是制约树鼩实验动物标准化的一大瓶颈。虽然国内外有部分关于树鼩遗传背景的报道，但远没有形成系统的检测体系和标准，而关于封闭群的相关标准更是一片空白。目前，国内提出的实验用树鼩遗传质量标准仅有云南省技术监督局颁布的 DB 53/T 328.3—2010《实验树鼩 第 3 部分 遗传质量控制》，但由于颁发时间较早，前期研究数据不足，所列内容已不够科学严谨，非常需要进一步补充完善和提高，这也正是制定本遗传控制标准的必要性和意义所在。

本研究以群体遗传学理论为依据，在汇集国内外文献资料的基础上，结合当前树鼩暂无近交系的具体国情，重点围绕封闭群树鼩，通过微卫星位点进行筛选、组合与优化，建立了适用于封闭群树鼩遗传检测的方法，制定了封闭群树鼩遗传质量标准。本标准经过课题的系统研究并广泛地征求了有关专家意见，通过了实验动物行业主管部门、科研机构和标准化等领域专家的反复论证和审定，为封闭群树鼩的保种、性状控制和生产管理提供了依据；对促进我国树鼩从资源优势转化为科研优势和商品优势，实现我国树鼩的标准化，对引导和规范行业发展都具有重要意义。

第四节 编 制 原 则

本标准在制定中遵循以下基本原则：

（1）本标准编写格式应符合 GB/T 1.1—2000 的规定；

（2）本标准规定的技术内容及要求应科学、合理，具有适用性和可操作性；

（3）本标准的水平应达到国内领先水平。

本标准是在参考国内外实验动物遗传质量控制和树鼩遗传多样性检测文献资源后，对目前应用最为广泛的滇西亚种封闭群树鼩进行遗传质量控制研究的基础上制定的。本标准的制定，以 GB 14923—2010《实验动物 哺乳类实验动物的遗传质量控制》为依据，参考了云南省地方标准 DB 53/T 328.3—2010《实验树鼩 第 3 部分 遗传质量控制》，在大量实验证实的基础上进行科学的修正和完善，使本标准遗传检测方法既符合国家标准的要求，又能切合实际具有很好的可操作性。

第五节 内 容 解 读

一、封闭群树鼩的定义、命名的确定

根据封闭群的遗传学理论和参考 GB 14923—2010《实验动物 哺乳类实验动物的遗传质量控制》的制定。

普通级树鼩：经人工培育，遗传背景明确或者来源清楚，对其携带的微生物和寄生虫实行控制，不携带所规定的人兽共患病病原和烈性传染病病原，用于科学研究、教学、生产和检定以及其他科学实验的树鼩。简称普通树鼩。

封闭群树鼩：以非近亲交配方式进行繁殖生产的树鼩种群，在不从外部引入新个体的条件下，至少连续繁殖 4 代以上。

封闭群树鼩的命名：封闭群由 2~4 个大写英文字母命名，种群名称前标明保持者的英文缩写名称，第一个字母需大写，后面的字母小写，一般不超过 4 个字母。保持者和种群名称之间用冒号隔开。

二、封闭群树鼩繁殖方法的确定

原则是保持封闭群树鼩的遗传异质性及基因多态性，以非近亲交配方式进行繁殖，避免近交系数随繁殖代数增加而过快上升。作为繁殖用种子的封闭群树鼩应遗传背景明确或来源清楚，有完整的资料，包括种群名称、来源、遗传基因特点及主要生物学特性等。在保证每代近交系数增量不大于 1% 的前提下，引种树鼩数量不得少于 25 对且无血缘关系（三代以内无共同祖先）。封闭群应足够大，以保持封闭群树鼩遗传基因的稳定，并避免近亲交配。具体繁殖方法按照 GB14923—2010 中附录 B 执行。

三、封闭群树鼩遗传质量监测方法的确定

（一）微卫星标记的确定

微卫星（microsatellite），又称简单序列重复（simple sequence repeats，SSR），是指以少数几个核苷酸（一般为 2~6 个）为重复单位组成的简单多次串联重复序列。微卫星标记由核心序列和两侧保守的侧翼序列构成，保守的侧翼序列使微卫星特异地定位于染色体某一区域，核心序列重复数的差异则形成微卫星的高度多态性。用微卫星 DNA 侧翼序列设计引物进行 PCR 扩增，由于重复次数的不同形成片段长度不同，经电泳分离，成像表现出不同的电泳带型。由于微卫星具有丰富的多态性、位点数量多并且分布广，检测方法简便、快速、稳定性好和结果可靠等优点，被认为是物种遗传多样性评估的最佳分子标记，已广泛地应用于生物群体遗传特性的检测中。

本标准推荐采用微卫星标记检测方法进行封闭群树鼩的遗传检测。首先从树鼩全基因组序列中筛选出约 700 个微卫星位点，择优选出约 100 个位点设计引物，去除有不良因素的，最后保留 33 对引物和文献（李婧潇等，2011；Liu and Yao，2013）报道的 13 对引物对滇西亚种树鼩 DNA 进行 PCR 扩增，根据琼脂糖电泳和聚丙烯酰胺电泳结果筛选保留，最终筛选出树鼩微卫星位点 22 个，这 22 个位点均有清晰条带。

群体内遗传变异采用平均杂合度指标或群体平衡状态方法进行评价。当平均杂合度在 0.5~0.7 时，群体为合格的封闭群树鼩群体。随机选取 15 只 F4 代雄树鼩和 15 只 F4 代雌树鼩作为样本进行验证实验，使用筛选的 22 个新微卫星位点作为检测位点做群体 STR 扫描，软件分析结果显示多态信息平均值为 0.563，大于 0.5，证实这些微卫星标记位点具有较高的多态性信息，适用于滇西亚种树鼩的遗传检测，可作为封闭群树鼩的遗传质量监测提供科学依据。

（二）抽样要求

用于群体遗传分析的采样数量理论上是越多越准确，但考虑实际情况和可操作性，要求从每个封闭群中随机抽取非同窝树鼩，雌雄各半。当种群数量少于 100 只时，抽样数量应不少于 15 只，当种群数量大于 100 只时，抽样数量不少于 30 只。封闭群树鼩种群每世代每年至少进行一次遗传质量检测。

（三）结果判定

群体内遗传变异采用平均杂合度指标或群体平衡状态方法进行评价。当平均杂合度在

0.5~0.7 时，群体为合格的封闭群树鼩群体。或用群体是否达到平衡状态来判定，如果没有达到平衡状态，该封闭群树鼩群体判为不合格。

第六节 分析报告

本标准检测方法主要涉及封闭群树鼩微卫星分子标记的筛选，关键试验内容如下：

一、材料和方法

（一）材料

动物：所用树鼩均来源于医学生物学研究所树鼩种质中心饲养的 F0 代滇西亚种树鼩（生产许可证号：SCXK（滇）K2013-0001），共抽取 30 只，其中雌性、雄性各占一半，分别对 30 只树鼩尾静脉采血各 0.3mL，用血液基因组 DNA 提取试剂盒（天根 DP318-02）提取 DNA 样本，Nanodrop-1000 测定质量和浓度，将 30 份样本 4℃保存备用。

（二）方法

1. 位点和引物的筛选

从 NCBI 中下载树鼩全基因组序列片段，使用 SSRHunter 软件设定单元碱基个数最大值为 5，单元重复次数最小值为 15 进行微卫星筛选，选出了约 700 个位点，从中择优选出重复次数大于 30 次、单元碱基 2~5 个的位点约 100 个，然后使用 Primer5.0 软件设计引物，设计过程中将含有发卡结构、错配、引物二聚体等不良影响因素较多的位点剔除，最后保留 33 对引物作为初筛备选位点，编号 1~33。连同从文献中选取的另外 13 对非滇西亚种树鼩的引物共 46 对引物交由 TaKaRa 公司合成。

2. 梯度 PCR 扩增和产物检测

使用 TaKaRa 公司 PCR 试剂盒（R011）做温度梯度 PCR，PCR 反应总体系为 25μL，10×PCR buffer2.5μL，dNTP2μL，上游引物（25pmol/μL）0.2μL，下游引物（25pmol/μL）0.2μL，*Taq* 酶 0.25μL，DNA 模板 1μL，灭菌双蒸水 18.85μL，PCR 反应条件：94℃预变性 3min，94℃变性 35s，退火 40s（退火温度 50℃~56℃），72℃延伸 40s，30 个循环，72℃充分延伸 5min。

二、结果

（一）电泳结果

电泳 PCR 产物经 1% 琼脂糖凝胶电泳（图 1），选取条带明亮清晰的再进行 12% 的聚丙烯酰胺凝胶电泳，电泳后银染显色（图 2），剔除扩增后无产物、产物特异性差的位点，保留条带清晰、特异性强的微卫星位点共 29 个，同时通过引物在不同退火温度的产物电泳图的比较确定各引物的合适退火温度。

（二）STR 扫描结果

有 22 个位点可见典型的 Stutter 峰，如图 3（图 3 为位点 TBC26 的 STR 扫描图）。将筛选保留的新位点编号 TBC15~TBC30。22 个位点的引物和退火温度等见表 1。

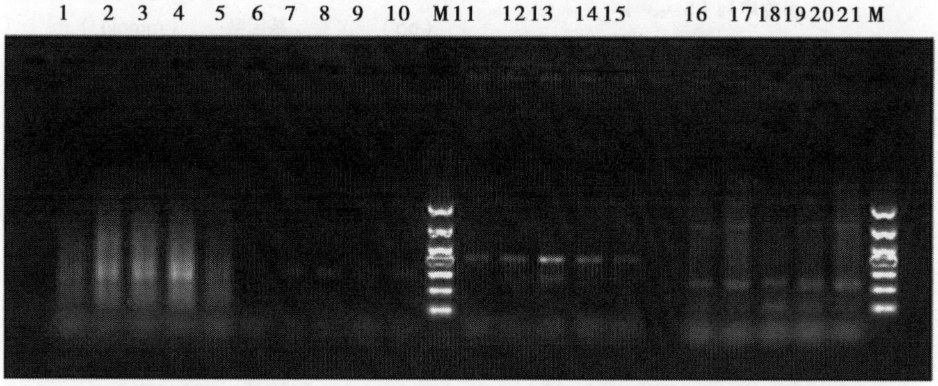

图 1　引物初筛备选位点 4、5、TBC6、TBC7 在树鼩基因中扩增后琼脂糖电泳

M：DL1000marker；1~5 为初筛备选位点 4，6~10 为 TBC17，11~15 为 TBC18，16~21 为除筛备选位点 7

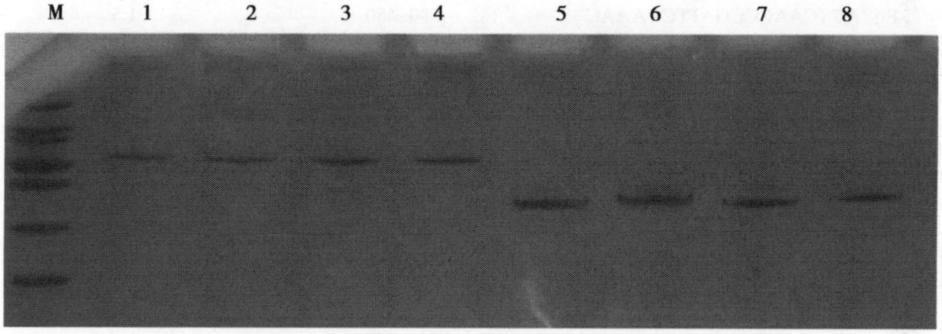

图 2　引物 TBC19、TBC20 在树鼩基因中扩增后聚丙烯酰胺电泳

M：DL1000marker；1~4 为 TBC19，5~8 为 TBC20

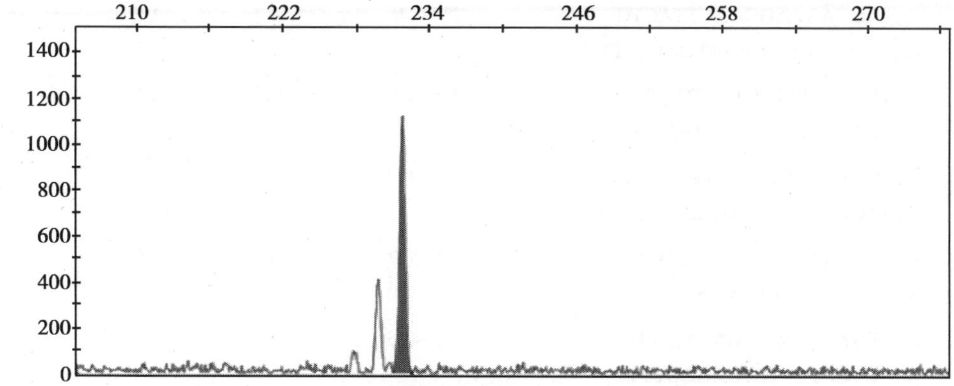

图 3　引物 TBC26 在树鼩基因中扩增后 STR 基因扫描图

表 1 各微卫星座位的引物序列、最佳扩增温度、等位基因数及分布范围

位点	引物序列（5′–3′）	等位基因分布范围（bp）	等位基因数	Mg^{2+} 浓度（mmol/L）	退火温度（℃）
TG 4	F：TGAAAACTGGCAATTCATATGC R：CAATCCTTTTTCGTTAGTTTTGTG	134~152	4	1.5	52
TG 22	F：GTGAGTGCACTTGCCCTGTA R：TCCTGAACCTGGTGGCTAAC	162~198	5	1.5	55
JS188	F：ACACACACAAAACTCATTTTATCC R：TCTACACGAATGTGCCAACC	182~190	5	1.5	57
SKTg22	F：GAGTGCACTTGCCCTGTAAC F：TCCTGAACCTGGTGGCTAAC	160~172	5	1.5	57
TB1	F：ATCAGAATCTGGTTTCAAAGGT R：GCACACCATGATGTAGCTGT	123~129	3	1.5	56
TB6	F：AGACAGAATGCAAGAAATCAC R：ATGTGCAATGTAATAGTTCCAG	418~432	4	1.5	56
TBC15	F：ACTCAACCCGATTCCAAAC R：GAGCTTATGTGCCCAAGA	380~450	6	1.5	54
TBC16	F：AGACAGTGCTGCAATGTG R：CTCCTTTTCTTTATCATACAGT	390~440	7	1.5	53
TBC17	F：AGCAGATAATAACAAACA R：TAAACTGTAAAGGAAAGA	320~340	3	1.5	52
TBC18	F：TTTTGGTATGGATCTCCT R：AGTGAAATCAACAGCCTTC	283~291	3	1.5	52
TBC19	F：AGGGAACCAAATGAACAA R：GTCACCGAAGTCACAACC	196~208	6	1.5	53
TBC20	F：TTTAATTTGACCAGACAC R：TGGCAATATGACATAGAC	178~190	4	1.5	53
TBC21	F：AGGAAAAGGGACTTACTG R：TTGGGAATCAAATGACTATA	234~246	4	1.5	52
TBC22	F：TGGCTTATCCTACTGGTC R：CTTTGTAGTTGCTGCTTT	266~290	12	1.5	51
TBC23	F：GCTTTGTCACTTTCCTTCCCTA R：TGCGCTCGTGGCTATTTT	166~262	16	1.5	53
TBC24	F：TGGAAATAACAGCCACAA R：ACCTGCCCCAGTAATAAG	480~507	3	1.5	53
TBC25	F：TGTCTCCCTGGTCATATT R：GTGCTCTTCTCAGCGTTT	386~426	8	1.5	54
TBC26	F：CATCCCTGAATCCAAGCC R：CACCAGCAAGGTAACTCC	206~236	6	1.5	53

续表

位点	引物序列（5′–3′）	等位基因分布范围（bp）	等位基因数	Mg^{2+} 浓度（mmol/L）	退火温度（℃）
TBC27	F：GTTAAGGCACTGGACATT R：GTGAACCCACAAATAATCTA	220~246	3	1.5	55
TBC28	F：TGGGCTGGAAATACATAA R：GCTGTGAGACCCTGTTGG	173~191	6	1.5	54
TBC29	F：CAAATCAAAATGAGCCAAAA R：TCGGGACTCAAACTGTGG	123~127	2	1.5	53
TBC30	F：AGCCTGGGCTGGAAATAC R：GCTGTGAGACCCTGTTGG	178~194	5	1.5	53

三、小结

树鼩相关遗传研究较少，没有建立有效的遗传检测方法极大地限制了它的应用。本实验采用的微卫星分子标记技术已被广泛地应用于生物群体遗传特性的检测中，STR 基因扫描技术比琼脂糖凝胶电泳、聚丙烯酰胺电泳技术结果更加准确客观，可以检测到微小片段差异，相对于以电泳技术确定等位基因数，STR 基因扫描可以得到更准确的等位基因数。筛选出的 22 个位点可为封闭群树鼩的遗传质量监测提供科学依据，可以对封闭群繁殖四代以上的树鼩种群，使用微卫星标记扩增检测，计算每世代的有效等位基因数（Ne）、观察杂合度（*Ho*）、期望杂合度（*He*）、遗传分化指数（FST）等，评估种群各个世代的遗传关系。

第七节　国内外同类标准分析

目前尚无相关国际标准，对比云南省地方标准 DB 53/T 328.3—2010《实验树鼩　第 3 部分　遗传质量控制》，根据目前树鼩主要为封闭群的实际情况，取消近交系等目前尚无实际种群的定义和质量控制标准；该地方标准制定较早，所列 9 个微卫星分子标记数量偏少，无法完全反映该群体的遗传概貌，并经重新验证其中仅有 2 个可用。在本标准的制定过程中，通过大量筛选验证试验的不断丰富和完善，最终确定了适合封闭群树鼩滇西亚种的 22 条微卫星分子标记，本标准中应用的封闭群树鼩的定义和命名、繁殖方式引自标准 GB 14923—2010《实验动物　哺乳类实验动物的遗传质量控制》。

第八节　与法律法规、标准关系

在本标准的制定过程中，严格遵循国家科委颁发的《实验动物管理条例》和国家科委与国家技术监督局联合颁发的《实验动物质量管理办法》，同时参考国家标准 GB 14923—2010《实验动物　哺乳类实验动物的遗传质量控制》。在封闭群树鼩的遗传质量控制方面迄今无国家层面的相关标准，有地方标准。但是云南省地方标准 DB 53/T 328.3—2010《实验树鼩第 3 部分 遗传质量控制》，颁发时间较早，前期研究数据不足，所列内容已不够科学严谨，而本标准不只是简单的对其进行补充完善，而是立足实际情况在大量科学实验基础上的提高和创新，更具有科学性和可操作性。

第九节 重大分歧的处理和依据

从标准结构框架和制定原则的确定、标准的引用、有关技术指标和参数的试验验证、主要条款的确定直到标准草稿征求专家意见（通过函寄和会议形式多次咨询和研讨），均未出现重大意见分歧的情况。

第十节 作为推荐性标准的建议

本标准的制定旨在对树鼩的标准化发展起到指导和引领作用，提出的内容主要是树鼩的遗传分类及命名、繁殖方法和封闭群的遗传质量标准，并不直接涉及保障人体健康、人身、财产安全等强制性标准领域，新标准实施的过程也是积累经验、逐步推进的过程。因此，根据《中华人民共和国标准法》第七条的规定，建议将本标准作为推荐性标准发布实施。

第十一节 标准实施要求和措施

本标准在制定时，充分借鉴了国家标准 GB 14923—2010《实验动物 哺乳类实验动物的遗传质量控制》，在此基础上，结合我国目前树鼩的现有水平和发展趋势，基本上代表了我国封闭群树鼩遗传质量控制要求和水平。但是，由于本团体标准是首次制定，还需要经过实践的检验逐步完善，建议作为推荐性标准执行。

建议实验动物管理部门在制定树鼩生产单位审批和检查相关文件时参考此标准，提出具体措施；建议树鼩生产和使用单位在签订相关合同时，参考本标准对树鼩的质量控制提出具体要求。

第十二节 本标准常见知识问答

问：本团体标准与云南省地方标准“实验树鼩 第 3 部分”均涉及遗传质量控制，请问在实际操作中应如何参考？

答：云南省地方标准 DB 53/T 328.3—2010《实验树鼩 第 3 部分 遗传质量控制》，由于颁发时间较早，前期研究数据不足，所列 9 个微卫星分子标记数量偏少，无法完全反映该群体的遗传概貌，本标准共检测 22 个微卫星分子标记，基本可涵盖封闭群树鼩种群的遗传全部信息，建议采用本标准进行封闭群树鼩的遗传质量控制。

参考文献

李婧潇，王新兴，王文广，等. 2011. 中缅树鼩微卫星分子标记的筛选. 中国实验动物学报，19（4）：312-315.

王文广，黄晓燕，徐娟，等. 2012. EV71 可感染幼龄中缅树鼩. 动物学研究，（1）：7-13.

Amako Y，Tsukiyama-Kohara K，Katsume A，et al. 2010. Pathogenesis of hepatitis C virus infection in Tupaia belangeri. J Virol，84（1）：303-311.

Fan Y，Huang ZY，Cao CC，et al. 2013. Genome of the Chinese tree shrew. Nat Commum，4：1426.

Liu XH，Yao YG. 2013. Characterization of 12 polymorphic microsatellite markers in the Chinese tree shrew（Tupaia）belangeri chinensis. Zool Res，34（2）：62-68.

Yan H，Zhong GC，Xu GW，et al. 2012. Sodium taurocholate cotransporting polypeptide is a functional receptor for human hepatitis B and D virus. eLife，1：e00049.

第十二章　T/CALAS 12—2017《实验动物树鼩配合饲料》实施指南

第一节　工作简况

编制任务来自国家科技部资助的以下三个国家科技支撑项目：

（1）野生动物人工种群的生物净化及相关疾病动物模型的建立与评价（2009BAI83B02）；

（2）实验动物新品种的种群建立与质量标准化研究（2011BAI15B01）；

（3）实验用树鼩的标准化研究和人类重大疾病树鼩模型创建与应用集成示范（2014BAI101B01）。

本部分的编制为这些课题的研究成果之一。

本标准起草单位：中国医学科学院医学生物学研究所、昆明理工大学、成都达硕实验动物有限公司。

本标准主要起草人：代解杰、仝品芬、匡德宣、王文广、罕园园、李娜、陆彩霞、孙晓梅、匡德宣、仝品芬、钟浩、刘树昌、夏雪山。

第二节　工作过程

本标准前后在3个国家科技支撑计划项目资助下逐步形成的。

2009年，为完成“野生动物人工种群的生物净化及相关疾病动物模型的建立与评价（2009BAI83B02）”中的任务内容，在收集、整理相关文献和大量研究的基础上，开始编制树鼩微生物感染谱的调查和质量控制标准及检测方法标准（研究稿）。

2011年，“实验动物新品种的种群建立与质量标准化研究（2011BAI15B01）”项目的实施，进一步开展树鼩质量标准和技术规范研究。

2014年在“实验用树鼩的标准化研究和人类重大疾病树鼩模型创建与应用集成示范（2014BAI101B01）”项目中得到了持续研究和完善。形成了本标准研究稿，即标准雏形。

2014年4月14~16日，在北京召开的课题中期检查会上，以及在2015年3月28日昆明召开第四次课题研讨和专家咨询会上，起草单位就树鼩的质量控制主要技术标准包括微生物学等级及监测、寄生虫学等级及监测、遗传质量控制、配合饲料、环境与设施的讨论稿进行了汇报和讨论，分别得到了与会专家的指导意见，并修改。

2015年6月10日，起草单位向全国实验动物标准化委员会提交了“国家标准制修订计划项目提案表”；6月17日，在全国实验动物标准化技术委员会举办的工作会议上获得通过，进行了备案。

2015 年 11 月 11 日，起草单位在项目中期检查会上将本标准申报稿通过会议和通讯方式，向来自国内实验动物领域的 18 位知名专家征求了意见，起草小组对照反馈意见进行修改、补充和完善。

2016 年上半年，起草小组又反复进行了多次修改和完善，形成了目前的本标准征求意见稿。

2017 年 1 月，起草小组整理汇总专家对本标准征求意见稿提出的问题，共收到了 6 个单位的回函，征得 16 条意见，采纳意见 16 条，同时，对标准格式进行了规范，最终形成标准送审稿。

2017 年 2 月 21 日，中国实验动物学会实验动物标准化专业委员会邀请全国的 31 名知名专家，组织召开了“全国实验动物标准化委员会年会暨标准审查会议”，起草单位在审查会上详细汇报了本标准（送审稿），现场专家们肯定了本标准的重要性和必要性，未提出任何意见或建议，起草小组对本标准（送审稿）又进行了进一步完善，形成本标准的报批稿。

2017 年 5 月，本标准经中国实验动物学会第六届理事会常务理事会第八次会议审议通过，批准发布，于 2017 年 5 月 19 日起正式实施。

第三节 编 写 背 景

树鼩（Tree shrew，*Tupaia belangeri*）是我国正在开发的具有自主知识产权的实验动物新品种，由于其亲缘关系与灵长类最接近，在生理解剖、生化代谢、神经发育、病毒感染特性、心里应激模式等方面与灵长类甚至人类之间都存在高度的相似性；同时，由于其具有体型小、繁殖周期短、易于操作、饲养成本低，比高等灵长类动物更适合大规模应用等独特优势，作为非人灵长类动物模型的补充，目前已经被用于更多重要疾病如乙型肝炎、丙型肝炎、手足口等病毒感染，以及自发性肿瘤、代谢性疾病、抑郁症等动物模型的创建。随着树鼩相关研究的深入得到越来越广泛的关注，树鼩质量标准的制定将在很大程度上对提升我国实验动物科学自主创新的研究水平，从而提高我国在实验动物领域的国际地位具有重要的科学意义和必要性。

树鼩作为实验动物的历史可以追溯到 20 世纪 70 年代末，云南是全国开展树鼩人工驯养繁殖研究最早的省份，通过近 30 年的研究和人工繁育，目前已经建立了大规模树鼩繁殖种群，实现了规模化生产，每年向国内外数十家科研院所提供使用树鼩上千只。2010 年 11 月云南省发布了《实验树鼩》DB53/T328.1~5—2010，并于 2011 年 3 月实施，此后，2012 年 5 月，云南省又发布了《实验树鼩》DB53/T328.6~10—2012，并于 2012 年 7 月实施，这涵盖树鼩微生物学等级及监测、寄生虫学等级及监测、遗传质量控制、环境与设施、配合饲料、以及饲养管理、生物学特性数据测定、实验基本操作技术、HCV 病毒感染原代肝细胞模型和 HCV 病毒感染模型等内容的 10 项推荐性地方标准。2012 年 10 月，云南省科技厅和昆明市科学技术局以这些标准为依据，对云南省内从事树鼩生产和使用的单位颁发树鼩生产许可证和使用许可证。

随着树鼩实际工作的深入并得到越来越广泛的关注，急需在原有的标准基础上，开展树鼩质量控制国家标准的研究，对原有的标准缺失的条款和内容进行补充和制定，加快树鼩实验动物标准化研究进程，引领我国树鼩标准化研究工作，这将在很大程度上对提升我国实验动物科学自主创新的研究水平，从而提高我国在实验动物领域的国际地位，具有重要的科学意义和必要性。

配合饲料是实验动物饲养繁殖和应用研究的基础保障，是保证动物生存、繁育的先决条件。树鼩食性广，喜食水果、昆虫、鸟蛋和谷类等食物，对甜软多汁食物较喜欢，对酸涩干硬之物则很少吃，常把食物搬到它们喜欢的地方去吃，也将食物藏于洞内，过后再返回来吃，在吃食后饮水，并用前趾清洁嘴唇和面部。因此，在人工饲养条件下，树鼩配合饲料质量要求，必须适应其生物学特性，满足各阶段营养需求、适口性和卫生标准，才能确保繁育的树鼩达到实验动物质量要求，为生命科学和医药研究提供符合我国实验动物质量标准的动物资源。

第四节 编 制 原 则

本标准的编制应遵循以下基本原则：

（1）本标准编写格式应符合 GB/T 1.1—2000 的规定；

（2）本标准规定的技术内容及要求应科学、合理，具有适用性和可操作性，有利于树鼩的生长、发育、繁殖和有效利用；

（3）本标准的水平应达到国内领先水平。

本标准编写的依据为国家标准 GB 14924.3—2010《实验动物 配合饲料营养成分》、原有云南省地方标准 DB53/T 328.4—2010《实验树鼩 第 4 部分：配合饲料》，以及迄今为止国内外研究机构所有发表的以树鼩作为实验材料开展的树鼩饲养繁殖的饲料营养研究成果。

第五节 内 容 解 读

在原有云南省地方标准 DB53/T 328.4—2010《实验树鼩 第 4 部分：配合饲料》的基础上，在术语与定义条款中增加了生长、繁殖和维持饲料的术语及定义；在质量要求和检测规则条款中，直接引用 GB 14924.1—2001《实验动物 配合饲料通用质量标准》、GB 14924.2—2001《实验动物 配合饲料卫生标准》、GB/T 14924.9—2001《实验动物 配合饲料 常规营养成分的测定》、GB/T 14924.10—2001《实验动物 配合饲料 氨基酸的测定》、GB/T 14924.11—2001《实验动物 配合饲料 维生素的测定》和 GB/T 14924.12—2001《实验动物 配合饲料 矿物质和微量元素的测定标准要求》，省略了规定的内容描述。使得该标准精练、准确。

本标准经过课题的系统研究并多次广泛地征求了有关专家意见，通过了实验动物行业主管部门、科研机构和标准化等领域专家的反复论证和审定，为树鼩的生长、发育和繁殖与管理所需的配合饲料生产、质量检测、包装、运输、储存和供应提供了依据；对促进我国树鼩从资源优势转化为科研优势和商品优势，实现我国树鼩的标准化，对引导和规范行业发展都具有重要意义。

第六节　分析报告

树鼩是一种极易受惊的小型哺乳动物，尽管已经进行标准饲养繁殖多年多代，但由于饲养环境与其野生环境的不同，其食物来源有较大的差异。因此，树鼩的配合饲料必须符合树鼩的正常生长发育、繁殖和动物实验时维持生命的各阶段营养需求的饲料。本标准的各项指标的获得，主要依据云南省地方标准 DB53/T 328.4—2010《实验树鼩　第 4 部分：配合饲料》要求，结合 10 年来我们使用由北京、成都等地区的实验动物饲料公司生产的树鼩饲料的营养成分测试报告，综合各指标数据，同时考虑饲料成本。

一、本标准与原云南省地方标准 DB53/T 328.4—2010《实验树鼩　第 4 部分：配合饲料》营养成分指标比较（表 1）

表 1　常规营养成分指标（每千克饲料含量）

指标	维持饲料		生长、繁殖饲料	
	本标准	地标	本标准	地标
水分 /g　≤	100	100	100	100
粗蛋白 /g　≥	200	210~220	250	220~240
粗脂肪 /g　≥	50	45	70	65
粗纤维 /g　≤	30	25~30	30	25~30
粗灰分 /g　≤	60	80	60	80
钙 /g	10~15	8~12	10~15	8~12
磷 /g	6~8	6~10	6~10	6~10
钙：磷，%	1.2：1~1.4：1	1.2：1~2.0：1	1.2：1~1.4：1	1.2：1~2.0：1

本标准指标要求说明：在维持饲料中，粗蛋白和粗灰分降低，确保树鼩过快生长和饲料的利用率；生长、繁殖饲料中，粗蛋白、粗脂肪、钙提高，确保正常生长发育、哺乳的需求，粗灰分降低，确保饲料利用率。

二、本标准与原云南省地方标准 DB53/T 328.4—2010《实验树鼩　第 4 部分：配合饲料》必需氨基酸指标比较（表 2）

表 2　必需氨基酸指标（每千克饲料含量）

指标		维持饲料		生长、繁殖饲料	
		本标准	地标	本标准	地标
赖氨酸 /g	≥	7.0	13.1	12	14.3
蛋氨酸 + 胱氨酸 /g	≥	6.0	8.5	7.0	12.6
精氨酸 /g	≥	9.9	12.2	12.0	15.7

续表

指标		维持饲料		生长、繁殖饲料	
		本标准	地标	本标准	地标
组氨酸 /g	≥	4.0	4.5	4.8	6.2
色氨酸 /g	≥	2.0	2.5	2.7	2.8
苯丙氨酸 + 酪氨酸 /g	≥	13.0	18.3	15.0	21.7
苏氨酸 /g	≥	6.0	9.1	7.5	10.7
亮氨酸 /g	≥	13.0	13.5	15.0	18.2
异亮氨酸 /g	≥	7.0	7.8	8.0	11.5
缬氨酸 /g	≥	9.0	9.7	10.0	14.6

本标准指标要求说明：中国医学科学院医学生物学研究所开展树鼩的饲养繁殖已 11 年，长期使用实验动物饲料生产专业公司生产的树鼩饲料，饲喂该饲料，新生树鼩 3 个月到达成年体重 130g（成年体重为 130~190g），繁殖率保持 90% 以上，开展树鼩实验时，饲喂维持饲料，可以保证实验的顺利进行。本标准与地方标准比较，以上配合饲料中的 10 种必需氨基酸的要求略有降低，但不影响树鼩的饲养繁殖和动物实验，同时，降低饲料成本。

三、配合饲料的维生素指标与云南省地方标准 DB53/T 328.4—2010《实验树鼩 第 4 部分：配合饲料》的指标比较（表 3）

表 3 维生素指标（每千克饲料含量）

指标	维持饲料		生长、繁殖饲料	
	本标准	地标	本标准	地标
维生素 A/IU ≥	12 000	8000	15 000	12 000
维生素 D/IU ≥	1500	2000	2000	2000
维生素 E/IU ≥	60	40	80	60
维生素 K/mg ≥	1.0	0.1	1.0	0.9
维生素 B1/mg ≥	10.0	6	13.0	14
维生素 B2/mg ≥	5.0	4	9.0	6
维生素 B6/mg ≥	5.0	8	13.0	10
维生素 B12/mg ≥	0.03	/	0.06	/
烟酸 /mg ≥	50.0	40	60.0	50
泛酸 /mg ≥	13.0	9	40.0	28
叶酸 /mg ≥	0.2	0.15	2.0	1.3
生物素 /mg ≥	0.2	0.2	0.4	0.2
胆碱 /mg ≥	1300	1600	1500	2350

注：本标准指标要求说明：结合野生树鼩的食物来源的多样性，在配制饲料时，补充添加多种维生素，以满足人工饲养条件下树鼩健康生长繁育的营养需求。

四、配合饲料的常量和微量矿物质指标与云南省地方标准 DB53/T 328.4—2010《实验树鼩　第 4 部分：配合饲料》的指标比较（表 4）

表 4　配合饲料常量和微量矿物质指标（每千克饲料含量）

指标	维持饲料		生长、繁殖饲料	
	本标准	地标	本标准	地标
镁 /mg ≥	1.0	1.6	1.5	2.4
钾 /mg ≥	7.0	8.0	9.0	9.0
钠 /mg ≥	2.0	3.6	3.0	4.2
铁 /mg ≥	220	260	280	280
锰 /mg ≥	30	32	50	45
铜 /mg ≥	8.0	8.0	10	10
锌 /mg ≥	50	35	60	50
碘 /mg ≥	1.6	1.65	1.8	1.8
硒 /mg	0.1~0.2	0.15~0.25	0.2~0.3	0.15~0.3

注：本标准指标要求说明：配合饲料的常量和微量矿物质指标与原云南省地方标准的指标相近。

第七节　国内外同类标准分析

树鼩作为具有我国自主知识产权的实验动物新品种，目前没有国外标准可借鉴。在制订本标准时本着立足国内、面向国际的原则，尽可能采用国际上认可的原则和方法，同时又符合目前国情，注重可操作性。在涉及树鼩配合饲料设定方面均从国内的整体水平考虑；吸取了原有的云南省树鼩地方标准（DB53/T 328.4—2010）《实验树鼩 第 4 部分：配合饲料》的相关内容，同时，也参考了实验动物相关的国家标准：GB 14924.1—2001《实验动物　配合饲料通用质量标准》、GB 14924.2—2001《实验动物　配合饲料卫生标准》、GB/T 14924.9—2001《实验动物　配合饲料常规营养成分的测定》、GB/T 14924.10—2001《实验动物　配合饲料氨基酸的测定》、GB/T 14924.11—2001《实验动物　配合饲料维生素的测定》和 GB/T 14924.12—2001《实验动物　配合饲料矿物质和微量元素的测定》的相关规定。

第八节　与法律法规、标准的关系

本标准是在收集和整理国内外相关组织、地方及行业有关树鼩质量控制标准，以及迄今为止国内外研究机构所有发表的以树鼩作为实验材料开展饲养繁殖及营养研究成果的基础上制定的。在确定本标准的各项指标时，严格遵循国家科委颁发的《实验动物管理条例》和国家科委与国家技术监督局联合颁发的《实验动物质量管理办法》。

实验动物　树鼩配合饲料技术标准迄今无国家层面的相关标准，2010 年由云南省技术监督局颁布了云南省地方标准 DB53/T 328.4—2010《实验树鼩 第 4 部分：配合饲料》，虽然有标准，但由于颁发时间较早，存在前期研究数据不足、内容有缺陷、饲料成本较高，甚至缺乏科学性等问题。而本标准的制定原则是立足各项指标既符合树鼩的实际情况，又具有科学性和可操作性。本标准的制定适应我国实验动物国家标准和树鼩的发展需要，基于我们实验结果的总结、提炼，充分参考了国内外有关树鼩研究成果，广泛采纳有关专家合理建议，符合现行实验动物标准的基本要求，遵循国家标准编制原则，其主要内容具有较强的科学性和可操作性。

第九节 重大分歧的处理和依据

该标准在制定过程均未出现重大意见分歧的情况。

第十节 作为推荐性标准的建议

本标准在制定时，充分借鉴了云南省地方标准 DB53/T328.4—2010《实验树鼩 第 4 部分：配合饲料》，在此基础上，结合我国目前树鼩的现有水平和发展趋势，基本上代表了我国树鼩配合饲料的要求和水平。但是，由于本标准是首次制定，因此，还需要经过长期的实践检验逐步完善，可作为推荐性标准执行。

第十一节 标准实施要求和建议

标准发布后，应对饲料生产、树鼩生产和使用单位及相关人员进行宣传贯彻或培训，使其规范生产过程，并形成健全的安全监管制度，并在标准的执行过程中不断改进或完善。

第十二节 其他说明事项

本部分的编写格式是按照 GB/T1.1—2000《标准化工作导则 第一部分：标准的结构和编写规则》执行的。

本部分的制定引用了以下文件：

GB 14924.1—2001《实验动物 配合饲料通用质量标准》

GB 14924.2—2001《实验动物 配合饲料卫生标准》

GB/T 14924.9—2001《实验动物 配合饲料常规营养成分的测定》

GB/T 14924.10—2001《实验动物 配合饲料氨基酸的测定》

GB/T 14924.11—2001《实验动物 配合饲料维生素的测定》

GB/T 14924.12—2001《实验动物 配合饲料矿物质和微量元素的测定》

DB53/T328.4—2010《实验树鼩 第 4 部分：配合饲料》

第十三章　T/CALAS 13—2017《实验动物树鼩病理学诊断规范》实施指南

第一节　工 作 简 况

编制任务来自国家科技部资助的以下三个国家科技支撑项目：

（1）野生动物人工种群的生物净化及相关疾病动物模型的建立与评价（2009BAI83B02）；

（2）实验动物新品种的种群建立与质量标准化研究（2011BAI15B01）；

（3）实验用树鼩的标准化研究和人类重大疾病树鼩模型创建与应用集成示范（2014BAI101B01）。

本部分的编制为这些课题的研究成果之一。

本标准起草单位：中国医学科学院医学生物学研究所、中国人民解放军总医院、昆明理工大学。

本标准主要起草人：匡德宣、代解杰、陈华、孙晓梅、赵玉琼、王文广、罕园园、李娜、陆彩霞、仝品芬、夏雪山。

第二节　工 作 过 程

本标准前后在 3 个国家科技支撑计划资助下逐步形成的。

2009 年，为完成“野生动物人工种群的生物净化及相关疾病动物模型的建立与评价（2009BAI83B02）”中的任务内容，在收集、整理相关文献和大量研究的基础上，开始编制树鼩微生物感染谱的调查和质量控制标准及检测方法标准（研究稿）。

2011 年，“实验动物新品种的种群建立与质量标准化研究（2011BAI15B01）”项目的实施，进一步开展树鼩质量标准和技术规范研究，制定树鼩微生物学质量标准和相关条件控制标准。

2014 年，在“实验用树鼩的标准化研究和人类重大疾病树鼩模型创建与应用集成示范（2014BAI101B01）”项目中得到了持续研究和完善，形成了本标准研究稿，即标准雏形。

2015 年 6 月 10 日，起草单位向全国实验动物标准化委员会提交了“国家标准制修订计划项目提案表”，6 月 17 日，在全国实验动物标准化技术委员会举办的工作会议上获得通过，进行了备案。

2015 年 11 月 11 日，起草单位在项目中期检查会上将本标准申报稿通过会议和通讯方式，向来自国内实验动物领域的 18 位知名专家征求了意见，起草小组对照反馈意见进行修改、补充和完善。

2016 年上半年，起草小组又反复进行了多次修改和完善，形成了目前的本标准征求意见稿。

2017 年 1 月，起草小组整理汇总专家对本标准征求意见稿提出的问题，去除重复意见共收到意见 23 条，经过起草小组讨论，采纳 19 条，不采纳 4 条。同时对标准格式进行了规范，最终形成标准送审稿。

2017 年 2 月 21 日，中国实验动物学会实验动物标准化专业委员会邀请全国的 31 名知名专家，组织召开了“全国实验动物标准化委员会年会暨标准审查会议”，起草单位在审查会上详细汇报了本标准（送审稿），现场专家们肯定了本标准的重要性和必要性，同时提出了一些意见或建议，起草小组对照征求意见进行了修改说明、补充和完善，形成本标准的报批稿。

2017 年 5 月，本标准经中国实验动物学会第六届理事会常务理事会第八次会议审议通过，批准发布，于 2017 年 5 月 19 日起正式实施。

第三节 编 写 背 景

树鼩（Tree shrew，*Tupaia belangeri*）作为我国正在开发的具有自主知识产权的实验动物新品种，由于其亲缘关系与灵长类最接近，在生理解剖、生化代谢、神经发育、病毒感染特性、心理应激模式等方面，与灵长类甚至人类之间都存在高度的相似性，同时，由于其具有体型小、繁殖周期短、易于实验操作、饲养成本低，比高等灵长类动物更适合大规模应用等独特优势，作为非人灵长类动物模型的补充（彭燕章等，1991；Fan ct al.，2013；许凌等，2013）。目前已经被用于若干重要疾病如乙型肝炎（HBV）、丙型肝炎（HCV）、手足口等病毒感染，以及自发性肿瘤、代谢性疾病、抑郁症等动物模型的创建（郑永唐 等，2014）。

随着树鼩相关研究的深入及其作为非人灵长类动物模型的替代作用得到越来越广泛的认可，树鼩必将在未来作为实验动物模型被用于越来越多的人类重大疾病研究中，各研究单位目前都急需行业标准和国家标准的技术支撑。同时，实验树鼩作为我国具有自主知识产权的新品种，其标准的制定将在很大程度上提高国内实验动物新资源开发和动物模型的研究水平，从而提升我国在实验动物领域的国际地位。

实验动物的健康状况直接影响其生产和应用，而实验动物病理监测是实验动物质量监督检验不可缺少的重要环节，其目的首先是对传染性动物疫情进行监控，保证实验动物的健康，为实验动物的饲养繁殖、生长发育及疾病的预防和治疗提供可靠的依据；其次为研究疾病的病因、转归和比较医学提供依据；影响动物健康的因素众多，除了病原微生物和寄生虫外，动物生存环境中的化学物质，饲料、垫料和空气中的有害物质，甚至噪声和光照都可能引发动物健康问题。

病理学检查是判断动物健康状况的重要手段，病理学研究以肉眼和光学显微镜为观察基础，能结合全身所见症状及各项检测指标进行综合分析和判断，是目前对实验动物质量进行综合评估的最好方法。近年来，人们发现实验动物的病理变化至关重要，尤其是病理形态学的改变，对实验动物的应用产生重要影响。由于病理学诊断的复杂性和难于标准化，至今实验动物的国家标准还没有病理学诊断标准。以往实验动物国家标准主要关注传染性疾病对动物质量的影响，建立《实验动物 树鼩病理学诊断规范》，可以更加全面地判断动物的健康状态，完善树鼩的质量控制标准体系。

目前，国内提出的树鼩标准仅有由云南省技术监督局颁布的云南地方标准 DB53/T 328.1~5—2010 和 DB53/T 328.6~10—2012，这两者均不包括该标准，因此，目前除 DB11/T 828.6—2011《实验用小型猪》第 4 部分：病理学诊断规范标准外，尚无树鼩病理学诊断规范的相关标准。

第四节 编 制 原 则

本标准的制定原则是基于我们实验结果的总结、提炼，充分参考了国内外有关树鼩研究成果，广泛采纳有关专家合理建议，立足各项指标既符合树鼩实际情况，又具有科学性和可操作性。在确定本标准的各项指标时，严格遵循国家科委颁发的《实验动物管理条例》和国家科委与国家技术监督局联合颁发的《实验动物质量管理办法》。本标准的编制遵循“科学性、实用性、统一性、规范性”的原则，有利于云南省树鼩资源的有效利用，提升我国实验动物标准化水平，拓展使用范围。

第五节 内 容 解 读

一、定义

（一）普通级树鼩（conventional tree shrew）

经人工培育，遗传背景明确或者来源清楚，对其携带的微生物和寄生虫实行控制，不携带所规定的人兽共患病病原和烈性传染病病原，用于科学研究、教学、生产和检定以及其他科学实验的树鼩。简称普通树鼩。

（二）无特定病原体级树鼩（specific pathogen free tree shrew）

除普通树鼩应排除的病原外，不携带所规定的潜在感染或条件致病和对科学实验干扰大的病原的树鼩。简称无特定病原体树鼩或 SPF 树鼩。

（三）临床病理学（clinical pathology）

用化学、微生物学、血液学和分子生物学的方法对体液（血液和尿液）和组织等进行实验室分析，从而对疾病进行诊断的医学学科。

（四）解剖病理学（anatomical pathology）

通过肉眼、显微镜、化学的、免疫学的和分子的方法对整体、器官和组织的形态进行检查而对疾病做出诊断的医学学科。

二、血液常规指标缩略语

RBC：红细胞，PLT：血小板，WBC：白细胞，LYM：淋巴细胞，MON：单核细胞，

GRAN：中性粒细胞，PCT：血小板比积，HCT：红细胞比积，MCHC：平均红细胞血红蛋白浓度，MCH：平均红细胞血红蛋白含量，MPV：平均血小板体积，HGB：血红蛋白。

三、血液生化指标缩略语

TP：总蛋白，ALB：白蛋白，T-BIL：总胆红素，ALT：丙氨酸氨基转移酶，AST：天门冬氨酸氨基转移酶，GLU：血糖，BUN：尿素氮，CRE：肌酐，T-CHO：总胆固醇，TG：三酰甘油。

四、检测指标的确定

外观检查：考虑到监督检查工作的可行性，外观检查内容的设定以尽可能简捷为原则，检测指标主要为目测项目。

血常规检查和血液生化指标检查：主要参考了药物安全性评价的国际规范，由于检测项目的多少所需检测经费差别较大，考虑到监督检查工作中标准的可行性和经济性，选择对健康状况最有代表性的 12 项血常规指标和 11 项血清生化指标。

大体解剖：由于采取尽可能不处死动物的原则，因而需要解剖的动物数量较少，因此，确定大体解剖检查内容尽可能全面，这样有利于全面了解动物的健康状态。

组织病理学：考虑到检查成本和时间限制，依据树鼩病理学研究的实践经验，组织病理学检查项目选择了最主要的脏器和大体解剖发现异常的器官和组织。

五、血液化验指标正常值范围的设定

生理指标正常值范围的设定采取大样本的检查结果并与临床情况相结合。本课题所选择研究的动物数量 200 只，滇西亚种，雌雄各半，体重为 103~160g，应用全自动血细胞仪和生化分析仪测定，用 SPSS 软件包分析，各项数据以“平均值 ± 标准差”（$x \pm s$）表示，参考值范围的计算方法则根据数据是否正态分布决定，若正态以“平均值 ±1.96× 标准差”（$x \pm 1.96s$），非正态以 P95 法计算，用 t 检验分析，求出 P 值，比较不同性别的各指标差异。结果雌性与雄性比较，各项指标的差异不具显著性（$P > 0.05$），部分指标与恒河猴、大鼠及人的相应指标存在一定的差异。建立了健康树鼩的血液学及生化指标的正常值参考范围，可为应用该动物进行科学研究时提供参考。

六、对病理学专业人员的要求

在病理诊断标准的执行过程中，病理学专业人员对诊断结果的判定至关重要，因此，本标准要求由具有病理学专业资质的人员来签署报告，同时，增加了同行复核的要求。此外，随着实验动物病理诊断标准的不断建立和完善，需要加强有关病理学专业人员的交流与培训，逐步开展认证工作，不断提高实验动物的病理学诊断水平，增强诊断的准确性和可靠性。

七、确定本标准内容的主要论据

本标准是在收集和整理国内外相关组织、地方及行业有关树鼩质量控制标准，以及迄今为止国内外研究机构所有发表的以树鼩作为实验材料开展组织病理学研究基础上制定的。确定本标准的主要论据是以下论文：

（1）匡德宣，孙晓梅，江勤芳，全品芬，陆彩霞，高家红，代解杰．树鼩的动物福利措施探讨 [J]. 中国比较医学杂志，2013，23（4）：76-81.

（2）匡德宣，王文广，孙晓梅，黄晓云，陆彩霞，罕园园，全品芬，代解杰．驯养繁殖树鼩主要消化腺的组织学观察 [J]. 实验动物与比较医学，2016，36（1）：13-18.

（3）江勤芳，匡德宣，全品芬，等．树鼩规模化繁殖及繁殖群的建立 [J]. 实验动物科学，2011，28（6）：35-38.

（4）匡德宣，孙晓梅，王文广，陆彩霞，罕园园，全品芬，代解杰．树鼩乳腺导管内乳头状瘤一例 [J]. 亚洲兽医病例研究，2015，4：26-29.

（5）匡德宣，孙晓梅，陆彩霞，王文广，全品芬，殷安国，李晓飞，代解杰．实验树鼩主要内分泌器官的组织学观察 [J]. 中国比较医学杂志，2014，24（6）：35-39.

（6）白继丽，孙晓梅，王欣，代解杰．人工饲养树血液学及生化指标正常值测定及分析 [J]. 中国比较医学杂志，2009，19（7）：38-41.

第六节　分 析 报 告

一、病变诊断依靠病理学专业人员

病理学是一门经验医学，树鼩可能出现的病理改变多种多样，给出一个统一的病变判定标准难以实现，病理标准的制定主要规范可能影响病变判定的技术方法，同时明确判定规则，对病变的诊断仍然依赖于病理学专业人员的经验和判断。

二、尽可能不处死动物

由于树鼩是珍贵资源，而且培育成本也远高于啮齿类动物，因此，本标准参考了北京市地方标准 DB11/T 828.4—2011《实验用小型猪》第 4 部分：病理学诊断规范，设立临床病理学和解剖病理学两阶段结果判定，其目的在于通过外观和血液化验结果就能够明确判定动物是否符合标准时，就不再处死动物进行解剖病理学检查，这样既节约了检测成本，也使合格的动物还能够继续用于实验研究。

三、注重标准执行的可行性

实验动物的健康状况受多种因素影响，判断动物健康与否的检测内容也多种多样，例如，目前人类健康体检的手段就包括：血液化验、尿液化验、粪便化验、各种影像学检查（X 射线透视或照相、B 超、CT、MRI、PET 等）、功能学手段（心电图、动态心电图、肌电图、脑电图等），甚至心理咨询等。树鼩健康状况的检查充分考虑到标准执行的可行性，同时作为实验动物质量控制标准还应考虑到标准的执行成本。因此，本标准内容仅设定了外观检查、血液化验检查和解剖病理学检查，指标的设定充分考虑了对动物健康状况的代表性和经济性。

第七节 国内外同类标准分析

树鼩作为具有我国自主知识产权的实验动物新品种，目前还没有相关病理学诊断标准报道，无国际或国外先进标准参照和借鉴。在制订本标准时本着立足国内、面向国际的原则，尽可能采用国际上认可的原则和方法，同时又符合目前国情，注重可操作性。

第八节 与法律法规、标准关系

目前，在树鼩病理学诊断方面迄今无国家层面的相关标准，本标准的制定以符合《实验动物管理条例》（国家科委，1988 年）为前提，在编制体例上尽可能与现行实验动物国家标准（GB14922.2—2011、GB14922.1—2011）相一致。

第九节 重大分歧意见的处理和依据

从标准结构框架和制定原则的确定、标准的引用、有关技术指标和参数的试验验证、主要条款的确定直到标准草稿征求专家意见（通过函寄和会议形式多次咨询和研讨），均未出现重大意见分歧的情况。

第十节 作为推荐性标准的建议

树鼩病理学诊断规范为首次制定，需要在实践过程中不断改进和完善，例如，血常规指标的红细胞指数，随着人工培育代数的进展，红细胞指数呈下降的趋势，正常参考值的设定存在时效性。因此，建议作为推荐性标准。

第十一节 标准实施要求和措施

由于树鼩是珍贵资源，而且培育成本也远高于啮齿类动物，因此，本标准结合树鼩的生物学特性，设立相应的技术参数指标，同时还考虑到我国目前实验用树鼩现有水平和发展趋势，最终设立相应的技术指标，基本上代表了我国树鼩的环境和设施控制要求和水平。建议本标准由全国实验动物标准化技术委员会组织宣传和培训，贯彻实施。

第十二节 其他应予说明的事项

本标准在编写格式上符合 GB/T 1.1—2009 的规定。

本标准的制定引用了以下文件。

DB53/T 293.1—2009《实验动物病理学检测 第 1 部分：实验动物处死方法》

DB53/T 293.2—2009《实验动物病理学检测 第 2 部分：病理剖检方法》

DB53/T 293.4—2009《实验动物病理学检测　第 4 部分：病理检测技术规程》

DB11/T 828.6—2011《实验用小型猪　第 4 部分：病理学诊断规范》

参 考 文 献

彭燕章，叶智彰，邹如金，等 .1991. 树鼩生物学 . 昆明：云南科技出版社，1-7.

许凌，范宇，蒋学龙，等 . 2013. 树鼩进化分类地位的分子证据 . 动物学研究，34（2）：70-76.

郑永唐，姚永刚，徐林 . 2014. 树鼩基础生物学与疾病模型 . 昆明：云南科技出版社 .

Fan Y，Huang ZY，Cao CC，et al. 2013. Genome of the Chinese tree shrew. Nat Commun，4：1426-1434.

第十四章　T/CALAS 15—2017《实验动物 SPF 鸡配合饲料》实施指南

第一节　工 作 简 况

根据中国实验动物学会实验动物标准化专业委员会有关文件及 GB/T 16733—1997《国家标准制定程序的阶段划分及代码》和《采用快速程序制定国家标准的管理规定》的要求，全国实验动物标准化技术委员会负责编制该团体标准《实验动物　SPF 鸡　配合饲料》。该项目由全国实验动物标准化技术委员会（SAC/TC281）技术审查，由中国实验动物学会归口管理。

制定本标准的目的，是为了保障我国生产单位和使用单位饲养的 SPF 鸡的饲料营养，提高饲料安全，提升饲料的可靠性，完善行业的规范性，降低饲料可能的危害风险，保证 SPF 鸡健康，为利用 SPF 鸡进行的动物实验结果的重复性和稳定性提供基础。

第二节　工 作 过 程

本标准由中国实验动物学会实验动物标准化专业委员会提出，中国农业科学院哈尔滨兽医研究所、中国军事医学科学院实验动物中心和济南斯帕法斯家禽有限公司按照团体标准研制要求和编写工作的程序，组成了由单位专家和专业技术人员参加的编写小组，制定了编写方案。

2015 年 9 月，召开了本课题启动会和第一次研讨会，明确分工，就标准内容和研究进度做出安排。

10 月，完成了对收集的国内外相关标准及相关资料数据的整理、分析，为计算 SPF 鸡各阶段配合饲料的营养成分提供基础参数。

11 月，分别采集了国家禽类实验动物种子中心和北京科澳协力饲料有限公司的 SPF 鸡饲料样品，检测了营养成分，为制定配合饲料标准提供生产实践数据。

12 月，就 SPF 鸡配合饲料标准框架及指标内容，向业内专家咨询建议和意见，结合文献资料和研究结果，确定了标准框架及指标内容，按生长阶段将 SPF 鸡配合饲料分为育雏期、育成期、产蛋前期和产蛋高峰期四个阶段。

2016 年 1 月，参考 LabDiet 公司生产的饲料产品标签营养成分的标示数据、美国国家科学研究委员会（National Reseach Council，NRC）（1994）数据以及本项目组多年积累的实测数据，课题组确定了 SPF 鸡各阶段料营养水平。通过 Email 方式向实验动物研究、动物营养、SPF 鸡饲养单位等相关领域的专家征求意见。在专家的修改意见和建议基础上，按照团体标准的要求，完成征求意见稿和编制说明。

2016 年 10 月，在第 12 届中国实验动物学会（广西）年会上公开征求意见，共收集意见和建议 17 个，项目组采纳了 15 个，有 2 个保留原意见，同时对标准格式进行了规范，最终形成标准送审稿。

2017 年 2 月，全国实验动物标准化技术委员会在北京召开了标准送审稿专家审查会。会议由全国实验动物标准化技术委员会的委员组成审查组，认真讨论了标准送审稿编制说明、征求意见汇总处理表，提出了修改意见和建议。与会专家认为本标准规范可行，是国标的有力补充，一致同意通过审查。会后，编制组根据与会专家提出的修改意见，经对团体标准整理修改后形成标准送审稿、标准送审稿编制说明和征求意见汇总处理表。

2017 年 5 月，本标准经中国实验动物学会第六届理事会常务理事会第八次会议审议通过，批准发布，于 2017 年 5 月 19 日起正式实施。

第三节 编 写 背 景

SPF 鸡排除了特定病原体的干扰，其机体、胚及胚细胞被广泛应用于肿瘤免疫学、药物学、毒理学、血清和疫苗制造，以及病原微生物学鉴定等方面，因此在国内外普遍使用。针对 SPF 鸡的特殊生长状况和生长环境，国内现行的标准中没有对 SPF 鸡的饲料营养水平进行规范，其饲养标准化的研究落后于国外，限制了 SPF 鸡在生命科学方面的应用，相关科研成果也很难得到国际上的认可。由于不同饲养单位没有统一的饲料标准，造成鸡群健康状况参差不齐、繁殖性能不够稳定等不良后果。因此，对 SPF 鸡的饲料营养进行规范，制订与国际接轨，并符合我国目前研究水平和应用要求的 SPF 鸡配合饲料标准，为试验结果及其产品质量提供保障，进而满足生命科学研究的需要，为医疗、医药行业服务。

第四节 编 制 原 则

本部分以国务院批准 1988 年国家科委 2 号令公布的《实验动物管理条例》和 1997 年国家科学技术委员会和国家技术监督局联合颁布的《实验动物质量管理办法》为依据，同时参考商品蛋鸡的营养需要量制定而成。

尽管 SPF 鸡与商品蛋鸡在消化生理和相对营养需要量方面有相似之处，但 SPF 鸡的无菌环境、使用目的的差异导致其具有一定的特殊性。从中华人民共和国专业标准 ZB/B 43005—1986《鸡的饲养标准——蛋鸡》、美国 NRC（1994）及 NY/T 33—2004 鸡饲养标准的需要量可以看出，SPF 鸡饲料标准阶段划分不适宜分得过细，营养指标的选择也应考虑现阶段的实际需求和现有技术水平以及可操作性和实用性。

生产上，SPF 鸡饲养设施相比商品鸡场往往规模较小，各个阶段鸡的采食总量远低于普通商品鸡，如果将生产阶段分得太细，配制的配合饲料种类则较多，要在保质期内将各种饲料消耗掉，则每种饲料的生产量就会很小，不利于养殖场安排配合饲料的生产和灭菌处理。因此结合生产实际，除了考虑了以上因素外，对 SPF 鸡研究单位和培育单位配合饲料的阶段划分情况的总结也同样得出，SPF 鸡配合饲料标准的阶段划分不宜过细，参照鸡对营养需要有明显差异的生长阶段和生理阶段，考虑以育雏期、育成期、产蛋前期和产蛋高峰期四个阶段划分。

第五节 内容解读

一、SPF 鸡配合饲料的阶段划分

GB/T 5916—2008《产蛋后备鸡、产蛋鸡、肉用仔鸡配合饲料》是用于畜牧生产中指导蛋鸡饲养和营养需要量的最低标准，营养需要量均以日粮含量或每日需要量给出，生产或产蛋阶段分得很细，与商品鸡快速生长和追求经济效益最大化相适应。

SPF 鸡主要用于生物医学研究，因此有其特殊性，不能照搬商品鸡的营养标准。主要以稳定生长和生产性能为目的，可以适当通过控制采食量达到满足各种阶段营养需要量的目的。从 LabDiet 公司配制的鸡日粮营养水平和美国 NRC（1994）的需要量标准可以看出，SPF 鸡配合饲料标准阶段划分不适宜分得过细；生产上，大多数 SPF 鸡养殖场往往规模较小，如果将生产阶段分得太细，配制的配合饲料种类则较多，要在保质期内将各种饲料消耗掉，则每种饲料的生产量就会很小，不利于养殖场安排配合饲料的生产和灭菌处理，对生产实践带来一定难度。因此，参考国内外实验动物饲料饲养标准，同时结合生产实际和鸡本身的生长、生理阶段，考虑划分成育雏期、育成期、产蛋前期和产蛋高峰期四个阶段比较适合。

二、SPF 鸡配合饲料营养指标的确定

考虑 SPF 鸡由于其肠道菌群的特殊性，导致饲料消化率受限的影响；以及活动受限，产蛋量和蛋重降低的现象；为了达到与一般饲养环境下的鸡相同的生产水平，相应提高亚油酸、能量、蛋白和钙的比例。

三、SPF 鸡配合饲料营养水平的确定

对于 SPF 鸡，在物种上首先属于“鸡”的范围，可以套用 NRC（1994）、LabDiet 公司产品标签营养成分的标示数据，根据本研究单位中国农业科学院哈尔滨兽医研究所依托的国家种子中心、中国军事医学科学院实验动物中心、济南斯帕法斯家禽有限公司的数据以及课题组对鸡生长和产蛋性能的实测数据，确定育雏期、育成期、产蛋前期和产蛋高峰期四个阶段的营养水平。

四、加工、消毒过程及保质期内贮存造成配合饲料营养成分损失的考虑

配合饲料加工过程中通常需要制粒或膨化。制粒或膨化由于其特有的热加工工艺条件，能够使淀粉糊化，蛋白质变性，改善饲料的适口性，提高其消化吸收率，甚至能杀灭其中的微生物，达到消毒目的；但同时也破坏了饲料中的维生素、酶等热敏成分。根据有关报道，维生素 C、维生素 K3、维生素 B1、维生素 B6、维生素 A、维生素 E、维生素

D3 较为敏感，其中维生素 C 和维生素 K3 损失最高可达 75%~80% 左右。而制粒或膨化对饲料中蛋白质、氨基酸、脂肪、淀粉、矿物元素等影响不大。

根据《实验动物　配合饲料卫生标准》，实验动物配合饲料常常需要进行灭菌处理，常用的有 Co^{60} 辐照灭菌、高温高压蒸汽灭菌、微波灭菌、饲料加工工艺灭菌等。高压蒸汽灭菌较为彻底，但是对营养成分破坏较大，尤其是一些热敏成分，如维生素等，蛋白质的品质也会降低。

另外，贮存条件和时间对维生素的保存也有影响。Christian 测定了维生素 A 在不同条件下贮存 3 个月的保存率，低温低湿条件下为 88%，高温低湿条件下为 86%，高湿高温条件下为 2%。经过制粒加工、存贮 8 个月的饲料中各种维生素的活性总存留率，其中最低的为维生素 K，只有 36% 的存留率，最高的为维生素 B2，可存留 86%，相差 1 倍多。经过预混、加工（调质、制粒）、干燥、包装以及较长时间的贮存（8 个月），总存留率较高的有维生素 B2、维生素 B12、泛酸钙、维生素 E，达 70% 以上，总存留率最低的是维生素 K，只有 15%，总存留率较低的有维生素 A、维生素 D3、叶酸、维生素 B1，在 45%~60% 之间变化。实验动物配合饲料贮存时间一般规定为 2~3 个月，在确定 SPF 鸡配合饲料营养素水平时，需要考虑贮存过程对饲料中营养物质特别是维生素的损失。

综上，在确定配合饲料营养素水平时，为了使 SPF 鸡采食时饲料中的营养素满足其需要，一定要给予一个安全裕量，以补充配合饲料中营养素特别是维生素在加工过程、消毒过程以及保质期内贮存期间造成的损失。

五、SPF 鸡配合饲料除营养成分外的质量要求、营养成分测定及卫生要求

配合饲料的质量要求（质量要求总原则、饲料原料质量要求、检测规则、标签、包装、贮存、运输）应符合 GB/T 14924.1—2001 中的规定；配合饲料营养成分测定按 GB/T 14924.9—2001、GB/T 14924.10—2008、GB/T 14924.11—2001、GB/T 14924.12—2001 执行；配合饲料卫生要求应符合 GB 13078—2001 中的规定。

第六节　分 析 报 告

参照本标准限定的营养成分进行配比，配制得到的饲料应用于各个时期的 SPF 鸡，与原有饲料进行比较后得出：新的饲料配方能够显著提高育雏期 SPF 鸡的生长性能，降低死亡率；能够显著提高育成期 SPF 鸡的料重比，增加饲料转化率；能够显著提高产蛋前期和产蛋高峰期 SPF 鸡的产蛋率和孵化率，降低死淘率。以产蛋量为例，新的饲料较原有饲料高出 6%，一只鸡产蛋周期平均多产 20 枚蛋，如果推广到全国，100 万只 SPF 鸡能够增产 2000 万枚蛋，直接经济效益预计可达 1.2 亿。

第七节　国内外同类标准分析

国际上没有 SPF 鸡配合饲料标准，无法采用。

《鸡的营养需要》（NRC，1994）规定了 0~6 周、6~12 周、12~18 周和 18 周后的饲养

和营养需要量的最低标准，营养需要量均以日粮含量或每日需要量给出，生产阶段多出育成后期，这与商品鸡快速生长和追求经济效益最大化相适应。

LabDiet 公司将实验用鸡的饲喂阶段划分为两个：育雏育成阶段和产蛋阶段，由于育雏期生长较快，对能量和蛋白质的需要量均高于育成期，因此将其和育成期鸡的生长及营养需要平齐，是不适宜鸡的生长的；另外育成期能量和蛋白质较高，易导致鸡生长过快，肥胖的现象发生，进而影响产蛋量；产蛋前期和高峰期对钙的需求差别极大，不适宜划分为同一时期，因此四个阶段的划分，比较适宜 SPF 鸡的饲养。

第八节　与法律法规、标准关系

本部分参考国家质量监督检验检疫总局《实验动物　配合饲料通用质量要求》、《实验动物　配合饲料卫生标准》等标准和国内外鸡营养需要量 [如从中华人民共和国专业标准（ZB/B 43005—1986）《鸡的饲养标准 - 蛋鸡》、美国 NRC（1994）及 NY/T 33—2004《鸡饲养标准》等] 以及 LabDiet 公司等饲料生产企业产品营养标示数据，结合我国 SPF 鸡的生长和繁殖特点以及各地在培育 SPF 鸡的生产实际情况，在综合分析相关的饲养实验数据和营养需要量研究成果的基础上制定。在标准中，规定了 SPF 鸡配合饲料的质量要求、营养成分要求、卫生要求、检测规则以及标签、包装、贮存和运输要求。

本部分的编写在格式上采用 GB/T1.1—2009《标准化工作导则》第一部分：标准的结构和编写规则的规定。

第九节　重大分歧的处理和依据

从标准结构框架和制定原则的确定、标准的引用、有关技术指标和参数的试验验证、主要条款的确定直到标准草稿征求专家意见（通过函寄和会议形式多次咨询和研讨），均未出现重大意见分歧的情况。

第十节　作为推荐性标准的建议

本标准建议，质量要求和日粮常规营养成分水平为强制性条款，其余为推荐性条款。因为质量要求和日粮常规营养成分水平是保证 SPF 鸡生理健康、体况正常的根本，否则将可能影响到 SPF 鸡用于实验研究及其所获得数据的准确性，而其他条款则没有这么重要，故建议定为推荐性条款。

第十一节　标准实施要求和措施

建议由中国实验动物学会实验动物标准化专业委员会组织本标准的宣传、推广和实施监督。

第十二节 其他说明事项

一、引用标准

本部分的制定引用了以下文件：

GB/T 10647—2008《饲料工业术语》

GB 14925—2010《实验动物 环境及设施》

GB/T 17999.1—2008《SPF 鸡 微生物学监测》

GB 14924.1—2001《实验动物 配合饲料通用质量标准》

GB 13078—2001《饲料卫生标准》

GB/T 17999.1—2008《SPF 鸡 微生物学监测》

GB 13078.1—2006《饲料卫生标准 饲料中亚硝酸盐允许量》

GB 13078.2—2006《饲料卫生标准 饲料中赭曲霉毒素 A 和玉米赤霉烯酮的允许量》

GB 13078.3—2007《配合饲料中脱氧雪腐镰刀菌烯醇的允许量》

GB/T 5918—2008《饲料产品混合均匀度的测定》

GB/T 14924.9—2001《实验动物 配合饲料 常规营养成分的测定》

GB/T 14924.10—2008《实验动物 配合饲料 氨基酸的测定》

GB/T 14924.11—2001《实验动物 配合饲料 维生素的测定》

GB/T 14924.12—2001《实验动物 配合饲料 矿物质和微量元素的测定》

NY/T 1448—2007《饲料辐照杀菌技术规范》

二、标准水平（评估）

本部分在制定时，尽可能做到与国际接轨，同时还考虑到我国 SPF 鸡现有水平和发展的需要。在鸡阶段划分及配合饲料营养要求方面，均从国内外的整体水平进行考虑。

三、必检项和抽检项

考虑到生产实际中的可行性，建议本标准中表 1 常规营养成分及表 2 氨基酸指标为必检项，表 3 维生素及表 4 常量和微量矿物元素指标为抽检项。

参考文献

李新，王桂朝．2012. SPF 鸡胚质量控制及其检测新技术．中国家禽，(19)：33.

刘畅，苗维君，薛凤君，等．2012. SPF 鸡场种蛋的品质控制．家禽科学，(5)：49-51.

单忠芳．2012. 国内 SPF 鸡蛋传疾病监测的常用方法及技术要点．中国家禽，(19)：40-41.

吴韬奋，张瑞忠，孙凤萍，等．2013. 隔离器饲育 SPF 鸡微生物质量控制方法的建立．中国比较医学杂志，(1)：27-30.

第十五章　T/CALAS 16—2017《实验动物 SPF 鸡遗传质量控制》实施指南

第一节　工 作 简 况

根据中国实验动物学会实验动物标准化专业委员会下达的 2016 年团体标准制（修）定计划，由中国农业科学院哈尔滨兽医研究所、中国食品药品检定研究院、北京实验动物研究中心共同开展了团体标准《实验动物 SPF 鸡遗传质量控制》的起草工作。该项目由全国实验动物标准化技术委员会（SAC/TC281）技术审查，由中国实验动物学会归口管理。

本标准按照《中华人民共和国国家标准 GB/T1.1 2009 标准化工作导则》第 1 部分"标准的结构和编写规则"的要求撰写，标准是在国家科技支撑计划（项目编号 2015BAI07B02-02）和黑龙江省应用技术研究与开发计划（项目编号 PC13S08）完成的基础上制定而成，在制定过程中参考了国内外相关文献，对所建立的标准方法进行了应用，建立了可行的 SPF 鸡遗传学检测方法。

第二节　工 作 过 程

本标准由中国实验动物学会实验动物标准化专业委员会提出，中国农业科学院哈尔滨兽医研究所、中国食品药品检定研究院实验动物资源研究所和北京实验动物研究中心的专家与专业技术人员参加编写小组，按照团体标准研制要求和编写程序，制定了编写方案。

经过资料收集和调查研究工作，在国家科技支撑计划"实验用动物新品种的病原快速检测技术研究与应用"（项目编号 2015BAI07B02-02）和黑龙江省应用技术研究与开发计划"黑龙江省实验动物管理体系与质量监测技术的优化"（项目编号 PC13S08）课题研究结果的基础上，编写组形成了 SPF 鸡的遗传学检测方法技术资料，于 2016 年 4 月完成了标准草案的起草工作。

2016 年 10 月在南宁召开的第 12 届全国实验动物学术年会上公开征求意见，专家们对标准稿提出了系列修订建议和意见。根据提出的意见编制组进行了修改，结合调研，形成标准征求意见稿。

2016 年 11~12 月，标准征求意见稿在中国实验动物学会网站公开征求意见，有 6 个单位返回意见，共收集、汇总不同意见 25 条，编制组采纳 20 条，5 条未采纳。整理修改后形成标准送审稿、标准送审稿编制说明和征求意见汇总处理表。

2017 年 2 月 21 日，全国实验动物标准化技术委员会在北京召开了标准送审稿专家审查会。会议由全国实验动物标准化技术委员会的委员组成审查组，认为“有大量的实验数据支持，参考了国外相关资料，在结合专家意见的基础上通过实验室验证形成的标准。”会后，编制组根据与会专家提出的修改意见，修改完善后形成标准报批稿、标准报批稿编制说明和征求意见处理汇总表。

第三节 编写背景

无特定病原体（specific pathogen free，SPF）鸡是人工培育、遗传背景清晰、经过微生物净化的实验鸡，主要用于生命科学研究和生物制品的生产、质量检定，在如禽流感疫苗的研制、诊断及生产供应方面等禽病学研究中具有不可替代的应用价值。SPF 鸡胚是多种人用及兽用生物制品的生产原材料，在我国广泛应用，及时制订并推广 SPF 鸡质量标准，对禽病防控技术研究和生物制品生产具有深远的影响。多数鸡病的致病性与鸡的遗传背景相关，同一毒株相同接种途径感染不同品种品系的鸡，会导致相差千倍的实验结果。只有保持实验禽类的遗传学稳定，才能保证作为疫苗生产的原材料和检定材料及疫病研究的可重复性和客观性。实验禽类种源相对于畜牧业来源很少，几乎都集中于少数一两家国际垄断公司，引进的种卵只告知品系名称，而对遗传结构和背景一无所知，严重制约了对 SPF 鸡和鸡胚的条件支撑作用。

主要组织相容性复合体（MHC）是有核生物基因组多态性最高、连锁程度最强、密度最大的基因簇，编码大量免疫相关基因，其多态性不仅与疫病的敏感性相关，而且与繁殖性能有关，是国际上培育近交系或单倍型动物的主要靶向基因。在当前尚不能培育近交程度类似实验小鼠和大鼠（近交系数 99.8%）的形势下，率先建立 MHC 单倍型 SPF 鸡的遗传学监测标准，将为 SPF 鸡和鸡胚的生产及使用单位提供优质的条件支撑。

目前我国尚无有关禽类实验动物遗传学质量的国家或行业标准，只有针对哺乳类的 GB 14923—2010《实验动物 哺乳类实验动物的遗传质量控制》，其中规定近交系动物的概念为“在一个动物群体中，任何个体基因组中 99% 以上的等位位点为纯合时定义为近交系。经典近交系经至少连续 20 代的全同胞兄妹交配培育而成。品系内所有个体都可追溯到起源于第 20 代或以后代数的一对共同祖先。经连续 20 代以上亲子交配与全同胞兄妹交配有等同效果。近交系的近交系数应大于 99%”。GB/T 14927.1—2008《近交系小鼠、大鼠生化位点检测方法》和 GB/T 14927.2—2008《近交系小鼠、大鼠免疫标记检测方法》规定了近交系小鼠和大鼠的生活位点检测方法和免疫标记检测方法。但生化位点的检测判定结果依赖于标准样品，而且受方法的限制，特异性低、敏感度不高、重复性差。而目前国际上 SPF 鸡还没有近交系，只有以主要组织相容性复合体（MHC）基因组多态性为基础的单倍型，也不适宜做下颌骨测量和毛色移植试验。

有关 SPF 鸡的遗传标准还有 1994 年公布的广东省地方标准 DB44/60-94《实验动物啮齿类和鸡的遗传》，指出“鸡的近交系是指兄妹连续交配 11 代以上育成的品系，近交系数 90% 以上……鸡近交系动物的繁殖方法参照啮齿类近交系的繁殖方法进行。与啮齿类相比，鸡在近交过程中更易出现生殖能力下降造成世代延续困难，所以多采用半同胞交配为主的近交繁育体系。鸡的取样范围与方法、监测间隔、监测项目和取样数量，要求参照大、小鼠进行……鸡远交群产生变异的原理也与大、小鼠相类似，其遗传监测，也应从繁殖和生长数据的检查、毛色和血型基因位点的分析多方面进行，并做出相应的判定和处理。”然而，禽类的繁殖特性和生长周期与小鼠、大鼠截然不同，为卵生繁殖，且若连续以一对全同胞兄妹或母子、父女组成基础群传代，不仅传代周期长（20 周龄左右性成熟）、近交退化的风险大，且违背了培育 SPF 鸡必须保持较高程度的生产性能的培育目的。所以上述标准都不适用于 SPF 禽的质量控制，为此专门制订指导 SPF 鸡群遗传质量监测的团体标准，作为实验动物遗传学质量标准的补充。

一、封闭群 SPF 鸡

微卫星 DNA 具有以下特点：基因组中分布广泛、种类多和呈孟德尔共显性遗传方式；高度多态和遗传连锁不平衡现象，作为最有价值的一种遗传标记，广泛应用于群体遗传学结构分析。家鸡微卫星标记的应用相对较广泛，微卫星标记因具有许多优点，成为构建动物遗传图谱的首选标记。1992 年，Bumstead 等报道了鸡的第一个连锁图谱，由 100 个 RFLP 标记组成，随着鸡的微卫星标记的不断完善，进一步发展了鸡的染色体连锁遗传图谱。2005 年，McElroy 等鉴定了商用蛋鸡对 MDV（Marek’s disease virus，MDV）有抗性的数量性状基因座（quantitative trait locus，QTL）；因而筛选与 MD 抗性有关的微卫星标记成为研究热点。禽微卫星标记由于其特有的优势，在禽群体内和群体间的遗传分析中得到了广泛应用，Wimmer 等利用 22 对微卫星标记对非洲、亚洲和南美洲地方鸡的遗传变异进行了分析；张细权等利用 5 对微卫星标记对广东地方品种惠阳胡须鸡、杏花鸡和清远麻鸡进行了品种的遗传结构及遗传关系的分析，证明能更好地反映群体内的变异；朱庆等利用 10 对微卫星标记对四川境内不同地方乌骨鸡 11 个种群的遗传多样性进行了分析，表明各乌骨鸡群的遗传多样性较为丰富。

二、MHC 单倍型 SPF 鸡

MHC 是由一组紧密连锁、高度多态的编码主要组织相容性抗原的基因组成。MHC 广泛存在于脊椎动物中，主要负责与免疫有关的细胞间的相互识别和抗原呈递。鸡 MHC 包含 *B* 基因座和 *Rfp-Y* 基因座两个基因座，它们均被定位于 16 号染色体上，但二者在遗传上不连锁。*B* 基因座结构简单、紧凑，在 92kb 的基因组 DNA 中仅包含 19 个基因，后来以红原鸡单倍型为研究对象，将核心区扩展到 242kb，包含 46 个基因。其中，32 个表达基因，9 个候选基因，4 个编码 tRNA 基因，1 个假基因。鸡 MHC 单倍型也称为 MHC-*B* 复合体，简称 B 单倍型。

BF 基因位于 MHC 区域，包含两个倒向互补的拷贝，*BF1* 和 *BF2* 基因，分别含有 8 个外显子。外显子 1 编码疏水性前导多肽；外显子 2、3 和 4 分别编码 α 链的 α1、α2 和 α3 结构域，α1 和 α2 结构域构成内源性抗原肽的结合槽，α3 结构域连接跨膜区。α3 结构域高度保守，与免疫球蛋白的恒定区基因相似，含有被 T 细胞 CD8 分子识别的序列；外显子 5~8 分别编码 α 链的跨膜区和胞浆区。比较已公布的 14 种 MHC-B 单倍型氨基酸序列，可知各单倍型的变化主要存在于 α 链 N 端的 α1 和 α2 结构域的范围，即第 2 和 3 外显子，其余部分较为保守。因此本标准分别采用 *BF* 基因的第 2 和 3 外显子作为 MHC 单倍型的监测标准。

第四节 编制原则

本标准规定了无特定病原体（SPF）鸡的遗传质量控制方法，适用于封闭群鸭和MHC单倍型鸡的遗传学质量控制。部分内容引用GB 14923—2010《实验动物 哺乳类动物的遗传质量控制》和GB 14925—2010《实验动物 环境及设施》国家标准。

本标准的编制主要遵循以下原则：①科学性原则。在尊重科学、实际检测的基础上，针对SPF鸡群的遗传学制定本标准。②可操作性原则。利用微卫星DNA标记位点，通过血液采集、基因组提取、PCR扩增、商业化序列测定和分析，都已试剂盒化，一般SPF鸡生产单位均可完成。③协调性原则。以切实规范我国SPF鸡种群和生产群的遗传学质量，符合我国现行有关法律、法规和相关的标准要求。

第五节 内容解读

本标准由范围、规范性引用文件、缩略语、检测方法原理、主要设备和材料、试剂、检测方法、结果判定和附录共九章构成。主要技术内容如下。

一、范围

本标准规定了SPF鸡的繁殖和遗传质量监测方法。

本标准适用于封闭群SPF鸡群和MHC单倍型SPF鸡群的遗传质量控制。

二、规范性引用文件

下列文件中的条款通过本部分的引用而成为本部分的条款。凡是注日期的引用文件，其随后所有的修改单位（不包括勘误的内容）或修订版均不适用于本部分，然而，鼓励根据本部分达成协议的各方研究可以使用这些文件的最新版本。凡是不注日期的引用文件，其最新版本适用于本部分。

GB 14923—2010《实验动物 哺乳类动物的遗传质量控制》

GB 14925—2010《实验动物 环境及设施》

GB/T 17999.1—2008《SPF鸡 微生物学监测 第1部分：SPF鸡 微生物学监测总则》

三、术语和定义

下列术语和定义适用于本部分。

（一）无特定病原体鸡（specific pathogen-free chicken）

是指在符合国家标准《实验动物 环境及设施》GB 14925—2010中规定的屏障环境或隔离环境的饲养条件下，微生物学质量符合国家标准《SPF鸡 微生物学监测》GB/T 17999.1—2008的规定的鸡群。

（二）单倍型（haplotype）

是单倍体基因型的简称，在遗传学上是指在同一染色体上进行共同遗传的多个基因座上等位基因的组合，即若干个决定同一性状的紧密连锁的基因构成的基因型。

（三）主要组织相容性复合体（major histocompatibility complex，MHC）

MHC 是一组紧密连锁高度多态的染色体基因群，编码重要的免疫相关细胞 MHC 抗原，广泛存在于有颌脊椎动物的有核细胞表面，与宿主的抗病性或敏感性密切相关。

（四）杂合度（heterozygosity）

杂合度指样本中两个等位基因不相同的概率。期望杂合度（*He*）主要是根据种群内当前优势等位基因的分布频率来推算，观测杂合度（*Ho*）是随机抽取的两个样本的等位基因不相同的概率，即观察到的杂合子比例。

四、繁殖方法

（一）封闭群鸡

1. 封闭群实验禽繁殖的原则是尽量保持基因异质性及多态性，避免近交系数随繁殖代数增加而过快上升。

2. 种鸡必须遗传背景明确或来源清楚，有较完整的资料（包括来源、品系名称、日期及主要生物学特征等）。

3. 各家系之间采用最佳避免近交法、循环交配或随机交配法，每代近交系数上升不超过 1%。

4. 种鸡群的雄雌个体比例一般为 1∶8~1∶10。

（二）MHC 单倍型鸡

1. 种鸡的 MHC 核心区域保持单倍型纯合。

2. 繁殖原则是保持 MHC 核心区域的基因纯合性。

3. 严格以全同胞或半同胞兄妹交配方式进行繁殖。

4. 雄雌个体比例一般为 1∶8~1∶10。

（三）遗传质量监测

1. 封闭群鸡的检测

（1）抽样

规模不大于 100 只的，随机抽取 25 个个体，雌雄不限，进行检测。规模超过 100 只的，随机选取 15% 的比例，最大不超过 30 只。

（2）检测方法

采用微卫星分子标记检测方法。具体方法执行附录 A。

（3）群体评价

群体内遗传变异采用期望杂合度进行评价。

（4）检测频率

封闭群鸡每个世代至少进行 1 次遗传质量检测。

2. MHC 单倍型鸡的检测

（1）抽样

种群规模不大于 100 只的，按 10% 的比例抽样；种群规模大于 100 只的，按 25% 的比例抽样，雌雄、日龄不限。

（2）检测方法

采用聚合酶链式反应（PCR）进行检测，目的片段为MHC核心区域的2个片段。具体方法执行附录B。

（3）结果判断

所有样本序列与国际标准序列比对，同源性达100%，判为合格。

（4）检测频率

单倍型鸡每个世代至少进行一次遗传质量检测。

（5）结果判定

测序结果是2个拷贝基因的序列，只要存在符合附录B所列出的对应单倍型的标准序列，即判为该MHC单倍型纯合。

第六节 分析报告

封闭群SPF鸡的微卫星DNA标记检测方法

应用本标准推荐的14个微卫星标记分析了国家禽类种子中心培育保存的BWEL-SPF鸡在F16世代群体内的遗传变异，结果表明长期的近交已经使相当一部分位点（35.7%；5/14）的基因型趋于纯合（>0.90）而被固定下来，群体内等位基因的变异程度显著降低。但在F16代改变传代方式后，多数家系（7/8）的F_{IS}估计值为负值，其中有4个达到了显著水平（$P<0.05$），这表明经过长期垂直传代的家系内的近交在一定程度上得到了缓解。F统计量检验表明，各家系间的遗传分化达到了极显著水平（$P<0.001$），来自群体间的变异为12.9%，表明群体内家系之间的遗传分化曾经达到过较高的水平。通过比较SPF鸡与不同品种鸡在等位基因分布上的差异，我们发现SPF鸡在高度近交传代14世代以后，除了部分位点的基因型趋于纯合外，有较多位点（64.3%；9/14）仅保留了二个或三个优势等位基因，这说明微卫星标记某种程度上反映了特定祖先群体在遗传背景上的固有差异。

（一）基因组DNA提取

翅静脉采集血液，用柠檬酸钠抗凝血，采用常规的酚氯仿抽提法提取基因组DNA。

（二）微卫星DNA标记

根据联合国粮农组织（FAO）推荐的用于鸡遗传多样分析的15对微卫星标记，引物进行荧光素标记，依据荧光素将所有引物分成3个组合，同组合内的位点可同时检测。引物信息见表1。

表1 封闭群SPF鸡遗传学检测的微卫星标记信息

组合	标记	引物序列（5′–3′）	片段大小（bp）	荧光素标记	退火温度（℃）
A	ADL0268	CTCCACCCCTCTCAGAACTA	112~116	FAM	60
		CAACTTCCCATCTACCTA CT			
	ADL0278	CCAGCAGTCTACCTYTCCTAT	112~122	HEX	60

续表

组合	标记	引物序列（5′-3′）	片段大小（bp）	荧光素标记	退火温度（℃）
		TGTCATCCAAGAACAGTGTG			
	LEI0094	GATCTCACCAGTATGAGCTGC	246~262	FAM	58
		TCTCACACTGTAACACAGTGC			
	MCW0216	GGGTTTTACAGGATGGGACG	146~148	FAM	60
		AGTTTCACTCCCAGGGCTCG			
	MCW0248	GTTGTTCAAAAGAAGATGCATG	214~218	FAM	61
		TTGCATTAACTGGGCACTTTC			
	MCW0069	GCACTCGAGAAAACTTCCTGCG	156~170	HEX	59
		ATTGCTTCAGCAAGCATGGGAGGA			
B	MCW0081	GTTGCTGAGAGCCTGGTGCAG	114~134	FAM	58
		CCTGTATGTGGAATTACTTCTC			
	MCW0222	GCAGTTACATTGAAATGATTCC	219~221	FAM	58
		TTCTCAAAACACCTAGAAGAC			
	MCW0295	ATCACTACAGAACACCCTCTC	88~100	FAM	62
		TATGTATGCACGCAGATATCC			
	LEI0166	CTCCTGCCCTTAGCTACGCA	345~355	FAM	60
		TATCCCCTGGCTGGGAGTTT			
	LEI0234	ATGCATCAGATTGGTATTCAA	217~299	HEX	58
		CGTGGCTGTGAACAAATATG			
	MCW0037	ACCGGTGCCATCAATTACCTATTA	151~155	FAM	59
		GAAAGCTCACATGACACTGGGAAA			
	MCW0111	GCTCCATGTGAAGTGGTTTA	99~107	FAM	55
		ATGTCCACTTGTCAATGATG			
	MCW0016	ATGGCGCAGAAGGCAAAGCGATAT	143~147	HEX	57
		TGGCTTCTGAAGCAGTTGCTATGG			
C	LEI0258	TCGGGAAAAGATCTGAGTCATTG	206~555	FAM	58
		TGATTTTCAGATCGCGTTCCTC			

（三）PCR 反应体系

反应程序为：95℃ 5min；94℃ 30s，50~64℃ 30s，72℃ 30s，30~35 个循环；72℃ 10min；4℃保存。PCR 反应体系见表 2。

表 2　封闭群 SPF 鸡遗传质量检测 PCR 反应体系

试剂	数量（μL）	单位
10 × buffer	1.5	1.5mmol/L
dNTP	1.2	2.5mmol/μL
Primer mix	0.25	10pmol/μL
DNA 模板	2	50ng/μL
Taq polymerase	0.25	2.5U/μL
ddH_2O	9.8	
总计	15	

（四）PCR 产物的检测

用灭菌去离子水将 PCR 扩增产物适量稀释。取稀释产物 2μL 和含分子量标准的上样缓冲液 8μL 混合，95℃变性 5min，立即置于冰上。5min 后，在 ABI3130DNA 测序仪选择 Data Collection 程序，电泳，收集荧光信号，形成胶图。应用 GeneMapper 软件进行数据提取、分子量标准设定和 PCR 产物片段大小的计算，判定基因型。或者将 PCR 产物直接送商业化公司测序。

（五）数据分析

采用 Excel Microsatellite Toolkit（version 3.1）软件计算群体内的期望杂合度（*He*），主要是根据种群内优势等位基因的分布频率来推算。

$$He=1-\sum_{i=1}^{n}P_i^2$$

式中 n 表示该位点的等位基因数，P_i 为第 i 个等位基因在群体中的基因频率。

二、MHC 单倍型 SPF 鸡群的 PCR 检测方法

本标准分别采用 BF 基因的第 2 和 3 外显子作为 MHC 单倍型的监测标准。利用本标准设计的引物，已成功用于国家禽类实验动物种子中心选育 MHC 单倍型鸡 B2、B19、B5、B13、B15 和 B21 等 6 个品系，比较已公布的 14 种 MHC-B 单倍型氨基酸序列，可知各单倍型的变化主要存在于 α 链 N 端的 α1 和 α2 结构域的范围，即第 2 和第 3 外显子，其余部分较为保守，成为世代遗传学监测的主要手段。鸡群血样基因组 DNA 的提取常用苯酚 - 氯仿法。

（一）鸡群血样基因组 DNA 的提取

常规苯酚 - 氯仿法提取基因组 DNA。

（二）引物序列

片段（1）：2-F　5′-CCGTGGGATCCTCAGACC-3′

　　　　　2-R　5′-CGGCACTGCGCCATGGAG-3′

扩增片段 384 bp。

片段（2）：3-F　5′-CTGTGTTTCAGGGTCTCACAC-3′

　　　　　3-R　5′-GCAGGACAAGGTCAGGATC-3′

扩增长度为442bp。

（三）PCR扩增

扩增体系均为30mL，其中模板基因组DNA（50ng/mL）2mL，上下游引物（10pmol/mL）各0.6mL，2×GC Buffer II（Mg^{2+} Plus）15mL，dNTP Mixture（2.5mmol/L each）3mL，LA Taq（2.5U/mL）0.5mL，ddH_2O补足30mL。

PCR反应程序为：94℃ 5min，35个循环（94℃ 30s，56.4℃ 30s，72℃ 30s），72 ℃ 7min，4℃保存。

（四）PCR产物的直接测序及序列分析

PCR反应结束后，用0.8%的琼脂糖凝胶电泳检测，将检测合格的PCR产物直接测序。序列分析软件为Chromas 2.0、MEGA 4.0和Lasergene DNAStar 7.0。Chromas 2.0用于查看和编辑序列，MEGA 4.0用于序列比对，DNAStar 7.0用于比对序列和序列相似性分析。

（五）不同MHC单倍型SPF鸡的标准序列

1. B2单倍型

片段（1）

*CGTGGGATCCTCAGACC*CACACCCGCGGCTCACGGCCCCGCTGCGCTCCGTCCCCGCAGAGCTCCATACCCTGCGGTACATCTCTACGGCGATGACGGATCCCGGCCCCGGGCAGCCGTGGTACGTGGACGTGGGGTACGTGGACGGGGAACTCTTCACGCACTACAACAGCACCGCTCGGAGGGCTGTGCCCCGCACCGAGTGGATAGCGGCCAACACGGACCAGCAGTACTGGGACAGAGAGACGCAGATCGCACAGGGCAATGAGCAGATTGACCGCGAGAACCTGGACATACGGCAGCAGCGCCACAACCAGACCGGCGGTGAGCACGGCCGGGGCCGCGGCTCCGTGGGTGTGGGATGGA*CTCCATGGCGCAGTGCCG*

片段（2）

*CTGTGTTTCAGGGTCTCACAC*GGCGCAGTGGATGTACGGCTGTGACATCCTCGAGGACGGCACCATCCGGGGGTATCATCAGATGGCCTGCGATGGGAGAGACTTCATTGCCCTCGCTGAAGACATGAAGACGTTCACTGCAGCAGTTCCAGAGGCAGTTCCCACCAAGAGGAAATGGGAGGAAGGAGGTTATGCTGAGAGGAAGAAGCAGTACC-TGGAGGAAACCTGCGTGGAGGGGCTGCGGAGATACGTGGAATACGGGAAGGCTGAGCTGGGCAGGAGAGGTGAGCAGGGT--------GGGGGGGGGC------CGCAGTGTGGGGCTGGACGTGGGCCGGGGGCTCAGTGTGGGGAGCTCAGCCCGGCCCTCATTGCCACCCGCCT-GCAGAGCGGCCTGAGGTGCGAGTGTGGGGGAAGGAGGCCGACGG*GATCCTGACCTTGTCCTGC*

2. B5单倍型鸡的标准序列

片段（1）

*CCGTGGGATCCTCAGACC*CCCACCCGCGGCTCACGGCCCCGCTGCGCTCCGCCCCCGCAGAGCTCCATACCCTGCGGTACATCCATACGGCGATGACGGATCCCGGCCCCGGGCAGCCGTGGTACGTGGACGTGGGGTATGTGGACGGGGAACTCTTCGTGCACTACAACAGCACCGCGCGGAGGTACGTGCCCCGCACCGAGTGGATGGCGGCCAAGGCGGACCAGCAGTACTGGGATGAACAGACGCAGATCGCACAGGGCAATGAGCGGAGTGTGAAAGTGAGCCTGGACACACTGCAGGAACGATACAACCAGACCGGCGGTGAGCACGGCCGG

GGCCGCGGCTCCGTGGGTGTGGGATGGG*CTCCATGGCGCAGTGCCG*

片段（2）

*CTGTGTTTCAGGGTCTCACAC*GGCGCAGTGGATGTACGGCTGTGACATCCTCGAGG
ACGGCACCATCCGGGGGTATCATCAGGAGGCCTACGATGGGAGAGACTTCATTGCCTT
CGACAAAGGCACGATGACGTTCACTGCGGCAGTTCCAGAGGCAGTTCCCACCAAGA
GGAAATGGGAGGAAGGAGGTGTTGCTGAGGGGCGGAAGCAGTACCTGGAGGAAACC
TGTGTGGAGTGGCTGCGGAGATACGTGGAATATGGGAAGGCTGAGCTGGGCAGGAGA
GGTGAGTGGGGTGGAGGGGGGGCCACGGTGTGGGGCTGGACATGGGGCGGGGGCTC
AGCGTGGGGATCTCAGCCCGGCCCTCACTGCCACCCGCCCGCAGAGCGGCCCGAGGT
GCGAGTGTGGGGGAAGGAGGCCGACGG*GATCCTGACCTTGTCCTGC*

3. B13 单倍型鸡的标准序列

片段（1）

*CCGTGGGATCCTCAGACC*CCCACCCGCGGCTCACGGCCCCGCTGCGCTCCGCCCC
CGCAGAGCTCCATACCCTGCGGTACATCCATACGGCGATGACGGATCCCGGCCCCGGG
CAGCCGTGGTACGTGGACGTGGGGTATGTGGACGGGGAACTCTTCGTGCACTACAAC
AGCACCGCGCGGAGGTACGTGCCCCGCACCGAGTGGATGGCGGCCAAGGCGGACCA
GCAGTACTGGGATGGACAGACGCAGATCGGACAGCGCAATGAGCGGAGTGTGAAAG
TGAGCCTGGACACACTGCAGGAACGATACAACCAGACCGGCGGTGAGCACGGCCGG
GGCCGCGGCTCCGTGGGTGTGGGATGGG*CTCCATGGCGCAGTGCCG*

片段（2）

*CTGTGTTTCAGGGTCTCACAC*GGTGCAGTGGATGTTCGGCTGTGACATCCTCGAGG
ATGGCACCATCCGGGGGTATCGTCAGGTGGCCTACGATGGGAAAGACTTCATTGCCTT
CGACAAAGACATGAAGACGTTCACTGCGGCAGTTCCAGAGGCAGTTCCCACCAAGA
GGAAATGGGAGGAAGGAGGTGTTGCTGAGGGGTGGAAGAGTTACCTGGAGGAAACC
TGCGTGGAGTGGCTGCGGAGATACGTGGAATACGGGAAGGCTGAGCTGGGCAGGAG
AGGTGAGTGGGGTGGGGGGGGGCCGCGGTGTGGGGCTGGACGTGGGGCGGGGGC
TCAGCGTGGGGAGCTCAGCCCGGCCCTCATTGCCACCTGCCTGCAGAGCGGCCTGAG
GTGCGAGTGTGGGGGAAGGAGGCCGACGG*GATCCTGACCTTGTCCTGC*

4. B15 单倍型鸡的标准序列

片段（1）

*CGTGGGATCCTCAGACC*CCCACCCGCGGCTCACGGCCCCGCTGCGCTCCGCCCCC
GCAGAGCTCCATACCCTGCGGTACATCCATACGGCGATGACGGATCCCGGCCCCGGGC
AGCCGTGGTACGTGGACGTGGGGTATGTGGACGGGGAACTCTTCGTGCACTACAACA
GCACCGCGCGGAGGTACGTGCCCCGCACCGAGTGGATGGCGGCCAAGGCGGACCAG
CAGTACTGGGATGGACAGACGCAGATCGGACAGCGCAATGAGCGGAGTGTGAAAGT
GAGCCTGGACACACTGCAGGAACGATACAACCAGACCGGCGGTGAGCACGGCCGGG
GCCGCGGCTCCGTGGGTGTGGGATGGG*CTCCATGGCGCAGTGCCG*

片段（2）

*CTGTGTTTCAGGGTCTCACAC*GGTGCAGTGGATGTTCGGCTGTGACATCCTCGAGGATGGCACCATCCGGGGGTATCGTCAGGTGGCCTACGATGGGAAAGACTTCATTGCCTTCGACAAAGACATGAAGACGTTCACTGCGGCAGTTCCAGAGGCAGTTCCCACCAAGAGGAAATGGGAGGAAGGAGGTGTTGCTGAGGGGTGGAAGAGTTACC-TGGAGGAAACCTGCGTGGAGTGGCTGCGGAGATACGTGGAATACGGGAAGGCTGAGCTGGGCAGGAGAGGTGAGTGGGGT--------GGGGGGGGGC------CGCGGTGTGGGGCTGGACGTGGGGCGGGGGCTCAGCGTGGGGAGCTCAGCCCGGCCCTCATTGCCACCTGCCT-GCAGAGCGGCCCGAGGTGCGAGTGTGGGGGAAGGAGGCCGACGG*GATCCTGACCTTGTCCTGC*

5. B19 单倍型鸡的标准序列

片段（1）

*CCGTGGGATCCTCAGACC*CCCACCCGCGGCTCACGGCCCCGCTGCGCTCCGCCCCCGCAGAGCTCCATTCCCTGCGGTACGTCCATACGGCGATGACGGATCCCGGCCCCGGGCTGCCGTGGTTCGTGGACGTGGGGTACGTGGACGGGGAACTCTTCGTGCACTACAACAGCACCGCGCGGAGGTACGTGCCCCGCACCGAGTGGATGGCGGCCAACACGGACCAGCAGTACTGGGATGGACAGACGCAGATCGGACAGGGCAATGAGCGGAGTGTGAAAGTGAGCTTGAACACACTGCAGGAACGATACAACCAGACCGGCGGTGAGCACGGCCGGGGCCGCGGCTCCGTGGGTGTGGGATGGG*CTCCATGGCGCAGTGCCG*

片段（2）

*CTGTGTTTCAGGGTCTCACAC*GGTGCAGCTGATGTACGGCTGTGACATCCTCGAGGATGGCACCATCCGGGGGTATCATCAGACAGCCTACGATGGGAGAGACTTCATTGCCTTCGACAAAGGCACGATGACGTTCACTGCGGCAGTTCCAGAGGCAGTTCCCACCAAGAGGAAATGGGAGGAAGGAGGTGTTGCTGAGAGGTGGAAGAGTTACC-TGGAGGAAACCTGCGTGGAGGGGCTGCGGAGATATGTGGAATACGGGAAGGCTGAGCTGGGCAGGAGAGGTGAGCGGGGTCGGGGTGGGGGGGGGGGGG--CGGACGCAGTGTGGGGCTGGACGTGGGGCGGGGGCTCATCGTGGGGAGCTCAGCCCGGCCCTCACTGCCGCCCACCC-ACAGAGCGGCCTGAGGTGCGAGTGTGGGGGAAGGAGGCTGACGG*GATCCTGACCTTGTCCTGC*

6. B21 单倍型鸡的标准序列

片段（1）

*CCGTGGGATCCTCAGACC*CCCACCCGCGGCTCACGGCCCCGCTGCGCTCCGCCCCCGCAGAGCTCCATACCCTGCGGTACATCCATACGGCGATGACGGATCCCGGCCCCGGGCAGCCGTGGTACGTGGACGTGGGGTATGTGGACGGGGAACTCTTCGTGCACTACAACAGCACCGCGCGGAGGTACGTGCCCCGCACCGAGTGGATGGCGGCCAAGGCGGACCAGCAGTACTGGGATGGACAGACGCAGATCGGACAGCGCAATGAGCGGAGTGTGAAAGTGAGCCTGGACACACTGCAGGAACGATACAACCAGACCGGCGGTGAGCACGGCCGGGGCCGCGGCTCCGTGGGTGTGGGATGGG*CTCCATGGCGCAGTGCCG*

片段（2）

*CTGTGTTTCAGGGTCTCACAC*GGTGCAGTGGATGTTCGGCTGTGACATCCTCGAGGATGGCACCATCCGGGGGTATCGTCAGGTGGCCTACGATGGGAAAGACTTCATTGCCTTCGACAAAGACATGAAGACGTTCACTGCGGCAGTTCCAGAGGCAGTTCCCACCAAGAGGAAATGGGAGGAAGGAGGTGTTGCTGAGGGGTGGAAGAGTTACC-TGGAGGAAACCTGCGTGGAGTGGCTGCGGAGATACGTGGAATACGGGAAGGCTGAGCTGGGCAGGAGAGGTGAGTGGGGTGGGGGGGGGCCGCGGTGTGGGGCTGGACGTGGGGCGGGGGCTCAGCGTGGGGAGCTCAGCCCGGCCCTCATTGCCACCTGCCT-GCAGAGCGGCCCGAGGTGCGAGTGTGGGGGAAGGAGGCCGACGG*GATCCTGACCTTGTCCTGC*

第七节 国内外同类标准分析

本标准推荐的封闭群SPF鸡遗传学检测所用微卫星位点，来自世界粮农组织家畜确定的MHC单倍型鸡群采用国际公认的MHC核心基因进行检测，核苷酸序列完全比对国内外学者公认的序列。根据该方法对国家禽类实验动物种子中心培育保存的BW/G（n）品系的鉴定结果，已在国际SCI收录期刊发表，得到了国际同行的认可。

第八节 与法律法规、标准关系

与国内现行法律、法规和强制性标准没有冲突关系。

第九节 重大分歧的处理和依据

在本标准起草、修订和征求意见过程中，未出现重大意见分歧。

第十节 作为推荐性标准的建议

本标准建议为推荐性标准。

第十一节 标准实施要求和措施

建议由中国实验动物学会会同各省级实验动物质量检测机构，对全国SPF鸡生产单位和使用单位进行宣贯，并推荐采用本标准。采取技术培训、实验操作的方式，对相关鸡场和检测机构进行培训。

第十六章　T/CALAS 17—2017《实验动物 SPF 鸭配合饲料》实施指南

第一节　工作简况

根据中国实验动物学会实验动物标准化专业委员会有关文件及 GB/T 16733—1997《国家标准制定程序的阶段划分及代码》和《采用快速程序制定国家标准的管理规定》的要求，全国实验动物标准化技术委员会负责编制团体标准《实验动物　SPF 鸭　配合饲料》。该项目由全国实验动物标准化技术委员会（SAC/TC281）技术审查，由中国实验动物学会归口管理。

制定本标准的目的，是为了保障我国 SPF 鸭生产单位和使用单位饲养的鸭饲料营养，提高饲料安全，提升饲料的可靠性，完善行业的规范性，降低饲料可能的危害风险，为保证 SPF 鸭健康，以及利用 SPF 鸭开展的动物实验结果的重复性和稳定性提供基础。

第二节　工作过程

本标准由中国实验动物学会实验动物标准化专业委员会提出，中国农业科学院哈尔滨兽医研究所、中国军事医学科学院实验动物中心和济南斯帕法斯家禽有限公司按照团体标准研制要求和编写工作的程序，组成了由单位专家和专业技术人员参加的编写小组，制定了编写方案，并就编写工作进行了任务分工。

2015 年 9 月，召开了本课题启动会和第一次研讨会，明确了分工、内容，对进度做出了安排。

2015 年 10 月，完成了对收集到的国内外相关标准及相关资料数据的整理、分析，为计算 SPF 鸭各阶段配合饲料的营养成分提供基础参数。

2015 年 11 月，采集了中国农业科学院哈尔滨兽医研究所国家种子中心及北京科澳协力饲料有限公司 SPF 鸭饲料样品，并检测了常规饲料成分，为制定配合饲料标准积累生产实践数据。

2015 年 12 月，通过咨询专家，对 SPF 鸭配合饲料标准框架及指标内容的建议和意见，并且结合我们查阅的资料和研究结果，确定了标准框架及指标内容，初步将不同生产或生长阶段分为育雏期、育成期、产蛋前期和产蛋高峰期四个阶段。

2016 年 1 月，参考肉鸭 NRC（1994）数据以及种子中心多年来积累的实测数据，课题组确定了 SPF 鸭各阶段料营养水平。

2016 年 3 月，通过 Email 方式向实验动物研究、动物营养、鸭培育及饲养等相关领域的专家征求对研究稿及其编写说明的修改意见。

2016 年 4 月，根据专家返回的修改意见和建议，进行逐条修改，并完成专家意见的汇总处理。

2016 年 10 月，按照团体标准的要求，修改征求意见稿和编制说明的格式及内容。

2016 年 10 月，在中国实验动物学会广西年会上公开征求意见。共收集意见或建议 19 个，参照汇总后的修改意见，对本标准逐条进行修改和审视。编制组根据专家提出的修改意见和建议，采纳 18 个，未采纳 1 个，同时对标准格式进行了规范，最终形成标准送审稿。

2017 年 2 月，全国实验动物标准化技术委员会在北京召开了标准送审稿专家审查会。会议由全国实验动物标准化技术委员会的委员组成审查组，认真讨论了标准送审稿编制说明、征求意见汇总处理表，提出了修改意见和建议。与会专家认为本标准规范可行，是国标的有力补充，一致同意通过审查。会后，编制组根据与会专家提出的修改意见，经对团体标准整理修改后形成标准送审稿、标准送审稿编制说明和征求意见汇总处理表。

2017 年 5 月，本标准经中国实验动物学会第六届理事会常务理事会第八次会议审议通过，批准发布，于 2017 年 5 月 19 日起正式实施。

第三节 编写背景

SPF 鸭排除了特定病原体的干扰，其机体、胚胎及胚细胞被广泛应用于肿瘤免疫学、药物学、毒理学、血清和疫苗制造，以及病原微生物学鉴定等方面，因此在国内外普遍使用。针对 SPF 鸭的特殊生长状况和生长环境，国内现行的标准中没有对 SPF 鸭的饲料营养水平进行规范，其饲养标准化的研究落后于国外，限制了在生命科学方面的应用，相关科研成果也很难得到国际上的认可。由于不同饲养单位没有统一的饲料标准，造成鸭群健康状况参差不齐、繁殖性能不够稳定等不良后果。因此，对 SPF 鸭的饲料营养进行规范，制订与国际接轨、并符合我国目前研究水平和应用要求的 SPF 鸭配合饲料标准，为试验结果及其产品质量提供保障，进而满足生命科学研究的需要，为医疗、医药行业服务。

第四节 编制原则

本部分以国务院批准 1988 年国家科委 2 号令公布的《实验动物管理条例》和 1997 年国家科学技术委员会和国家技术监督局联合颁布的《实验动物质量管理办法》为依据，同时参考商品蛋鸭的营养需要量制定而成。

尽管 SPF 鸭与商品蛋鸭在消化生理和相对营养需要量方面有相似之处，但 SPF 鸭的无菌环境、使用目的的差异导致其具有一定的特殊性。且目前没有蛋鸭的饲养标准，从美国 NRC（1994）及中华人民共和国商业行业标准 SB/T 10262—1996《生长鸭、产蛋鸭、肉用仔鸭配合饲料标准的需要量》可以看出，SPF 鸭饲料标准阶段一般分为四个阶段。

生产上，SPF 鸭仅供实验使用，饲养规模较小，各个阶段鸭的采食量远低于普通商品鸭，饲喂量小，不利于饲料的生产和灭菌处理。因此结合生产实际，对 SPF 鸭研究单位和培育单位配合饲料的阶段划分情况，及参照鸭对营养需要有明显差异的生长阶段和生理阶段，考虑以育雏期、育成期、产蛋前期和产蛋高峰期四个阶段划分。

第五节 内 容 解 读

一、SPF 鸭配合饲料的阶段划分

中华人民共和国商业行业标准 SB/T 10262—1996《生长鸭、产蛋鸭、肉用仔鸭配合饲料》、中华人民共和国农业行业标准 NY/T 2122—2012《肉鸭饲养标准》等都是用于畜牧生产中指导蛋鸭饲养和营养需要量的最低标准，且集中在产蛋期，产蛋阶段分得很细，这与商品蛋鸭快速生长和追求经济效益最大化相适应。

SPF 鸭主要用于生物医学研究，因此有其特殊性，不能照搬商品蛋鸭的营养标准。主要以稳定生长和生产性能为目的，可以适当通过控制采食量达到满足各种阶段营养需要量的目的。我国目前还没有蛋鸭营养需要及饲养标准，因此急需对蛋鸭和 SPF 鸭的需要进行规范，拟采用四阶段饲喂：育雏期、育成期、产蛋前期和产蛋高峰期。

二、SPF 鸭配合饲料营养指标的确定

考虑 SPF 鸭无菌环境，肠道菌群的特殊性，以及导致饲料消化率受限的影响；以及活动受限，产蛋量和蛋重降低的现象；为了达到与一般饲养环境下的鸭相同的生产水平，相应添加亚油酸，提高能量、蛋白质和钙的比例。

三、SPF 鸭配合饲料营养水平的确定

SPF 鸭的饲料营养水平借鉴 NRC（1994）、本研究单位中国农业科学院哈尔滨兽医研究所依托的国家种子中心、中国农业科学院北京畜牧兽医研究所积累的数据以及课题组对鸭生长和产蛋性能的实测数据，确定育雏期、育成期、产蛋前期和产蛋高峰期四个阶段的营养水平。

四、加工、消毒过程及保质期内贮存造成配合饲料营养成分损失的考虑

配合饲料加工过程中通常需要制粒或膨化。制粒或膨化由于其特有的热加工工艺条件，能够使淀粉糊化，蛋白质变性，改善饲料的适口性，提高其消化吸收率，甚至能杀灭其中的微生物，达到消毒目的；但同时也破坏了饲料中的维生素、酶等热敏成分。根据有关报道，维生素 C、维生素 K3、维生素 B1、维生素 B6、维生素 A、维生素 E、维生素 D3 较为敏感，其中维生素 C 和维生素 K3 损失最高可达 75%~80%。而制粒或膨化对饲料中蛋白质、氨基酸、脂肪、淀粉、矿物元素等影响不大。

根据《实验动物　配合饲料卫生标准》，实验动物配合饲料常常需要进行灭菌处理，常用的有 Co^{60} 辐照灭菌、高温高压蒸汽灭菌、微波灭菌、饲料加工工艺灭菌等。高压蒸汽灭菌较为彻底，但是对营养成分破坏较大，尤其是一些热敏成分，如维生素等，蛋白质的品质也会降低。

另外，贮存条件和时间对维生素的保存也有影响。Christian 测定了维生素 A 在不同条件下贮存 3 个月的保存率，低温低湿条件下为 88%，高温低湿条件下为 86%，高湿高温条件下为 2%。经过制粒加工、存贮 8 个月的饲料中各种维生素的活性总存留率，其中最低的为维生素 K，只有 36% 的存留率，最高的为维生素 B2，可存留 86%，相差 1 倍多。经过预混、加工（调质、制粒）、干燥、包装以及较长时间的贮存（8 个月），总存留率较高的有维生素 B2、维生素 B12、泛酸钙、维生素 E，达 70% 以上，总存留率最低的是维生素 K，只有 15%，总存留率较低的有维生素 A、维生素 D3、叶酸、维生素 B1，在 45%~60% 之间变化。实验动物配合饲料贮存时间一般规定为 2~3 个月，在确定 SPF 鸭配合饲料营养素水平时，需要考虑贮存过程对饲料中营养物质特别是维生素的损失。

综上，在确定配合饲料营养素水平时，为了使 SPF 鸭采食时饲料中的营养素满足其需要，一定要给予一个安全裕量，以补充配合饲料中营养素特别是维生素在加工过程、消毒过程以及保质期内贮存期间造成的损失。

五、SPF 鸭配合饲料除营养成分外的质量要求、营养成分测定及卫生要求

配合饲料的质量要求（质量要求总原则、饲料原料质量要求、检测规则、标签、包装、贮存、运输）应符合 GB/T 14924.1—2001 中的规定；配合饲料营养成分测定按 GB/T 14924.9—2001、GB/T 14924.10—2008、GB/T 14924.11—2001、GB/T 14924.12—2001 执行；配合饲料卫生要求应符合 GB 13078—2001 中的规定。

第六节 分 析 报 告

参照本标准限定的营养成分进行配比，配制得到的饲料应用于各个时期的 SPF 鸭，与原有饲料进行比较后得出：新的饲料配方能够显著提高育雏期 SPF 鸭的生长性能，降低死亡率；能够显著提高育成期 SPF 鸭的料重比，增加饲料转化率；能够显著提高产蛋前期和产蛋高峰期 SPF 鸭的产蛋率和孵化率，降低死淘率。以产蛋量为例，新的饲料较原有饲料高出 3%，一只鸭产蛋周期平均多产 9 枚蛋，如果进行推广，中国农业科学院哈尔滨兽医研究所 1000 只 SPF 鸭能够增产 9000 枚蛋，直接经济效益预计可达 18 万。

第七节 国内外同类标准分析

国内和国际上没有 SPF 鸭配合饲料标准，无法采用。

《鸭的营养需要》（NRC，1994）规定了肉鸭 0~2 周、2~7 周和种鸭的饲养和营养需要量的最低标准，且非全期标准。

中华人民共和国商业行业标准 SB/T 10262—1996《生长鸭、产蛋鸭、肉用仔鸭配合饲料标准》、安徽省地方标准 DB34/T 300—2002《产蛋鸭的饲养管理》、中华人民共和国农业行业标准 NY/T 2122—2012《肉鸭饲养标准》都是针对肉用鸭进行的规范，缺少蛋鸭的相应标准，仅作为借鉴。

第八节 与法律法规、标准关系

本部分参考国家质量监督检验检疫总局《实验动物 配合饲料通用质量要求》、《实验动物 配合饲料卫生标准》等标准和国内外鸭营养需要量[如美国 NRC（1994）、中华人民共和国商业行业标准 SB/T 10262—1996《生长鸭、产蛋鸭、肉用仔鸭配合饲料》等]等营养数据，结合我国 SPF 鸭的生长和繁殖特点以及各地在培育 SPF 鸭的生产实际情况，在综合分析相关的饲养实验数据和营养需要量研究成果的基础上制定。在标准中，规定了 SPF 鸭配合饲料的质量要求、营养成分要求、卫生要求、检测规则以及标签、包装、贮存和运输要求。

本部分的编写在格式上采用 GB/T1.1—2009《标准化工作导则》第一部分：标准的结构和编写规则的规定。

第九节 重大分歧的处理和依据

从标准结构框架和制定原则的确定、标准的引用、有关技术指标和参数的试验验证、主要条款的确定直到标准草稿征求专家意见（通过函寄和会议形式多次咨询和研讨），均未出现重大意见分歧的情况。

第十节 作为推荐性标准的建议

本标准建议，质量要求和日粮常规营养成分水平为强制性条款，其余为推荐性条款。因为质量要求和日粮常规营养成分水平是保证 SPF 鸭生理健康、体况正常的根本，否则将可能影响到 SPF 鸭用于实验研究及其所获得数据的准确性，而其他条款则没有这么重要，故建议定为推荐性条款。

第十一节 标准实施要求和措施

建议由中国实验动物学会实验动物标准化专业委员会组织本标准的宣传、推广和实施监督。

第十二节 其他说明事项

一、引用标准

本部分的制定引用了以下文件：

GB/T 10647—2008 《饲料工业术语》

GB 14924.1—2001 《实验动物 配合饲料通用质量标准》

GB 13078—2001 《饲料卫生标准》

GB 13078.1—2006 《饲料卫生标准 饲料中亚硝酸盐允许量》

GB 13078.2—2006 《饲料卫生标准 饲料中赭曲霉毒素 A 和玉米赤霉烯酮的允许量》

GB 13078.3—2007 《配合饲料中脱氧雪腐镰刀菌烯醇的允许量》

GB/T 5918—2008 《饲料产品混合均匀度的测定》

GB/T 14924.9—2001 《实验动物 配合饲料 常规营养成分的测定》

GB/T 14924.10—2008 《实验动物 配合饲料 氨基酸的测定》

GB/T 14924.11—2001 《实验动物 配合饲料 维生素的测定》

GB/T 14924.12—2001 《实验动物 配合饲料 矿物质和微量元素的测定》

NY/T 1448—2007 《饲料辐照杀菌技术规范》

二、标准水平（评估）

本部分在制定时，尽可能做到与国际接轨，同时还考虑到我国 SPF 鸭现有水平和发展的需要。在鸭阶段划分及配合饲料营养要求方面，均从国内外的整体水平进行考虑。

三、必检项和抽检项

考虑到生产实际中的可行性，建议本标准中表 1 常规营养成分及表 2 氨基酸指标为必检项，表 3 维生素及表 4 常量和微量矿物元素指标为抽检项。

参 考 文 献

韩凌霞，刘霄磊，蔡文博，等 . 2011. HBK-SPF 鸭生理生化指标的测定 . 实验动物科学，（2）：44-46.

韩凌霞，肖兵兵，牛成明，等 . 2010. HBK-SPF 鸭生化位点检测方法的建立 . 黑龙江畜牧兽医，（5）：48-49.

文力正，任文陟 . 2008. 我国禽类实验动物研究进展 . 现代农业科技，（13）：258-259，262.

第十七章　T/CALAS 18—2017《实验动物SPF鸭微生物学监测总则》实施指南

第一节　工 作 简 况

本标准由中国实验动物学会提出，中国实验动物学会实验动物标准化技术委员会归口，根据中国实验动物学会实验动物标准化专业委员会（以下简称专委会）有关文件及GB/T 16733《国家标准制定程序的阶段划分及代码》和《采用快速程序制定国家标准的管理规定》的要求，结合实验动物专业具体情况，特制定本工作程序。由中国农业科学院哈尔滨兽医研究所和中国食品药品检定研究院负责起草，主要起草人有韩凌霞、赵丽丽、陈洪岩和贺争鸣。

第二节　工 作 过 程

2015年9月，召开了本课题启动会和第一次研讨会。由课题负责人明确了各子课题的分工，就课题目标、研究内容、课题管理、经费使用、知识产权等几个方面提出了工作设想，并对各子课题的研究进度做出了安排。

2015年10月，完成了对收集到的国内外相关标准及相关资料数据的整理、分析，为整理SPF鸭微生物学监测提供基础参数。

2016年3月，通过Email方式和当面请教的方式向实验动物研究、水禽病和水禽培育等相关领域的专家征求对研究稿及其编写说明的修改意见。

2016年4月，根据专家返回的修改意见和建议，对本研究稿进行逐条修改，并完成专家意见的汇总处理，拟提交给课题主持单位。

2016年10月，本标准在中国实验动物学会广西年会上公开征求意见。

2016年11~12月，由中国实验动物学会面向实验动物行业单位公开征求意见。

2017年1月，起草小组整理汇总专家对本标准征求意见稿提出的问题，共收集意见或建议7个，编制组根据专家提出的修改意见和建议，采纳5个，未采纳2个。同时对标准格式进行了规范，最终形成标准送审稿。

2017年5月，本标准经中国实验动物学会第六届理事会常务理事会第八次会议审议通过，批准发布，于2017年5月19日起正式实施。

第三节 编写背景

鸭在水禽养殖中发挥重要作用，已成为兽医生物制品生产、检定和生命科学研究中重要材料，SPF 鸭及胚的微生物质量尤为重要。国外没有对于 SPF 鸭的微生物质量检测标准和企业标准的报道，国内也没有 SPF 鸭的微生物学检测技术的国家标准和行业标准。目前仅黑龙江省发布了地方标准 DB23/T 1675—2015《无特定病原体鸭微生物学检测技术规范》。

目前国家已发布了若干鸭病病毒的国家标准，包括 GB/T 19438.3—2004《H7 亚型禽流感病毒荧光 RT-PCR 检测方法》、GB/T 19438.4—2004《H9 亚型禽流感病毒荧光 RT-PCR 检测方法》和 GB/T 19438.2—2004《H5 亚型禽流感病毒荧光 RT-PCR 检测方法》等有关禽流感病毒检测技术方法的标准，检测鸭病毒性肠炎病毒的 GB/T 22332—2008《鸭病毒性肠炎病毒分离和鉴定及聚合酶链式反应试验的诊断技术要求》，以及检测禽网状内皮增生病毒（REV）特异性抗体的 NY/T 1247—2006《禽网状内皮增生病诊断技术标准》。项目组参照澳大利亚国家进出口鸭及鸭卵检验检疫技术，结合我国 SPF 鸭的要求，制定 SPF 鸭微生物学监测技术规范，对于保证 SPF 鸭及胚的质量，保障水禽业和兽医生物制品健康发展，具有紧迫的现实意义。

本项目是由中国农业科学院哈尔滨兽医研究所主持承担并完成。

第四节 编写原则

由于国内外均没有关于 SPF 鸭微生物质量检测标准的报道，所以参考国外发达国家进出口鸭及鸭卵检验检疫技术，结合我国国情制定 SPF 鸭微生物学监测技术规范。

法国报道有 SPF 番鸭及番鸭蛋（胚），但是未公布排除的疾病的种类和监测方法。台湾家畜卫生试验所规定 SPF 番鸭群中排除细小病毒、新城疫病毒、禽流感病毒、传染性法氏囊病毒、禽呼肠孤病毒、沙门菌、巴氏杆菌和艾美尔球虫。世界动物卫生组织（OIE）发布的《陆生动物诊断试验和疫苗手册》规定，SPF 鸭应排除禽腺病毒、禽呼肠孤病毒、衣原体、鸭肠炎病毒、鸭肝炎病毒 I 型和 II 型、A 型禽流感病毒、新城疫病毒、网状内皮组织增生症病毒、鸭疫里氏杆菌和沙门菌。新西兰进出口鸭卵需要检疫的疾病种类有禽流感、新城疫、鼻气管鸟杆菌、鸡腹泻沙门菌、肠炎沙门菌、鼠伤寒沙门菌、鹅和番鸭细小病毒、番鸭呼肠孤病毒和衣原体。澳大利亚出口鸭种卵，需要检测的病原有禽流感病毒、新城疫病毒、传染性法氏囊病毒、肠炎沙门氏菌、鹅细小病毒、鸭肠炎病毒、鸭肝炎病毒和沙门菌。

我国文献中报道的现地鸭群中检测出的病原包括新城疫病毒、禽流感病毒、禽网状内皮组织增生症病毒、鸭呼肠孤病毒、禽腺病毒 III 群、鸭肠炎病毒、鸭肝炎病毒、禽外源性白血病病毒、番鸭细小病毒 / 鹅细小病毒、鸭圆环病毒、鸭黄病毒和鸭疫里氏杆菌、鸭大肠杆菌、鸭多杀性巴氏杆菌、沙门菌、鸭支原体、鸭衣原体、鸭球虫等多种致病性病毒、细菌、真菌和寄生虫。

我们根据国内鸭病的流行和发病情况，进行了 SPF 鸭微生物监测技术标准的研究，确定了我国无特定病原体鸭微生物学监测的病原体种类，监测项目包含了鸡白痢沙门菌、多杀性巴氏杆菌、鸭疫里氏杆菌、衣原体、A 型流感病毒、新城疫病毒、产蛋下降综合征病毒、鸭肠炎病毒、I 型鸭肝炎病毒。

第五节 内 容 解 读

一、无特定病原体鸭微生物学监测的病原体种类和检测方法的确定

根据国内文献报道的鸭病流行和发病情况、OIE 公布的鸭病原，以及中国台湾和国外其他国家进出口鸭卵的检疫病原体的种类，中国农业科学院哈尔滨兽医研究所进行了 SPF 鸭微生物监测技术标准的研究，确定了无特定病原体鸭微生物学监测的病原体种类。监测项目有沙门氏菌、多杀性巴氏杆菌、鸭疫里氏杆菌、高致病性禽流感病毒、新城疫病毒、网状内皮组织增生症病毒、产蛋下降综合征病毒、鸭肠炎病毒、鸭肝炎病毒。根据我国现行的标准及 OIE《陆生动物卫生法典》，检测技术主要包括病原微生物的分离鉴定、血清学检测和 PCR 检测病原等手段。具体如下：沙门氏菌按 GB/T 17999.8《SPF 鸡　微生物学监测　第 8 部分：SPF 鸡　鸡白痢沙门氏菌检验》和 OIE 2.7.5 方法进行检测；多杀性巴氏杆菌按 NY/T 563 和 OIE 2.7.11 方法进行检测；网状内皮组织增生症病毒按 NY/T 1247 的方法进行检测；产蛋下降综合征病毒按 NY/T 551 的方法进行检测；鸭肝炎病毒按 NY/T 554 和 OIE 2.7.9 的方法进行检测；鸭肠炎病毒按 GB/T 22332 和 OIE 2.7.10 的方法进行检测；A 型流感病毒按 GB/T 18936 的方法进行检测；新城疫病毒按 GB/T 16550 的方法进行检测。

表 1 《实验动物　SPF 鸭微生物学监测总则》所列检测项目及其流行病学

序号	病原微生物	发病日龄	发病率	传播途径	采样组织
1	沙门菌（Salmonella）	2 周龄内雏鸭	80%	消化道、呼吸道、创口、垂直传播	泄殖腔拭子、肠内容物、卵巢、肝脾、小肠、盲肠
2	多杀性巴氏杆菌（*Pasteurella multocida*）	30 日龄内雏鸭	30%~60%	消化道、呼吸道、创口	泄殖腔拭子、全血、肝、脾、骨髓
3	鸭疫里氏杆菌（*Riemerella anatipestifer*）	1 周龄 ~8 周龄易感，2 周龄 ~3 周龄最易感，成年鸭较少感染	90% 以上	呼吸道、消化道、创口	心血、脑、泄殖腔拭子、血清
4	网状内皮组织增生症病毒（Reticulo endoheliosis virus）	新孵出的雏鸭，低日龄	发病率高	消化道、呼吸道和眼结膜等途径传播，也经种蛋垂直传播	全血、泄殖腔拭子、血清、肝、脾、肾
5	产蛋下降综合征病毒（Egg drop syndrome virus）	26 周龄 ~32 周龄	20%~30%	呼吸道、消化道、垂直传播	泄殖腔拭子、鸭蛋清、抗凝血
6	鸭肝炎病毒（Duck hepatitis virus）	5 周龄以下雏鸭	80%~100%	呼吸道、消化道	肝脏、泄殖腔拭子、

续表

序号	病原微生物	发病日龄	发病率	传播途径	采样组织
7	鸭肠炎病毒（Duck enteritis virus）	7日龄至成年鸭均易感	90%以上	呼吸道、消化道、垂直传播	肛拭子、肝、脾、脑
8	高致病性禽流感病毒（Highly pathogenic avian influenza virus）	15日龄	100%	呼吸道、消化道	气管、脾、肺、肝、肾、脑、咽拭子、泄殖腔拭子、血清
9	新城疫病毒（Newcastle disease virus）	10日龄	20%~60%	消化道、呼吸道、垂直传播	气管、泄殖腔拭子、血清、肺脏、脾脏

二、规定了无特定病原体鸭微生物学监测程序和检测内容

如表1所示，在对需要检测的9种严重影响鸭健康和科研的鸭病流行病学汇总的基础上，规定了SPF鸭的监测程序、取样比例、检测频率和被检组织（图1）。

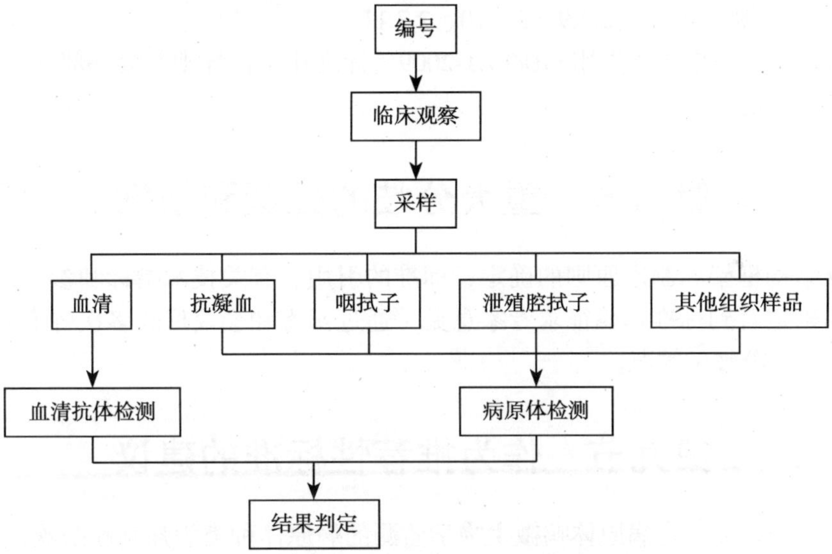

图1 SPF鸭微生物学监测流程示意图

第六节 国内外同类标准分析

国内尚没有SPF鸭微生物监测标准。本标准在编制过程中参照了GB/T 16550《新城疫诊断技术》；GB/T 18936《高致病性禽流感诊断技术》；GB/T 22332《鸭病毒性肠炎诊断技术》；GB/T 17999.8《SPF鸡 微生物学监测》第8部分：SPF鸡 鸡白痢沙门氏菌检验；NY/T 540《鸡病毒性关节炎琼脂凝胶免疫扩散试验方法》；NY/T 541《动物疫病实验室检验采样方法》；NY/T 551《产蛋下降综合征诊断技术》；NY/T《554鸭病毒性肝炎诊断技术》；

NY/T 563《禽霍乱（禽巴氏杆菌病）诊断技术》；NY/T 772《禽流感病毒 RT-PCR 诊断方法；NY/T 1247《禽网状内皮增生病诊断技术》；DB13/T1099《鸭传染性浆膜炎防治技术规程》等技术规范。同时参照了 OIE《陆生动物卫生法典》2.7.5、2.7.9、2.7.10、2.7.11。参考的我国标准的检测方法也包括在 OIE《陆生动物卫生法典》相应的方法中。所以，本标准中参考的试验方法与国际接轨。

第七节 与法律法规、标准关系

本标准在编制过程中引用了 GB/T 16550《新城疫诊断技术》；GB/T 18936《高致病性禽流感诊断技术》；GB/T 22332《鸭病毒性肠炎诊断技术》；GB/T 17999.8《SPF 鸡 微生物学监测》第 8 部分：SPF 鸡 鸡白痢沙门氏菌检验；NY/T 541《动物疫病实验室检验采样方法》；NY/T 550《动物及动物产品沙门氏菌检测方法》；NY/T 551《产蛋下降综合征诊断技术》；NY/T 554《鸭病毒性肝炎诊断技术》；NY/T 563《禽霍乱（禽巴氏杆菌病）诊断技术》；NY/T 772《禽流感病毒 RT-PCR 诊断方法》；NY/T 1247《禽网状内皮增生病诊断技术》；DB13/T1099《鸭传染性浆膜炎防治技术规程》等技术规范。同时引用了 OIE《陆生动物卫生法典》2.7.5、2.7.9、2.7.10、2.7.11。

本部分的编写在格式上采用 GB/T1.1-2009《标准化工作导则》第一部分：标准的结构和编写规则的规定。

第八节 重大分歧的处理和依据

从标准结构框架和制定原则的确定、标准的引用、有关技术指标和参数的试验验证、主要条款的确定直到标准草稿征求专家意见（通过函寄和会议形式多次咨询和研讨），均未出现重大意见分歧的情况。

第九节 作为推荐性标准的建议

本标准建议，无特定病原体鸭微生物学监测的病原体种类为强制性条款，检测方法可根据需要依据推荐标准监测。

第十节 标准实施要求和措施

建议由中国实验动物学会实验动物标准化专业委员会组织本标准的宣传、推广和实施监督。

第十八章　T/CALAS 19—2017《实验动物 SPF 猪遗传质量控制》实施指南

第一节　工作简况

针对国内实验动物行业缺乏“SPF 猪遗传质量控制”的具体情况，本研究提出了《实验动物　SPF 猪遗传质量控制》团体标准的制定。通过本标准，可以对封闭群 SPF 猪群进行群体遗传质量检测和评估，对于实验动物猪群体遗传质量的改善和提高具有指导性意义。该项目由全国实验动物标准化技术委员会（SAC/TC281）技术审查，由中国实验动物学会归口管理。

本标准的编制工作是按照《中华人民共和国国家标准 GB/T1.1 2009 标准化工作导则》第 1 部分“标准的结构和编写规则”的要求进行编写的。在制定过程中参考了国内外相关文献，对所涉及的微卫星位点进行了研究，并在长白猪、大白猪群体中进行了验证，证明了提出的 SPF 猪遗传质量控制标准的适用性。

根据中国实验动物学会实验动物标准化专业委员会（以下简称专委会）有关文件及 GB/T 16733《国家标准制定程序的阶段划分及代码》和《采用快速程序制定国家标准的管理规定》的要求，结合实验动物专业具体情况，特制定本工作程序。由中国农业科学院哈尔滨兽医研究所和中国食品药品检定研究院负责起草，主要起草人有韩凌霞、陆涛峰、高彩霞、陈洪岩、贺争鸣。

第二节　工作过程

本标准由中国实验动物学会实验动物标准化专业委员会提出，中国农业科学院哈尔滨兽医研究所按照团体标准研制要求和编写工作的程序，组成了由单位专家和专业技术人员参加的编写小组，制定了编写方案，并就编写工作进行了任务分工。

编制小组根据任务分工进行了资料收集和调查研究工作，在已有研究基础上，组织编写 SPF 猪遗传质量控制的技术资料，于 2016 年 2 月完成了标准草案的起草工作。

标准草案首先征求中国实验动物学会实验动物标准化专业委员会的意见，2016 年 10 月在南宁召开的第 12 届全国实验动物学术交流会上公开征求了意见，参会专家对标准稿提出了系列修订建议和意见。根据提出的意见编制组对《实验动物 SPF 猪遗传质量控制》标准草案进行修改。结合调研、试验验证，形成本标准征求意见稿。

2016 年 11 月至 12 月，标准征求意见稿在中国实验动物学会网站公开征求意见，共收集意见或建议30个，编制组根据专家提出的修改意见和建议，采纳28个，未采纳2个。经对《实验动物 SPF猪遗传质量控制》团体标准整理修改后，形成标准送审稿、标准送审稿编制说明和征求意见汇总处理表。

2017年2月21日，全国实验动物标准化技术委员会在北京召开了标准送审稿专家审查会。会议由全国实验动物标准化技术委员会的委员组成审查组，认真讨论了标准送审稿编制说明、征求意见汇总处理表，提出了修改意见和建议。与会专家针对本标准一致同意通过审查，并提出了进一步完善的意见。会后，编制组根据与会专家提出的修改意见，经对《实验动物 SPF猪遗传质量控制》团体标准修改完善后，形成标准报批稿、标准报批稿编制说明和征求意见处理汇总表。

2017年5月，本标准经中国实验动物学会第六届理事会常务理事会第八次会议审议通过，批准发布，于2017年5月19日起正式实施。

第三节 编写背景

猪在解剖学、生理学、疾病发生机理等方面与人极其相似，在生命科学研究中具有重要的实用价值。大白猪和长白猪是最重要的商业品系肉用猪，尤其以生长速度快、繁殖力高、适应性强和瘦肉率高的特点而被人们所熟知，是世界上最著名，分布最广的主导瘦肉型猪，在我国乃至全世界范围内均在饲养（Molina et al.，2008；Drew et al.，2011；Lunney et al.，2009）。据调查，国内外很多特有小型猪，如广西巴马小型猪、甘肃蕨麻猪、Yucatan小型猪等，作为实验动物模型广泛应用于动物医学，科学研究，器官移植等诸多方面（张德福等，2009；Smith et al.，2009）；而长白猪，杜洛克和大白猪等为重要的肉用型品种多用于经济性状的选育和保种（潘晚平等，2003），用于SPF级实验动物模型研究更是鲜有报道。而中国农业科学院哈尔滨兽医研究所从加拿大引进100头无猪瘟，猪繁殖与呼吸综合征、猪传染性胃肠炎、猪流感等病原体的SPF猪，其中大白猪和长白猪各50头，大白猪共32窝，长白猪共28窝，进行封闭环境饲养繁育，并运用微卫星标记技术检测两个种群的遗传多样性明确其遗传背景，拟向哈尔滨市及周边多个猪场，科研机构和生物制药企业，研究猪病致病机理和疫苗研制，提供标准的实验动物素材。尽可能地明确实验动物的遗传背景，以便减少个体免疫遗传之间的差异而导致的试验结果偏差。

微卫星标记（microsatellite），又称为短串联重复（short tandem repeats，STR）或简单重复序列（simple sequence repeats，SSR），由2~6个核苷酸的串联重复片段构成，由于重复单位的重复次数在个体和品种间呈高度变异而产生数量丰富的基因型。微卫星DNA标记技术在动物亲缘关系的鉴定、群体遗传结构的分析、特定基因定位、物种的进化和系统发生以及遗传基因连锁图谱的构建等方面具有广泛的应用前景。目前，微卫星DNA标记已经在猪群体遗传结构评估（包劲松等，2000；樊斌等，1999；刘永祥等，2008）、亲缘关系鉴定（吴继法和吴登俊，2001；钱林东等，2010；张春雷等，2010）等方面广泛应用。

本标准参考联合国粮农组织（FAO）和国际动物遗传学会（ISAG）推荐的猪遗传多样性分析的微卫星DNA标记位点，结合NY/T 1673—2008畜禽微卫星DNA遗传多样性检测规程，提出了用于SPF猪检测的30个微卫星位点作为遗传多样性检测标记。具体的，首先合成荧光素标记引物进行 PCR 扩增，PCR 产物经 STR 扫描、分型，然后运用群体遗传分析软件对数据进行处理，计算出样品在各微卫星位点上的基因频率、平均观察等位基因数、平均有效等位基因数、平均杂合度等，为群体遗传多样性评估、品种（系）建立和鉴别提供依据。

第四节　编 写 原 则

本标准参考联合国粮农组织（FAO）和国际动物遗传学会（ISAG）推荐的猪遗传多样性分析的微卫星 DNA 标记位点，建立以封闭群 SPF 猪外周血为样品来源的微卫星 DNA 标记检测方法，为建立相应的分子遗传学监测标准，以及猪种群的遗传背景监测提供依据。

第五节　内 容 解 读

一、SPF 猪排除病原体种类的确定

本标准起草单位主持了“畜禽重大疫病防控与高效安全养殖综合技术研发”国家重点研发专项中“畜禽疫病防控专用实验动物开发”的课题，该课题旨在培育出 SPF 猪和 SPF 犬。在该课题论证阶段，起草单位反复征求了各方面专家的意见，根据国内猪病的流行和发病情况、OIE 公布的猪的病原、《中华人民共和国兽药典》等资料，最终确定了 SPF 猪需要排除病原体种类，包括如下：口蹄疫病毒 A/O 亚型、猪圆环病毒 2 型、猪繁殖与呼吸综合征病毒、猪伪狂犬病病毒、猪瘟病毒、猪细小病毒、猪流行性腹泻病毒、猪传染性胃肠炎病毒、猪流感病毒、猪布鲁氏杆菌、猪痢疾杆菌、猪沙门氏杆菌、猪多杀性巴氏杆菌、猪链球菌 2 型、猪皮肤病原真菌、弓形虫和体外寄生虫。

二、SPF 猪遗传检测微卫星位点的确定

本标准参考联合国粮农组织（FAO）和国际动物遗传学会（ISAG）推荐的猪遗传多样性分析的微卫星 DNA 标记位点，结合 NY/T 1673—2008 畜禽微卫星 DNA 遗传多样性检测规程，提出了将表 1 中的 30 个微卫星位点作为 SPF 猪的遗传质量控制的检测位点。所涉及的 30 个微卫星位点为经典的猪遗传多样性检测的位点，是经过实验验证过的。由于猪的品种繁多，不同品种的微卫星位点可能存在较大差异，具体操作中，建议根据猪群遗传背景，选择具有多态性的位点进行遗传质量检测。

表 1　微卫星位点的相关信息

序号	位点	引物序列（5′–3′）	等位基因分布范围（bp）	等位基因数	退火温度（℃）
1	S0026	AACCTTCCCTTCCCAATCAC CACAGACTGCTTTTTACTCC	156~178	1	55
2	S0155	TGTTCTCTGTTTCTCCTCTGTTTG AAAGTGGAAAGAGTCAATGGCTAT	116~158	1	55

续表

序号	位点	引物序列（5′-3′）	等位基因分布范围（bp）	等位基因数	退火温度（℃）
3	S0005	TCCTTCCCTCCTGGTAACTA GCACTTCCTGATTCTGGGTA	134~168	1	55
4	Sw2410	ATTTGCCCCCAAGGTATTTC CAGGGTGTGGAGGGTAGAAG	81~119	2	50
5	Sw830	AAGTACCATGGAGAGGGAAATG ACATGGTTCCAAAGACCTGTG	149~173	2	50
6	S0355	TCTGGCTCCTACACTCCTTCTTGATG TTGGGTGGGTGCTGAAAAATAGGA	196~215	2	50
7	Sw24	CTTTGGGTGGAGTGTGTGC ATCCAAATGCTGCAAGCG	99~135	3	55
8	Sw632	TGGGTTGAAAGATTTCCCAA GGAGTCAGTACTTTGGCTTGA	115~138	3	55
9	Swr1941	AGAAAGCAATTTGATTTGCATAATC ACAAGGACCTACTGTATAGCACAGG	215~255	3	55
10	Sw936	TCTGGAGCTAGCATAAGTGCC GTGCAAGTACACATGCAGGG	134~158	4	55
11	S0218	GTGTAGGCTGGCGGTTGT CCCTGAAACCTAAAGCAAAG	234-256	4	55
12	S0228	GGCATAGGCTGGCAGCAACA AGCCCACCTCATCTTATCTACACT	93~112	4	55
13	Sw122	TTGTCTTTTTATTTTGCTTTTGG CAAAAAAGGCAAAAGATTGACA	220~247	5	55
14	Sw857	TGAGAGGTCAGTTACAGAAGACC GATCCTCCTCCAAATCCCAT	165~187	5	55
15	S0097	GACCTATCTAATGTCATTATAGT TTCCTCCTAGAGTTGACAAACTT	135~155	5	55
16	Sw240	AGAAATTAGTGCCTCAAATTGG AAACCATTAAGTCCCTAGCAAA	164~186	6	55
17	IGF1	GCTTGGATGGACCATGTTG CATATTTTTCTGCATAACTTGAACCT	256~294	6	55
18	Sw2406	AATGTCACCTTTAAGACGTGGG AATGCGAAACTCCTGAATTAGC	117~131	6	55
19	Sw72	ATCAGAACAGTGCGCCGT TTTGAAAATGGGGTGTTTCC	172~218	7	55
20	S0226	GCACTTTTAACTTTCATGATACTCC GGTTAAACTTTTNCCCCAATACA	172~198	7	55
21	S0090	CCAAGACTGCCTTGTAGGTGAATA GCTATCAAGTATTGTACCATTAGG	227~253	7	55

续表

序号	位点	引物序列（5′-3′）	等位基因分布范围（bp）	等位基因数	退火温度（℃）
22	Sw2008	CAGGCCAGAGTAGCGTGC CAGTCCTCCCAAAAATAACATG	148~170	8	55
23	Sw1067	TGCTGGCCAGTGACTCTG CCGGGGGATTAAACAAAAAG	126~160	8	55
24	S0101	GAATGCAAAGAGTTCAGTGTAGG GTCTCCCTCACACTTACCGCAG	200~210	8	55
25	Sw1828	AATGCATTGTCTTCATTCAACC TTAACCGGGGCACTTGTG	100~104	9	55
26	S0143	ACTCACAGCTTGTCCTGGGTGT CAGTCAGCAGGCTGACAAAAAC	261~289	9	55
27	S0068	AGTGGTCTCTCTCCCTCTTGCT CCTTCAACCTTTGAGCAAGAAC	118~200	9	55
28	S0178	TAGCCTGGGAACCTCCACACGCTG GGCACCAGGAATCTGCAATCCAGT	160~196	10	60
29	Sw911	CTCAGTTCTTTGGGACTGAACC CATCTGTGGAAAAAAAAAGCC	217~255	10	60
30	S0002	GAAGCCAAAGAGACAACTGC GTTCTTTACCCACTGAGCCA	195~229	10	60

第六节 分 析 报 告

为了验证本标准所选择微卫星位点的有效性和标准执行的可操作性，开展了大白猪和长白猪群体遗传质量监测实验。

一、材料与方法

（一）样品采集

研究所用98份猪耳组织样本，引自加拿大，均来自中国农业科学院哈尔滨兽医研究所牧场。其中大白猪和长白猪各49头，所采组织样品均置于无菌的1.5mL EP管中带回实验室，-20℃冰箱保存备用。

（二）试验试剂

2×*Taq* PCR Starmix聚合酶购自GenStar，小剂量基因组DNA提取试剂盒购自Axygen公司，引物根据联合国粮农组织（FAO）和国际动物遗传学会（ISAG）联合推荐的30对微卫星引物中，依据等位基因数的丰富程度、分布在不同染色体的原则，选取了其中的19个微卫星位点，实际试验扩增过程中部分位点退火温度和扩增后分析范围进行微调详细信息见表2，由北京金唯智公司合成，其他试剂均为进口或国分析纯。

表 2 19 对微卫星引物详细信息

分组	位点	序列（5′–3′）	大小（bp）	染色体	荧光标记	退火温度（℃）
1	S0005	TCCTTCCCTCCTGGTAACTA GCACTTCCTGATTCTGGGTA	203~278	5	HEX	65
	S0178	TAGCCTGGGAACCTCCACACGCTG GGCACCAGGAATCTGCAATCCAGT	101~128	8	6FAM	60
	S0218	GTGTAGGCTGGCGGTTGT CCCTGAAACCTAAAGCAAAG	158~205	X	TAMRA	58
2	S0068	CCTTCAACCTTTGAGCAAGAAC AGTGGTCTCTCTCCCTCTTGCT	211~262	13	TAMRA	57
	Sw2410	ATTTGCCCCCAAGGTATTTC CAGGGTGTGGAGGGTAGAAG	90-131	8	6FAM	58
	Sw830	AAGTACCATGGAGAGGGAAATG ACATGGTTCCAAAGACCTGTG	168-230	10	HEX	60
3	S0097	GACCTATCTAATGTCATTATAGT TTCCTCCTAGAGTTGACAAACTT	209~250	4	6FAM	55
	S0143	ACTCACAGCTTGTCCTGGGTGT CAGTCAGCAGGCTGACAAAAAC	150~168	12	TAMRA	57
	Sw122	CAAAAAAGGCAAAAGATTGACA TTGTCTTTTTATTTTGCTTTTGG	106~128	6	HEX	56
4	IGF1	GCTTGGATGGACCATGTTG CATATTTTTCTGCATAACTTGAACCT	193~209	5	TAMRA	58
	Sw2406	AATGTCACCTTTAAGACGTGGG AATGCGAAACTCCTGAATTAGC	221~262	6	HEX	65
	Sw857	TGAGAGGTCAGTTACAGAAGACC GATCCTCCTCCAAATCCCAT	140~159	14	6FAM	58
5	S0155	TGTTCTCTGTTTCTCCTCTGTTTG AAAGTGGAAAGAGTCAATGGCTAT	142~162	1	6FAM	55
	Sw936	TCTGGAGCTAGCATAAGTGCC GTGCAAGTACACATGCAGGG	90~118	15	TAMRA	60
	Swr1941	AGAAAGCAATTTGATTTGCATAATC ACAAGGACCTACTGTATAGCACAGG	202~224	13	HEX	58
6	S0226	GCACTTTTAACTTTCATGATACTCC GGTTAAACTTTTNCCCCAATACA	180~214	2	ROX	61
	S0228	GGCATAGGCTGGCAGCAACA AGCCCACCTCATCTTATCTACACT	220~230	6	TAMRA	57
	S0355	TCTGGCTCCTACACTCCTTCTTGATG TTGGGTGGGTGCTGAAAAATAGGA	242~271	15	HEX	65
	Sw1067	TGCTGGCCAGTGACTCTG CCGGGGGATTAAACAAAAAG	136~176	6	6FAM	62

（三）基因组 DNA 的提取

按照 Axygen 小剂量基因组 DNA 提取试剂盒说明书提取猪耳组织基因组 DNA。将 DNA 溶于去离子水，用 NenoDrop-100 紫外分光光度计测定浓度和纯度，然后再用去离子水稀释至 20ng/μL，置于 –80℃冰箱冻存备用。

（四）PCR 扩增与检验

根据扩增片段的理论值大小每组位点中的片段大小相差至少 10~25bp 并且标记的荧光颜色不发生重叠，将 19 对微卫星引物分为 6 组。PCR 反应体系为 20μL：上、下游引物各 1μL（10mmol/L），2×*Taq* PCR Starmix 聚合酶 10μL，模板 DNA 1μL，ddH_2O 7μL。反应条件为：94℃预变性 5min；94℃变性 30s，55~65℃（分组及不同引物的 Tm 值见表 2）30s，72℃延伸 30s，30 个循环；最后 72℃延伸 7min，10℃保存。扩增产物按组混合加样进行毛细管电泳，并用 GeneMapper V4.0 软件进行数据提取、分子量标准设定和 PCR 产物片段大小的计算，最后根据核心碱基数完成基因型的判定。

（五）统计分析

采用 Excel Microsatellite Toolkit V3.1 软件，计算大白猪和长白猪在 19 个微卫星位点上的等位基因数、杂合度、多态信息含量。利用 GENEPOP V1.2 软件进行群体间的遗传分化和基因型差异的分析[14]。利用 FSTAT V2.9.3 进行 *F*- 检验（Weir and Cockerham，1984）。利用 Structure V2.3 软件分析大白猪和长白猪的遗传分化结构图，所设参数“Burnin Period”和“After Burnin”均为 50 000 次，K 值为 2~5，然后利用 distructure 软件显示图形。

二、结果与分析

（一）扩增结果

PCR 产物经 2% 的琼脂糖凝胶检测，扩增片段大小与预期结果相符。大白猪和长白猪在 19 个微卫星位点分别检测到 84 和 89 个等位基因，每个猪群平均有 4.42 和 4.68 个等位基因，两群体共享 57 个等位基因。19 个位点中 S0005 位点等位基因最多有 14 个；Sw2406 和 S0218 位点等位基因最少各 3 个（表 3）。

表 3 大白猪和长白猪两个群体在 19 个微卫星位点上的杂合度和多态信息含量

位点	大白猪				长白猪			
	等位基因数	有效等位基因数	杂合度	多态信息含量	等位基因数	有效等位基因数	杂合度	多态信息含量
S0005	10.0000	6.2305	0.8395	0.8102	9.0000	4.0355	0.7522	0.7033
S0178	2.0000	1.1786	0.1515	0.1387	7.0000	4.1152	0.7570	0.7078
S0218	3.0000	2.3669	0.5775	0.5071	2.0000	1.0208	0.0204	0.2000
S0068	5.0000	2.1151	0.5272	0.4784	3.0000	1.7109	0.4155	0.3732
Sw2410	2.0000	1.9904	0.4976	0.3712	4.0000	3.5842	0.7210	0.6613
Sw830	5.0000	2.4056	0.5843	0.5055	5.0000	3.7481	0.7332	0.6811
S0097	8.0000	2.2046	0.7099	0.6728	5.0000	1.3548	0.6863	0.6219
S0143	2.0000	2.2578	0.2897	0.2456	3.0000	3.9064	0.6205	0.5452

续表

位点	大白猪				长白猪			
	等位基因数	有效等位基因数	杂合度	多态信息含量	等位基因数	有效等位基因数	杂合度	多态信息含量
Sw122	4.0000	3.0048	0.6547	0.6003	4.0000	3.2873	0.5571	0.5114
IGF1	4.0000	3.4638	0.6808	0.6052	5.0000	3.5791	0.7423	0.6866
Sw2406	3.0000	2.4301	0.5464	0.4399	2.0000	3.0221	0.2619	0.2257
Sw857	5.0000	2.5471	0.5571	0.5214	6.0000	3.1066	0.7440	0.6942
S0155	3.0000	2.8225	0.6672	0.5862	6.0000	2.8944	0.6958	0.6389
Sw936	4.0000	3.8580	0.7113	0.6483	5.0000	1.8409	0.7206	0.6627
Swr1941	6.0000	2.4372	0.5885	0.5584	4.0000	2.7732	0.6691	0.6067
S0226	6.0000	3.4471	0.6074	0.5412	5.0000	3.1878	0.6781	0.6279
S0228	4.0000	1.4079	0.6457	0.5722	4.0000	2.6350	0.6545	0.5807
S0355	4.0000	2.8960	0.7408	0.6842	5.0000	2.2578	0.4568	0.4277
Sw1067	4.0000	3.1328	0.5897	0.5281	5.0000	3.8805	0.6394	0.5818
平均值	4.4211	2.7472	0.5877	0.5271	4.6842	2.9442	0.6066	0.5652

（二）等位基因和杂合度分析

19 个微卫星位点的平均杂合度相对较高，其中长白猪略高于大白猪分别为 0.6066 和 0.5877（见表 2）。大白猪 S0005 位点的杂合度最高 *He*=0.8395，S0178 位点的杂合度最低 *He*=0.1515。Sw2406 位点共检测到 221bp、233bp、251bp3 个等位基因，而 251bp 等位基因仅存在与大白猪群中在长白猪群中没有检测到该等位基因，表明 251bp 等位基因为大白猪特有的等位基因；长白猪 S0178 位点的杂合度最高为 0.7570，S0218 位点的杂合度最低为 0.0204。长白猪群 S0218 位点只检测到 167bp 和 169bp 两个等位基因而 169bp 等位基因仅检测到一次。此外，Sw857 144bp；Sw936 117bp；S0143 168bp；S0155 152bp 和 S0178 109bp 这 5 个位点在两群体中的分布和含量差异极显著。结果表明两群相同位点间的等位基因含量差异极显著，群体内不同位点的杂合度差异较大。

（三）多态信息含量

两个群体中 S0005 位点的多态信息含量最高为 0.8102，S0178 位点多态信息含量最低 0.1387，大白猪和长白猪的平均多态信息含量分别为 0.5271 和 0.5652，差异较小，S0005、S0218、S0068、Sw2410、S0097、Sw122、Sw2406 和 S0355 的多态信息含量在大白猪群普遍高于长白猪群，而其他位点反之（见表 3）。19 个微卫星位点中 S0005 位点的多态性信息含量最高为 0.8696，Sw2406 位点多态信息含量最低为 0.3328，平均多态信息含量为 0.6388（见表 4）。结果表明大白猪和长白猪两个群体的种群内和种群间的多态信息含量差异也很大，且没有表现明显的线性关系。

表 4　19 个微卫星座位的杂合度，多态信息含量和 *F*- 统计

位点	等位基因数	杂合度	多态信息含量	Fis	Fit	Fst	Nm
S0005	14.0000	0.8856	0.8696	−0.0131	0.1727	0.1834	1.1131
S0178	8.0000	0.7144	0.6791	0.0954	0.5674	0.5218	0.2291
S0218	3.0000	0.3607	0.3292	0.1136	0.3710	0.2904	0.6109
S0068	6.0000	0.4778	0.4463	−0.1052	−0.0751	0.0273	8.9075
Sw2410	5.0000	0.7020	0.6570	−0.1914	0.0874	0.2340	0.8184
Sw830	5.0000	0.7400	0.6958	−0.0069	0.1915	0.1970	1.0190
S0097	9.0000	0.7349	0.6933	−0.0087	0.0871	0.0949	2.3844
S0143	4.0000	0.5128	0.4764	−0.0998	0.1226	0.2022	0.9864
Sw122	5.0000	0.7059	0.6496	−0.0105	0.2393	0.2473	0.7609
IGF1	6.0000	0.7421	0.6918	0.0974	0.1677	0.0778	2.9634
Sw2406	3.0000	0.4847	0.3880	−0.0611	0.2407	0.2844	0.6290
Sw857	8.0000	0.7961	0.7627	−0.0039	0.3054	0.3081	0.5614
S0155	6.0000	0.7616	0.7203	−0.0638	0.1384	0.1901	1.0651
Sw936	5.0000	0.7529	0.7082	−0.0408	0.0563	0.0934	2.4267
Swr1941	7.0000	0.7129	0.6682	−0.1048	0.1285	0.2112	0.9337
S0226	6.0000	0.7756	0.7345	−0.0162	0.2801	0.2916	0.6073
S0228	5.0000	0.7467	0.6997	0.1843	0.3694	0.2269	0.8518
S0355	5.0000	0.6495	0.6025	0.0461	0.1833	0.1438	1.4885
Sw1067	6.0000	0.7175	0.6643	0.0373	0.2777	0.2497	0.7512
平均值	6.1052	0.6828	0.6388	0.0080	0.2059	0.2145	1.5320

（四）F- 统计和遗传结构分析

通过微卫星座位的 *F*- 统计以及 Nm 来检验群体间的遗传分化程度和迁移率，结果见表 3。群体的固定指数 F_{st} 为 0.0273~0.5218，均值为 0.2145，而 Fis 和 Fit 指数有正有负，如 S0178、S0218、IGF1、S0228、S0355 和 Sw1067，此 6 个位点的 Fis 值均为正值，而 Fit 除了 S0068 为负值外其他 18 个位点全为正值。Fis 和 Fit 出现正值表明群体基因型分化显著。Nm 为 0.2291~8.9075，平均值为 1.5320。Nm 越小表明群体的遗传结构越相似。群体遗传结构分析表明，两猪群遗传分化结构稳定（见图 1），一方面可能因为它们是纯系品种，另一方面则主要是因为两猪群在 19 个位点的等位基因较少，共享极为有限的等位基因。

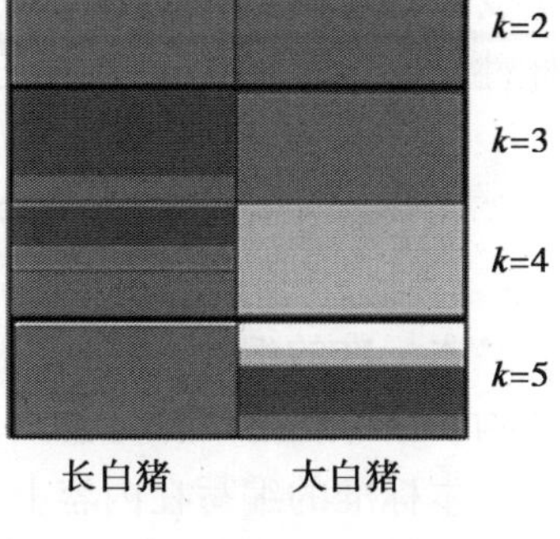

图 1　大白猪和长白猪的遗传结构

Fis 值和 Fit 值均有正有负，表明群体的等位基因和基因型分化显著，主要表现为相同位点的等位基因在不同品种间的分布差异显著。而 F_{st} 值表示群体间的分化程度，F_{st} 值介

于 0.0273 和 0.5218 之间与赵振华等（2007）和杨彤彤等（2008）相比，此次引进种群的分化程度显著低于国内部分纯种猪群（Raymond et al.，1995）。Nm 值越小表示群体间的遗传结构越相似，Nm 的平均值为 1.5320 也显著低于杨彤彤等（2008）对我国部分纯系猪的研究。与国内部分保存的纯系猪相比又一次证明了中国农业科学院哈尔滨兽医研究所引进的两种纯系种群群体内分化较小适合用于实验动物材料，这可能与该种群的长期人工选育有关。

三、讨论

遗传多样性的衡量指标通常为群体的平均杂合度和多态信息含量，本标准制定过程中采纳的结果判定标准是“平均杂合度在 0.5~0.7 时，且期望杂合度与观测杂合度经卡方检验无明显差异时，群体为合格的封闭群猪群体。或者，首先得到各个位点上各基因频率、基因型频率的实际值，然后可计算出基因频率和基因型频率的预期值。用实际值和预期值比较，通过卡方检验，可知被监测群体是否达到平衡状态。如果没有达到平衡状态，说明群体的基因频率或基因型频率发生变化，该封闭群猪群体判为不合格。”

本研究中大白猪和长白猪的平均杂合度分别为 0.5877 和 0.6066，符合封闭群判定合格的标准。另外，本研究所涉及的大白猪和长白猪两个品种的平均杂合度与平均多态信息含量与赵振华等（2007）和巩元芳等（2012）对国内大白猪和长白猪的研究结果相比较低，表明该种群与国内纯系品种相比人工选育的程度更高，遗传结构更趋稳定。此外，19 个微卫星座位的平均杂合度比 Li 等（2015）对台湾欧洲纯系品种猪的研究结果略高，表明他们的选育程度非常相近且遗传结构比较稳定，更适合选用于标准的实验动物材料。

第七节　国内外同类标准分析

本标准在编制过程中参照了 NY/T 1673—2008 畜禽微卫星 DNA 遗传多样性检测规程，接受了该规程中所涉及的 30 个微卫星位点，这 30 个位点也是 FAO-ISAG 推荐的猪遗传多样性分析的微卫星 DNA 标记位点。所以，本标准中参考标准与国际接轨。

第八节　与法律法规、标准关系

本标准的编写在格式上采用 GB/T1.1—2009《标准化工作导则》第一部分：“标准的结构和编写规则”的规定。

本标准的编写在内容上充分考虑了 GB 14923—2010《实验动物　哺乳类动物的遗传质量控制》和 NY/T 1673—2008《畜禽微卫星 DNA 遗传多样性检测规程》的规定。

第九节　重大分歧的处理和依据

从标准结构框架和制定原则的确定、标准的引用、有关技术指标和参数的试验验证、主要条款的确定直到标准草稿征求专家意见（通过函寄和会议形式多次咨询和研讨），均未出现重大意见分歧的情况。

第十节 作为推荐性标准的建议

由于猪的品种繁多，不同品种的微卫星位点可能存在较大差异。本标准建议，具体操作中，可以从30个位点中筛选出多态性好的用于遗传质量检测。

第十一节 标准实施要求和措施

建议由中国实验动物学会实验动物标准化专业委员会组织本标准的宣传、推广和实施监督。

第十二节 其他说明事项

一、引用标准

本部分的制定引用了以下文件：

GB/T1.1—2009《标准化工作导则》

GB 14923—2010《实验动物 哺乳类动物的遗传质量控制》

NY/T 1673—2008《畜禽微卫星DNA遗传多样性检测规程》

二、标准水平（评估）

本标准在制定时，尽可能做到与国际接轨，同时还考虑到我国SPF猪现有水平和发展的需要。

三、必检项和抽检项

具体操作中，可以从30个位点中筛选出多态性好的用于遗传质量检测。

参考文献

包劲松，舒庆尧，吴殿星，等．2000．水稻*Wx*基因（CT）$_n$微卫星标记与稻米淀粉品质的关系研究．农业生物技术学报，8（3）：241-244.

樊斌，彭中镇，李奎，等．1999．微卫星标记及其在猪遗传育种中的应用．河北农业大学学报，33（2）：161-164.

巩元芳，段玲欣，倪静，等．2012．长白猪微卫星标记的遗传多样性．河北科技师范学院学报，4（4）：1672-7983.

刘永祥，刘艳丽，朱宽佑，等．2008．小尾寒羊微卫星标记的多态性及其与繁殖性能的相关性研究．安徽农业科学，36（6）：2233-2234.
潘晚平，申祥科，邱汉华，等. 2003. 美系长白猪“大白猪”杜洛克猪新品系的选育研究. 养猪，5：23-24.
钱林东，张自芳，田应华，等. 2010. 利用微卫星DNA标记进行黄牛的亲子鉴定. 云南农业大学学报，25（1）：69-73.
吴继法，吴登俊. 2001. 微卫星DNA在家畜亲子鉴定中的应用及研究进展. 国外畜牧科技，28（5）：28-30.
杨彤彤，赵族，张婷婷，等. 2008. 大约克和二花脸猪5个微卫星座位多态性分析. 畜牧与兽医，40（9）：34-37.
张春雷，佟广香，匡友谊，等. 2010. 哲罗鱼微卫星亲子鉴定的应用. 动物学研究，31（4）：395-400.
张德福，戴建军，吴彩凤，等. 2009. 小型猪实验动物化研究现状及其应用前景. 猪业科学，3：74-76.
赵振华，贾青，墨锋涛，等. 2007. 杜洛克、长白和大约克夏纯种猪微卫星多态性分析. 江苏农业学报，23（2）：103-108.
Drew TW. 2011. The emergence and evolution of swine viral diseases：to what extent have husbandry systems and global trade contributed to their distribution and diversity? Rev Sci Tech，30（1），95-106.
FAO. 2011. Molecular genetic characterization of animal genetic resources，Commission on genetic resources for food and agriculture.
Li KY，Li KT，Cheng CC，et al. 2015. A genetic analysis of taoyuan pig and its phylogenetic relationship to Eurasian pig breeds. Asian-Australas Anim Sci，28（4）：457-466.
Lunney JK，Ho CS，Wysocki M，et al. 2009. Molecular genetics of the swine major histocompatibility complex，the SLA complex. Dev Comp Immunol，33：362-374.
Molina RM，Cha SH，Chittick S，et al. 2008. Immune response against porcine reproductive and respiratory syndrome virus during acute and chronic infection. Vet Immunol Immunopathol，126：283-292.
Raymond M，Rousset F. 1995. GENEPOP（version 1.2）：population genetics software for exact tests and ecumenicism. Heredity，86：248-249.
Smith DM，Martens GW，Ho CS，et al. 2005. Asbury JM. DNA sequence based typing of swine leukocyte antigens in Yucatan Miniature Pigs. Xenotransplantation，12：481-488.
Weir BS，Cockerham CC. 1984. Estimating F-statistics for the analysis of population structure. Evolution，38：1358-1370.

第四篇

实验动物检测方法系列标准

第十九章　T/CALAS 14—2017《实验动物　SPF 鸭 I 型鸭病毒性肝炎检测方法》实施指南

第一节　工 作 简 况

本标准由中国实验动物学会提出，中国实验动物学会实验动物标准化技术委员会归口，根据中国实验动物学会实验动物标准化专业委员会（以下简称专委会）有关文件及 GB/T 16733《国家标准制定程序的阶段划分及代码》和《采用快速程序制定国家标准的管理规定》的要求，结合实验动物 SPF 鸭 I 型病毒性肝炎（Duck virus hepatitis type I，DVH-1）检测方法，特制定本标准。本标准是在国家科技支撑计划“实验用动物病原分子生物学快速检测新技术研究与应用”（项目编号 2015BAI07B02）课题基础上制定而成的。由中国农业科学院哈尔滨兽医研究所负责起草。

第二节　工 作 过 程

2015 年 9 月，召开了本课题启动会和第一次研讨会。由课题负责人明确了各子课题的分工，就课题目标、研究内容、课题管理、经费使用、知识产权等几个方面提出了工作设想，并对各子课题的研究进度做出了安排。

2015 年 10 月，完成了对收集到的国内外相关标准及相关资料数据的整理、分析，为整理 DVH-1 检测方法提供基础参数。

2015 年 11 月，查找已经公布的 DHV-1（Duck hepatitis virus type I，DHV-1）的基因序列，设计引物，建立 RT-PCR 检测方法，并对方法进行验证。

2016 年 4 月，根据专家返回的修改意见和建议，对本研究稿进行逐条修改，并完成专家意见的汇总处理，拟提交给课题主持单位。

2016 年 10 月，本标准在中国实验动物学会广西年会上公开征求意见。

2016 年 11~12 月，由中国实验动物学会面向实验动物行业单位公开征求意见。

2017 年 1 月，起草小组整理汇总专家对本标准征求意见稿提出的问题，共收集意见或建议 18 个，编制组根据专家提出的修改意见和建议，采纳 16 个，未采纳 2 个。同时对标准格式进行了规范，最终形成标准送审稿。

2017 年 5 月，本标准经中国实验动物学会第六届理事会常务理事会第八次会议审议通过，批准发布，于 2017 年 5 月 19 日起正式实施。

第三节 编 写 背 景

I 型鸭病毒性肝炎是雏鸭的一种急性、高度致死性的疾病，以肝炎为主要特征。主要侵害三周龄以内的雏鸭，死亡率高达 90%，1963 年我国首次报道以来，全国范围内分布广泛，是危害养鸭业的重要传染病之一。目前我国没有发布 DHV-1 检测方法的国家标准，只有农业行业标准 NY/T554—2002《鸭病毒性肝炎诊断技术》，已经颁布、执行了 15 年。

通过收集、整理和汇总国内外有关资料，参照 NY/T554—2002 和世界卫生组织（OIE）《陆生动物卫生法典》2.7.9，制订本团体标准。

第四节 编 写 原 则

世界动物卫生组织公布的《陆生动物诊断试验和疫苗手册》详细规定了鸭肝炎病毒的诊断方法。澳大利亚出口鸭种蛋需要检测的 8 种病原中也包括 DHV-1，采用 SN 血清中和试验的方法检测，与 OIE 规定的方法相同。结合我国农业行业标准 NY/T554—2002《鸭病毒性肝炎诊断技术》，及 OIE 规定 DHV-1 检测方法和我国国情，制定本团体标准。

第五节 内 容 解 读

本标准中规定的检测 DHV-1 的检测方法包括 3 部分：病原学检测、免疫学检测和 RT-PCR 检测。内容如下。

一、病原学检测试验

用下列一种或多种方法鉴定。

（一）雏鸭接种试验

将待检物皮下或肌肉接种 1~7 日龄易感 SPF 雏鸭，出现特征性的临床症状，通常在接毒后 24h 内死亡。剖检可见肝脏肿大、有点状或斑状出血，也可能伴有明显的脾肿大、肾肿胀和肾血管出血。肝脏病变的特点是肝细胞广泛坏死和胆管增生，不同程度的细胞炎性反应和出血。

（二）鸭（鸡）胚接种试验

将待检物作系列稀释后，接种于 10~14 日龄 SPF 鸭胚或 8~10 日龄 SPF 鸡胚的尿囊腔内。鸭胚于 24~72h 后死亡，鸡胚通常在接种后 5~8d 发生死亡。胚胎的眼观病变为发育阻滞，全身皮下出血，伴有腹部和后肢部的严重水肿。胚肝呈红黄色肿胀并有坏死杜。死亡时间较长的胚胎中，尿囊液明显变绿，肝脏病变和发育阻滞会更明显。

（三）细胞接种试验

将待检物接种于敏感的原代鸭胚肝细胞（DEL），引起的典型细胞病变为细胞变圆坏死，形成直径为 1mm 的蚀斑。

二、免疫学检测试验

采用下列一种或多种方法鉴定。

（一）雏鸭保护试验

用 1~2mL 特异性高免血清或特异性卵黄抗体，经皮下注射接种易感的 1~7 日龄雏鸭进行被动免疫。24h 后，用至少 $10^{3.0}$ LD_{50} 的病毒分离物经肌肉或皮下接种病毒。对照组雏鸭用同样的方式接种病毒。如被动免疫的鸭 80%~100% 存活而对照鸭 80%~100% 死亡，即可证明分离毒为 DHV-1 型。

（二）母源抗体保护试验

用至少 $10^{3.0}$ LD_{50} 的病毒分离物经肌肉或皮下注射接种 1~7 日龄易感雏鸭和含 DHV-1 型母源抗体的雏鸭，如易感鸭 80%~100% 死亡，而含母源抗体的雏鸭有 80%~100% 存活，即可证明分离毒为 DHV-1 型。

三、RT-PCR 检测方法

（一）引物

P1：5’-AGCTTAAGGCCCGGTGCCCCGTTCT-3’（上游）

P2：5’-GGTAGGGTAGGGAATAGTAAAGTAA-3’（下游）

（二）样品的处理

组织样品用 pH7.2~7.6 的 PBS 稀释 5~10 倍，3000r/min 4℃离心 30min，上清液作为待检材料。

每次检测设立阳性对照和阴性对照。

阳性对照为接种了 DHV-1 72~96h 的 SPF 鸭胚（或鸡胚）尿囊液；阴性对照为健康 SPF 鸭（或鸡）胚尿囊液。

（三）样品的处理 RNA 提取

按照 RNA 提取试剂盒说明书，提取样品和对照的 RNA。提取的 RNA 应立即进行检测，否则应于超低温保存。

（四）样品的处理 RT-PCR 反应

按照一步法 RT-PCR 试剂盒说明书，配制 RT-PCR 反应体系，设定反应条件。第一步 RT；第二步灭活反转录酶；第三步 PCR，反应条件：45℃ 15~30min，94℃ 2~5min，94℃ 30s，58℃ 45s，72℃ 45s，35 个循环，72℃ 5min。

（五）样品的处理 PCR 产物检测

反应结束后，PCR 产物于 1.2% 的琼脂糖凝胶中电泳。每个样品的加样量为 5~10μL，同时以 DNA 分子质量标准物为参照。50V 恒压电泳 40min，置紫外灯下观察。

（六）样品的处理结果判定

阳性对照在 399bp 处有一条特异的 DNA 条带，阴性对照没有条带，证明本实验成立。待检样品在相同位置出现 DNA 条带，判为阳性，否则为阴性。

以上 3 部分检测方法，病原学检测和免疫学检测种方法均引自 OIE《陆生动物诊断试验和疫苗手册》2.7.9 部分，同时病原学方法中第 1 和 2 部分雏鸭接种和鸭（鸡）胚接种方法和免疫学检测方法中的第 1 种雏鸭保护试验方法也参照了中华人民共和国农业行业标准 NY/T554—2002，简化了该行业标准的操作步骤，详细描述了结果判定部分。病原学方法中第 3 种方法细胞接种试验和免疫学检测方法中的第 2 种母源抗体保护试验是新增加的内容。由于有些情况下在动物本体操作相对困难，易感细胞操作相对容易，所以本标准增加了 DHV-1 的易感原代鸭胚肝细胞（DEL）接种试验。

另外本标准增加 RT-PCR 检测方法，也包括在 OIE《陆生动物卫生法典》相应的方法中。传统的检测技术已不能满足实验动物质量检测需求。随着分子生物学的迅速发展，以 PCR 技术为基础的各种分子生物学诊断技术成为病毒感染诊断的重要手段。PCR 病原检测方法具有特异性强、敏感度高、诊断快速等传统诊断方法所无法比拟的优点。RCR 方法已经成为多种病原国家标准中的检测方法。本标准中 RT-PCR 方法是根据 NCBI 中公布的 I 型鸭肝炎病毒的保守基因序列设计引物并合成，按照 RNAiso Plus 试剂说明书提取 I 型鸭肝炎病毒 RNA，反转录后，进行 PCR。确定了该方法的特异性好，敏感性高。本标准中采用一步法试剂盒在同一个 PCR 管中进行反转录和 PCR 反应，大大节省了操作时间，节省了人力物力。这一标准的制定，对 SPF 鸭 DHV-1 日常监测、流行病学调查及临床诊断都具有重要的实用意义。

第六节　分析报告

本标准的第 3 部分 RT-PCR 方法是根据 NCBI 中公布的 I 型鸭肝炎病毒的保守基因序列设计引物并合成，建立 RT-PCR 检测方法，摸索引物浓度、退火温度等反应条件，确定该方法的特异性好，敏感性高，对 I 型鸭肝炎病毒的最低检出量为 5.3pg。应用该方法检测临床样本，与病毒分离的结果一致。具体技术内容确定说明如下：

一、主要试剂和材料

无菌 PBS。

RNAisoplus 提取试剂。

RNA 一步法反转录试剂盒。

DL2000 DNA Marker。

阳性对照：接种了 DHV-1 72~96h 的 SPF 鸭胚（或鸡胚）尿囊液。

阴性对照为健康 SPF 鸭（或鸡）胚尿囊液。

二、引物设计

根据 NCBI 中公布的 DHV-1 保守基因序列设计引物（表 1），并由博仕生物公司合成。

表 1　引物信息

引物名称	引物序列（5'→3'）	产物大小（bp）
DHV-1 F	5' AGCTTAAGGCCCGGTGCCCCGTTCT 3'	399
DHV-1 R	5' GGTAGGGTAGGGAATAGTAAAGTAA3	

三、病毒 RNA 的提取

按照商品化 RNAiso Plus 提取试剂盒说明书，提取接种了 DHV-1 72~96h 的 SPF 鸭胚（或鸡胚）尿囊液 RNA。

四、RT-PCR 反应条件的优化

按照商品化一步法 RT-PCR 试剂盒说明书，配制 RT-PCR 反应体系，设定反应条件。第一步 RT；第二步灭活反转录酶；第三步 PCR。DHV-1 的 RNA 1.0μL 作为模板，引物浓度为 10pmol/μL，分别加入 0.3~1μL 进行引物浓度优化，最后用 DEPC 水补足至 20.0μL。反应程序为：45℃ 30min，94℃ 5min；94℃ 30s，退火温度在 53~61℃范围内进行优化，72℃ 1min，40 个循环；72℃延伸 10min。PCR 产物用 1% 琼脂糖凝胶进行电泳并用紫外灯扫描拍照。

经过对 RT-PCR 的引物浓度、退火温度反应条件的优化，如图所示最终选择上下游引物各 0.7μL，RT-PCR 反应中引物的最佳浓度均为 0.35μmol/L（图 1），PCR 最佳退火温度为 58℃（图 2）。PCR 的最佳反应程序为 45℃ 30min，94℃ 2min；94℃ 1min，58℃ 1min，72℃ 40s，40 个循环；72℃延伸 10min，4℃结束反应。

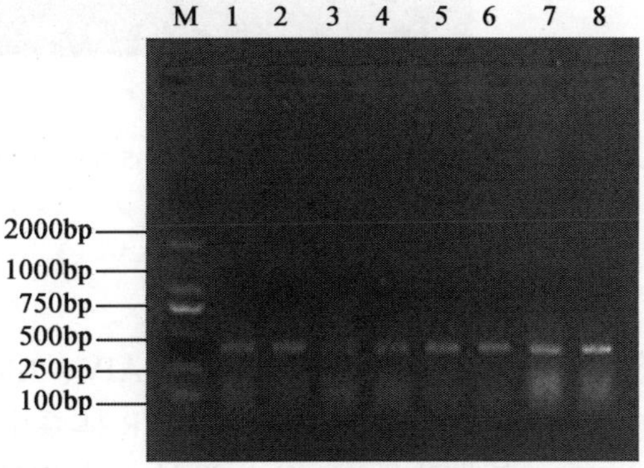

图 1 引物浓度优化

M：DL2000 DNA Marker；1：0.3μL；2：0.4μL；3：0.5μL；4：0.6μL；5：0.7μL；6：0.8μL；7：0.9μL；8：1.0μL

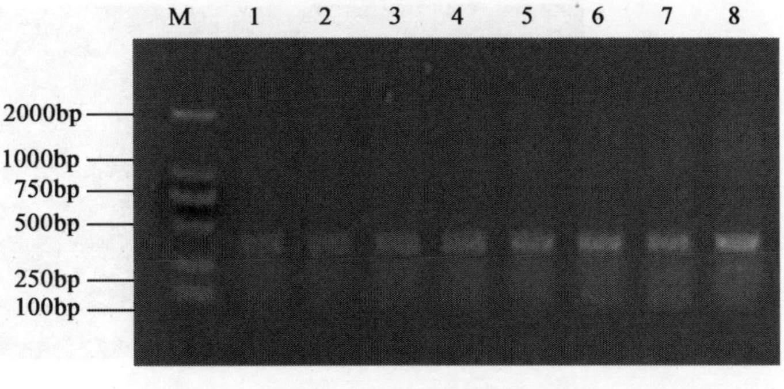

图 2 退火温度优化

M：DL2000 DNA Marker；1：53℃；2：54℃；3：55℃；4：56℃；5：57℃；6：58℃；7：59℃；8：60℃

五、敏感性试验

提取的 DHV-1 RNA 测核酸浓度 530ng/μL，将其稀释到 5.3ng/μL 作为模板，再进行 10 倍倍比稀释，同时设立阴性对照，进行一步法 RT-PCR 扩增，对该方法的敏感性进行检测。经过敏感性测定，该二重 PCR 最低能检 5.3pg I 型鸭肝炎病毒（图 3）。

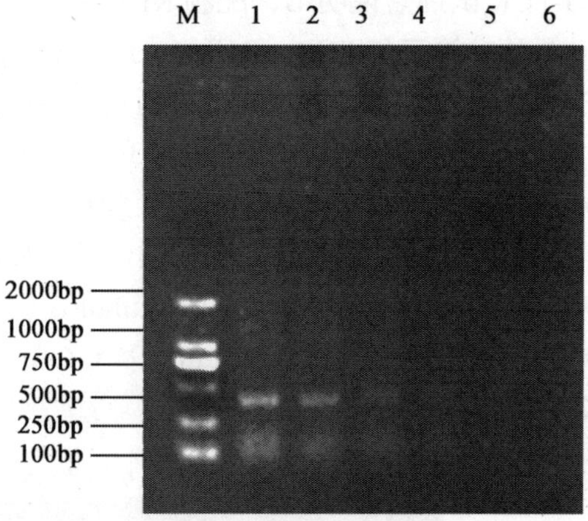

图 3 敏感性试验

M：DL2000 DNA Marker 1：5.3ng；2：530pg；3：53pg；4：5.3pg；5：0.53pg；6：阴性对照

六、特异性试验

为检测其特异性，将鸭病中常见的 DHV-1、DEV、AIV、ARV、REV、EDSV、GPV、MDPV 和 NDV 的核酸作为模板在建立的一步法 RT-PCR 体系中扩增，并设立阴性对照，结果如图所示（图 4），DHV-1 条带为 399bp，与设计大小相符；而 DEV、AIV、ARV、REV、EDSV、GPV、MDPV 和 NDV 病毒均无扩增。

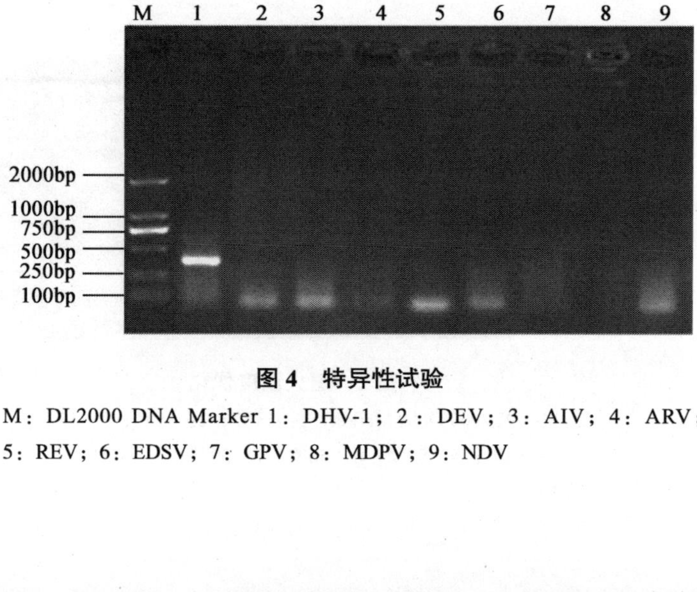

图 4 特异性试验

M：DL2000 DNA Marker 1：DHV-1；2：DEV；3：AIV；4：ARV；
5：REV；6：EDSV；7：GPV；8：MDPV；9：NDV

七、临床样品的检测

（一）DHV-I 雏鸭感染模型的建立

将 35 只 3 日龄雏鸭分为实验组和对照组共计四个隔离器饲养，其中实验组有三个隔离器，每个隔离器饲养 10 只雏鸭。对照组一个隔离器饲养 5 只雏鸭。将实验组雏鸭经腿部肌肉注射 200μL DHV-1 尿囊液病毒（ELD_{50} 为 $10^{-4.7058}$/0.2mL），对照组腿部同时注射 200μL 生理盐水。随时注意鸭舍的保温工作，用适合雏鸭生长的全价饲料进行饲养。

接种 DHV-1 后，前 12h 无接种鸭死亡，至 24h 大量雏鸭死亡，其余雏鸭也出现精神沉郁，缩脖，行动迟缓等症状，随后雏鸭陆续死亡，至 33h 全部死亡。死亡时均出现角弓反张典型的鸭肝炎症状。剖检可见肝脏出现明显的出血点和出血斑。显微镜下组织病理变化可见肝细胞空泡变性（脂肪变性），大量坏死，多量嗜酸性粒细胞浸润，法氏囊、胸腺、脾脏可见淋巴细胞轻度减少，少量巨噬细胞和嗜酸性粒细胞浸润。肾脏质局部可见较多嗜酸性粒细胞浸润。其余器官未见明显变化。

（二）组织样品的处理和鸭胚接种试验

分别取每只接种鸭和对照组雏鸭肝脏 0.3g，置于 2mL EP 管中，加入小钢珠和 1.5mL 灭菌 PBS 缓冲液，用组织研磨仪进行研磨破碎，5000r/min 离心 10min，取组织上清液，用 0.22μm 滤器过滤除菌。将上清液各接种 1 枚 10 日龄 SPF 鸭胚，每个胚接种 200μL，用蜡封口，37℃温箱孵育。孵化期间每天照胚一次，观察记录鸭胚存活情况。24h 内死亡的鸭胚弃掉，24h 之后一旦发现死亡的鸭胚立即放入 –4℃。4 天后收取鸭胚尿囊液，同时观察胚体病变情况。接种后鸭胚全部死亡，死亡鸭胚胚体通红，出现出血，水肿等症状。对照组鸭胚全部存活，胚体正常。收取的鸭胚尿囊液用 RNAiso Plus 提取试剂盒提取病毒 RNA。存于 –80℃，备用。

（三）DHV-1 RT-PCR 方法检测人工感染检测中的应用

以提取的鸭胚尿囊液 DHV-1 的 RNA 作为模板，取 1μL，用建立的 RT-PCR 进行检测。30 枚接种 DHV-I 的鸭胚检测结果均为阳性，10 只对照组鸭胚尿囊液结果均为阴性，与接种鸭胚病毒分离结果一致。符合率为 100%。

第七节　国内外同类标准分析

本标准在编制过程中参照了 NY/T554—2002《鸭病毒性肝炎诊断技术》，该标准中的检测方法和 RT-PCR 方法也包括在 OIE《陆生动物卫生法典》相应的方法中。所以，本标准中参考的试验方法与国际接轨。

第八节　与法律法规、标准关系

本标准与我国现行法律法规不冲突，是农业行业标准 NY/T554—2002《鸭病毒性肝炎诊断技术》的补充和改进。

第九节 重大分歧的处理和依据

从标准结构框架和制定原则的确定、标准的引用、有关技术指标和参数的试验验证、主要条款的确定直到标准草稿征求专家意见（通过函寄和会议形式多次咨询和研讨），均未出现重大意见分歧的情况。

第十节 作为推荐性标准的建议

本标准建议，DHV-1 的检测方法有多种，检测方法可根据需要依据推荐标准监测。

第十一节 标准实施要求和措施

建议由中国实验动物学会实验动物标准化专业委员会组织本标准的宣传、推广和实施监督。

第二十章　T/CALAS 20—2017《实验动物　牛棒状杆菌检测方法》实施指南

第一节　工 作 简 况

中国实验动物学会作为团体标准改革的试点单位，结合实际需求，提出了该标准的研究和撰写，由中国食品药品检定研究院完成。

第二节　工 作 过 程

2015 年 12 月编写组提出框架，2016 年上半年完成标准草案的编写。2016 年 10 月 10 日在广西召开的第十二届中国实验动物学会学术年会上征求与会专家意见，经修改成为征求意见稿。

2016 年 12 月，收到专家的意见反馈，针对书写规范、试剂配制等方面问题进行了相应修改，形成送审稿。

2017 年 2 月 21 日经过标准审查会议讨论，与会专家针对该标准提出了生物安全要求标准和荧光 PCR 名称规范等问题，均做了修改，形成标准报批稿。

2017 年 5 月，本标准经中国实验动物学会第六届理事会常务理事会第八次会议审议通过，批准发布，于 2017 年 5 月 19 日起正式实施。

第三节　编 写 背 景

牛棒状杆菌（*Corynebacterium bovis*）是一种革兰氏阳性短杆菌，常引起裸鼠过度角质化症（Hyperkeratosis），致裸鼠发生过度角质化皮炎和棘皮症。该病在美国、日本及欧洲部分国家均有暴发。随着医学科学的进步，转基因动物作为疾病研究的主要工具，已经逐渐成为实验动物研究的重要内容。其中裸鼠作为一种免疫缺陷动物，已成为医学、生物学研究领域中不可缺少的实验动物模型。在肿瘤学、免疫学、药品和生物制品的安全性评价及药物筛选等方面具有特殊的应用价值。随着国内生物制药和医学研究的快速发展，裸鼠的使用不断增加，裸鼠的进口数量也越来越多，对国内裸鼠的生产和饲养单位提出了更高的要求。

在这种情况下，加强对裸鼠的检测显得尤为重要。作为一种裸鼠的主要病原菌，我国仍没有牛棒状杆菌检测的国家标准出台。《实验动物　牛棒状杆菌检测方法》的建立和制定填补了此项空白，为裸鼠的质量和相关研究的顺利进行提供保障。

第四节 编 制 原 则

本标准在制定中应遵循以下基本原则：

（1）本标准编写格式应符合 GB/T 1.1—2000 的规定；

（2）本标准规定的技术内容及要求应科学、合理，具有适用性和可操作性；

（3）本标准的水平应达到国内领先水平。

第五节 内 容 解 读

分离培养是细菌检测的经典方法，能够直接分离获得病原菌并进行鉴定，结果准确。牛棒状杆菌属需氧菌，可在血琼脂上生长，形成白色奶油状、直径 1~2mm 的菌落。目前国际上主要有三种牛棒状杆菌菌株：发病菌株（HAC），无症状菌株（NHAC）和标准菌株（ATCC 7715）。三种菌株的生化特征存在诸多区别，无法建立一种稳定统一的鉴定规程，不利于检测方法的建立。

实时荧光定量 PCR（real-time polymerase chain reaction，qPCR）技术以其灵敏度高、速度快、特异性强等优点在基因表达水平分析、突变和多态性研究、病原体的定性和定量检测等方面得到广泛应用。qPCR 是一种高通量的荧光分析技术，是在 PCR 指数扩增期间通过连续监测荧光信号强弱的变化来即时测定特异性产物的量，并据此推断目的基因的初始量，可推算出组织中病原核酸的含量。Taqman MGB 探针的应用提高了保守区内搜寻特异探针的成功率，其经过了化学修饰，提高了 Tm 值，可以设计得更短，使反应的结果更精确、分辨率更高。

根据以上特点，制定实验动物牛棒状杆菌分离培养和 qPCR 检测方法。

一、引物探针的设计

引物和探针的设计参照 GenBank 收录的牛棒状杆菌 ATCC 7715 的 16SrRNA 序列（GenBank：D38575.1），采用 ABI PrimerExpress 3.0 实时荧光定量 PCR 引物设计软件，设计合成 TaqMan MGB 探针及引物。探针的荧光标记选择 FAM（5’ 端）作为报告发光基团，NFQ（3’ 端）为淬灭基团。序列如表 1 所示。

表 1 牛棒状杆菌 qPCR 的引物及探针

引物	引物序列（5′→3′）	序列位置（ATCC 7715 的 16S rRNA 序列）	扩增子大小（bp）
上游引物 Cb-F	CGGCAGGGACGAAGCTT	3591~3615	60
下游引物 Cb-R	CACGTAGTTAGCCGGTGCTTCT	3687~3665	
TaqMan MGB 探针	FAM-TGTGACGGTACCTGCAT-MGBNFQ	3634~3658	/

二、标准品检测

将 pCR2.1-Cb-V3 质粒 DNA 作为模板进行牛棒状杆菌探针法 qPCR 检测，建立标准曲线。具体操作如下：将质粒 DNA 进行 10 倍系列稀释成 1 系列稀将 pCR2.1-Cb-V3 质粒 DNA 作为模板进行牛棒状杆菌探针法 qPCR 检测，建立标准曲线。具体操作如下：将质粒 DNA 进行 10 倍系列稀释成 1×10^9copies/μL、1×10^8 copies/μL、1×10^7 copies/μL、1×10^6 copies/μL、1×10^5 copies/μL 共 5 个稀释度。每个稀释度重复平行试验 3 次。

标准品检测反应体系为 20 品检，依次加入下列成分：上游引物 0.5μL（10μmol/L），下游引物 0.5μL（10μmol/L），TaqMan MGB 探针 0.25μL（10μmol/L），质粒 DNA 1μL，无 DNA、RNA 酶水 7.75μL，Taqman Mix（TaqMan Gene Expression Master Mix 4369016）10μL。

标准品检测反应条件为：先 50℃ 2min；然后 95℃ 10min；最后 95℃ 15s，60℃ 1min，共 40 个循环，在每个循环的延伸结束时进行荧光信号检测。

标准品 qPCR 扩增曲线如图 1 所示。

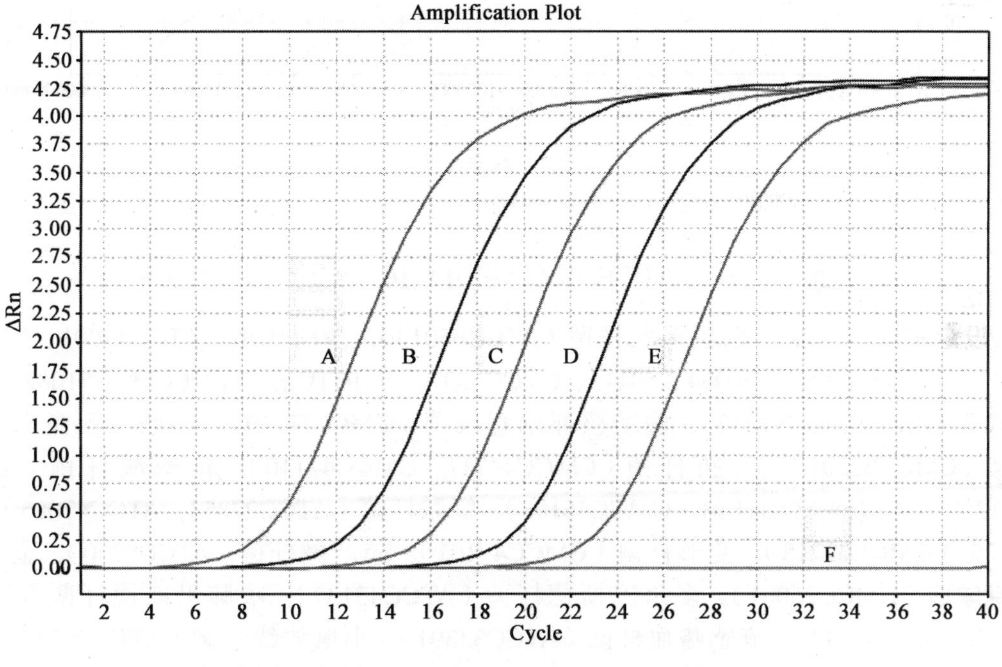

图 1　10 倍系列稀释质粒标准品的荧光扩增曲线

A~E 依次为质粒标准品拷贝数 1×10~1×10^5 copies / ml 的荧光曲线；F 阴性对照

三、标准曲线的绘制

根据所得 CT 值与其对应的标准品的对数值绘制标准曲线，见图 2。标准曲线方程为 Y=−3.494X+40.686，可信度 R^2=1，qPCR 反应的扩增效率为 93.306%。标准曲线显示：本发明建立的牛棒状杆菌 qPCR 检测方法有 9 个数量级的线性检测范围，进一步说明该检测方法具有非常高的灵敏度。

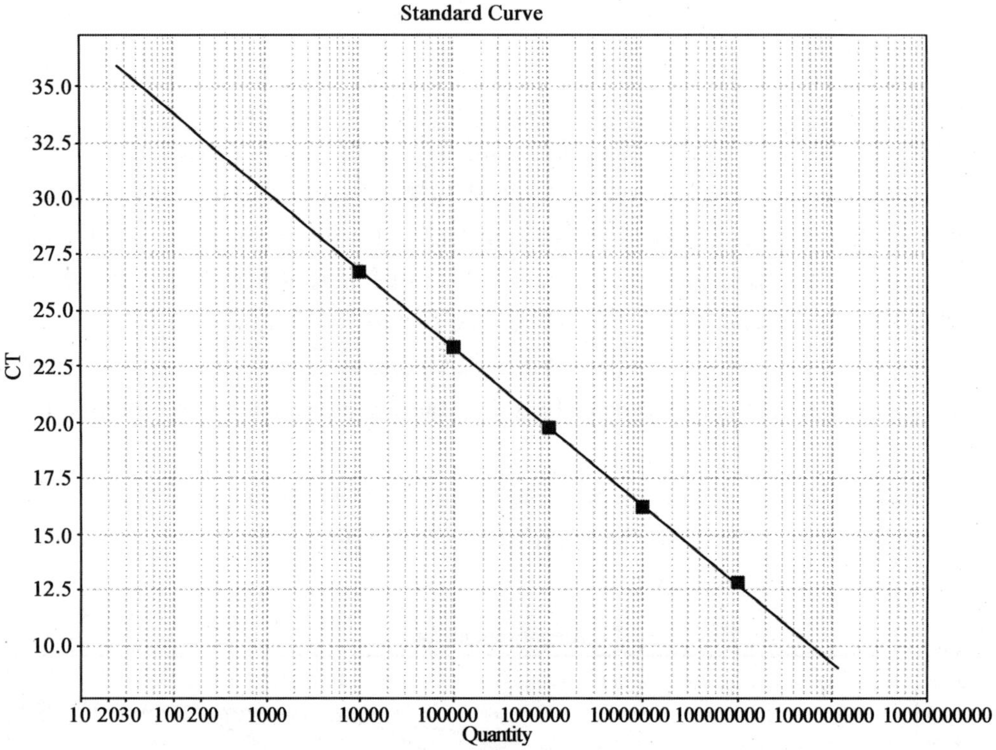

图 2 标准曲线

标准曲线方程：Y=-3.494X+40.686；相关系数 R^2=1，Eff%=93.306

四、牛棒状杆菌 Taqman MGB 探针法 qPCR 检测方法的特异性

设定水空白对照，以鼠棒状杆菌（ATCC65013）、沙门氏菌（ATCC47001、50041、50047、50071、50093、50094、50115、CVCC533）、宋内氏志贺菌（CMCC51082）、痢疾志贺氏菌（CMCC51252）、假结核耶尔森氏菌（CMCC53501）、小肠结肠炎耶尔森氏菌（CMCC52301）、大肠杆菌（CMCC44711、CMCC44110）、枸橼酸杆菌（ATCC BAA352）、肺炎克雷伯杆菌（CMCC46108）、绿脓杆菌（ATCC27853，ATCC47085）、粪链球菌（CMCC32218）、变形杆菌（CMCC49101）、粪产碱杆菌（ATCC8750）、金黄色葡萄球菌（CMCC26001）、多杀巴斯德杆菌（ATCC43137）、嗜肺巴斯德杆菌（ATCC 12555、ATCC35149）、流感嗜血杆菌（ATCC33391）、小鼠放线杆菌（ATCC49577）、支气管鲍特杆菌（CMCC58401、ATCC19395）、念珠状链杆菌（ATCC14647）、空肠弯曲菌（ATCC33560）、幽门螺旋杆菌（NCTC11637）、肺炎链球菌（CMCC36001）、乙型溶血性链球菌（CMCC31210、CMCC32210）、单核增生性李斯特杆菌（CMCC54004）、白色念珠菌（ATCC10231）、枯草芽孢杆菌（ATCC9372）、蜡样芽孢杆菌（CMCC63301）、泰泽病原体（RJ 株）、支原体（ATCC15531、ATCC23714）、石膏样小孢子菌（ATCC13994）、石膏样毛癣菌（ATCC20010）、犬小孢子菌（ATCC201851）、猴类毛癣菌（ATCC16447）等 47 株参考菌株的 DNA 作为模板进行实时荧光定量 PCR 检测，评价反应系统的特异性。反应体系及反应条件与实施例 2 相同。每份样本重复平行试验 3 次。

结果如图 3 所示：用牛棒状杆菌 TaqMan MGB 探针法 qPCR 检测水及 47 株参考菌株 DNA，均无荧光信号产生，为阴性。结果说明：本发明用于对牛棒状杆菌进行 qPCR 检测的引物和 TaqMan MGB 探针的特异性良好，定量反应体系特异性良好。

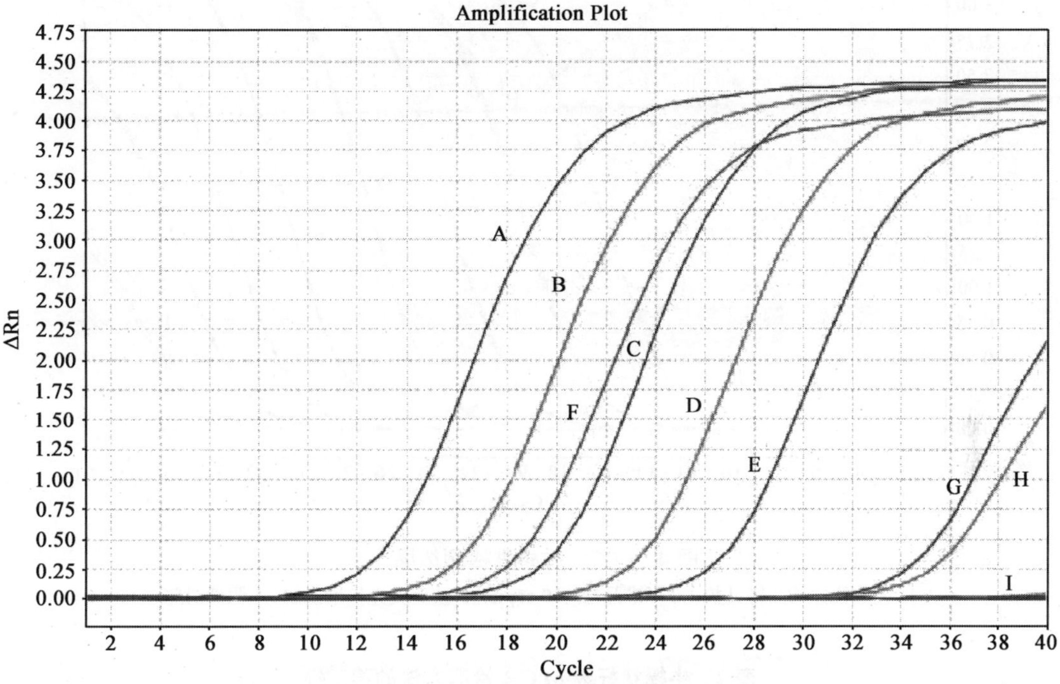

图 3 牛棒状杆菌 qPCR 的特异性试验及检测应用结果

A-E 依次为质粒标准品 1.0×10^{8}~1.0×10^{4} copies/ml 的荧光曲线；F 牛棒状杆菌阳性对照扩增荧光曲线；G，H 小鼠 MGBFQ-PCR 阳性扩增荧光曲线；I 阴性对照及 47 株参考菌株

五、牛棒状杆菌 Taqman MGB 探针法 qPCR 检测方法的敏感性

将牛棒状杆菌质粒标准品 10 倍系列稀释成 1×10^{9}、1×10^{8}、1×10^{7}、1×10^{6}、1×10^{5}、1×10^{4}、1×10^{3}、1×10^{2}、10、1 共 10 个稀释度，以无菌水为阴性对照，将质粒作为模板进行探针法 qPCR 检测，评价本发明反应系统的敏感性。

探针法 qPCR 检测敏感性扩增曲线如图 4 所示：质粒标准品 1×10^{9}~1 稀释度，10copies/mL 浓度的标准品仍能扩增，产生荧光信号。结果说明：本发明用于对牛棒状杆菌进行 qPCR 检测的引物和 TaqMan MGB 探针的敏感性良好，定量反应体系敏感性良好。

六、牛棒状杆菌 Taqman MGB 探针法 qPCR 检测方法的稳定性

对标准品 1×10^{7}copies、1×10^{6}copies、1×10^{5}copies、1×10^{4}copies、1×10^{3}copies、1×10^{2}copies、10copies 等 7 个稀释度同时重复 3 次 qPCR，所得 Ct 值计算变异系数（CV%），具体分析结果见表 2。组内变异系数 CV% 为 0.08~1.72，组间为 1.08~5.06，稳定性良好。

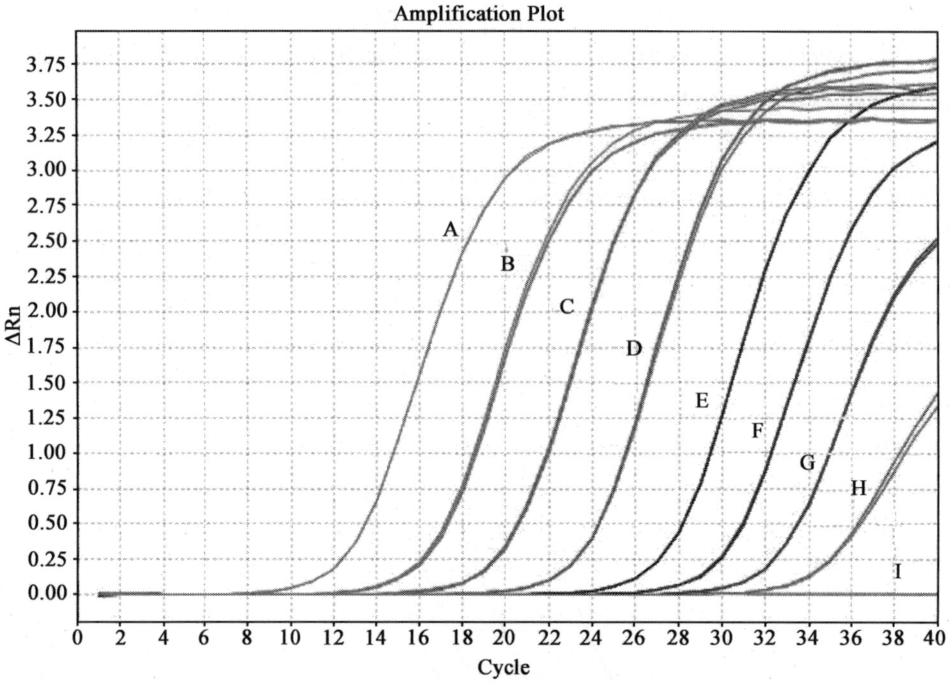

图 4 qPCR 敏感性检测结果

A-H 为质粒标准品拷贝数 1.0 标准品拷 ~10 copies 定量反荧光扩增曲线；I 阴性对照

表 2 牛棒状杆菌 qPCR 检测方法的稳定性

稳定性	质粒拷贝数	CT 值			Mean	SD	CV%
组内	10^7	16.81	16.80	16.81	16.81	0.01	0.08
	10^6	20.30	20.27	20.26	20.25	0.05	0.27
	10^5	23.35	23.39	23.31	23.36	0.04	0.18
	10^4	26.79	26.81	26.82	26.79	0.02	0.09
	10^3	30.27	30.24	30.20	30.19	0.10	0.33
	10^2	32.95	33.17	32.73	33.13	0.40	1.22
	10	36.12	36.97	36.38	36.24	0.62	1.72
组间	10^8	10.55	9.80	9.59	9.98	0.51	5.06
	10^7	13.26	13.08	12.98	13.11	0.14	1.08
	10^6	17.85	18.36	18.53	18.25	0.35	1.94
	10^5	20.50	21.48	21.58	21.18	0.60	2.82
	10^4	23.55	24.90	25.09	24.51	0.84	3.43
	10^3	26.99	28.33	28.47	27.93	0.82	2.93
	10^2	30.47	31.26	31.00	30.91	0.40	1.30
	10	33.25	34.76	34.65	34.22	0.84	2.46

七、牛棒状杆菌 Taqman MGB 探针法 qPCR 检测动物样品

将 284 份小鼠、64 份大鼠、106 份豚鼠、20 份沙鼠、20 份灰仓鼠、61 份树鼩等实验动物的气管或粪便 DNA 作为检测对象，进行牛棒状杆菌 qPCR 检测。每份样本重复平行试验 3 次。

临床样本检测体系为 20μL，依次加入下列成分：上游引物 0.5μL（10μmol/L），下游引物 0.5μL（10μmol/L），TaqMan MGB 探针 0.25n（10μmol/L），样品 DNA 1μL，无 DNA、RNA 酶水 7.75μL，Taqman Mix 10μL。

检测反应条件为：50℃ 2min，95℃ 10min 各 1 个循环；然后 95℃ 15s，60℃ 1min，共 40 个循环，在每个循环的延伸结束时进行荧光信号检测。

结果如图 3 所示：两只小鼠的粪便 DNA 为模板出现了目的荧光扩增曲线，而以水空白为模板没有出现目的荧光扩增曲线。用之前建立的普通 PCR 方法没有检出。结果表明：qPCR 的敏感性要高于普通 PCR。证明了在实验小鼠中确实存在牛棒状杆菌的感染，但感染比例极少，细菌含量很低。

第六节　分 析 报 告

利用牛棒状杆菌 16S rRNA V3 区的特异性的引物和探针对待检样品进行扩增，可以快速地检测动物样品中牛棒状杆菌核酸的存在。根据荧光定量 PCR 仪捕捉到的荧光信号强弱，可以对实现对样品中牛棒状杆菌核酸含量的相对定量。Ct 值的大小是决定检测结果的关键指标。当 Ct 值小于规定数值，同时阴、阳对照均成立时，可判为待检样品阳性。如果所得 Ct 值刚好位于临界点，应判为可疑反应。对阳性和可疑结果均应进行复试，Ct 值小于规定值判为阳性，大于规定值判为阴性，仍为可疑时也判为阴性。根据所得结果出具相应报告，并附扩增结果图，注明各样品编号。

第七节　国内外同类标准分析

根据文献查询可知国外已对牛棒状杆菌进行了较系统的研究，建立了分离培养和 PCR 检测方法。根据研究表明，检测效果以 qPCR 方法效果最好。目前国内对牛棒状杆菌仍然缺乏全面系统的研究，当务之急是首先建立该病原菌的快速检测方法，及时发现、及时采取措施，避免或减少其对科学研究的影响，对保障免疫学、肿瘤学等动物实验数据的准确、可靠具有极其重要的意义。

第八节　重大分歧意见的处理经过和依据

从标准结构框架和制定原则的确定、标准的引用、有关技术指标和参数的试验验证、主要条款的确定直到标准草稿征求专家意见（通过函寄和会议形式多次咨询和研讨），均未出现重大意见分歧的情况。

第九节 标准作为强制性标准或推荐性标准的建议

由于裸鼠的先天性免疫缺陷和无毛的生理特征，使其更容易感染牛棒状杆菌，并引起角质化皮炎等特征性症状，可对使用裸鼠的科研工作造成严重的影响。因此，建议对裸鼠进行强制检测。

第十节 本标准常见知识问答

问：检测牛棒状杆菌应采哪些部位的样品?

答：牛棒状杆菌主要引起裸鼠皮肤角质化，俗称“鳞屑病”。考虑实验动物和其生活习性，采皮肤拭子和咽拭子是最佳选择。

问：是否能够检测所有的牛棒状杆菌?

答：不能确定。鉴于目前我们拥有牛棒状杆菌菌株的局限性，可能有不同目标序列的菌株存在。在实际检测中需要结合临床症状综合判断。

第二十一章　T/CALAS 21—2017《实验动物小鼠、大鼠微卫星 DNA 标记检测方法》实施指南

第一节　工 作 简 况

中国实验动物学会作为团体标准改革的试点单位，结合实际需求，提出了该标准的研究和撰写，由中国食品药品检定研究院主持起草，首都医科大学、浙江省医学科学院协作完成。

第二节　工 作 过 程

2015 年 12 月编写组提出框架，2016 年上半年完成标准草案的编写。2016 年 10 月 10 日在广西召开的第十二届中国实验动物学会学术年会上征求与会专家意见，经修改成为征求意见稿。公开征求意见，提出意见单位 5 个，提出意见数量 25 个，采纳 24 个，不采纳 1 条。经修改成为送审稿。

2017 年 2 月 21 日经过标准审查会议讨论，与会专家未提出新的修改意见，形成标准报批稿。

2017 年 5 月，本标准经中国实验动物学会第六届理事会常务理事会第八次会议审议通过，批准发布，于 2017 年 5 月 19 日起正式实施。

第三节　编 写 背 景

DNA 多态性是实验动物遗传检测的重要手段，在动物的基因组中都发现了许多简单重复序列，因为其重复单位比小卫星 DNA 短，故称为微卫星 DNA（microsatellite）。微卫星 DNA 重复单位以二核苷酸重复单位 AC/TG 最为多见，重复单位的重复次数是可变的，一般为 10~20 次左右，这就构成了微卫星 DNA 多态性的基础。微卫星 DNA 两端的侧翼序列是较保守的单拷贝序列，因此，微卫星 DNA 能被特异地定位在染色体的特定位置上。根据研究结果，制定出小鼠、大鼠遗传检测法，用于遗传质量控制、遗传组成分析和品系鉴别。

国家标准 GB 14923—2010《哺乳类实验动物的遗传质量控制》，要求进行封闭群动物的遗传质量监测，具体检测方法推荐使用 DNA 多态性方法。在国家标准 GB/T 14927.1—2008《近交系小鼠、大鼠生化标记检测法》中仅有对生化标记方法的描述，并未提及 DNA 多态性方法。本标准的制定可以作为 GB 14927.1—2008《近交系小鼠、大鼠生化标记检测法》的补充，无须废止现行有关标准。

该标准的制定有助于促进我国国家标准尽快达到国外先进标准。实验动物遗传质量控制要求每年进行至少一次遗传质量检测，自本标准实施之日起，遗传质量监测应采用生化标记方法和DNA多态性方法进行检测。

第四节 编制原则

本标准在制定中应遵循以下基本原则：

（1）本标准编写格式应符合GB/T 1.1—2000的规定；

（2）本标准规定的技术内容及要求应科学、合理，具有适用性和可操作性；

（3）本标准的水平应达到国内领先水平。

第五节 内容解读

标准包括范围、规范性引用文献、术语和定义、操作程序、结果判定等几部分，重点是具体操作和结果判定，从DNA样品制备、PCR反应体系、电泳、基因型判定进行了描述。结果判定分为近交系和封闭群如何判定，给出了判定标准，供实际操作时参照。这些判定标准是根据实验数据整理而成，经过了不同保种单位和动物种群的验证，详见发表论文。对封闭群的判定，通过平均杂合度和利用哈代-温伯格定律进行平衡状态检验，也是当前的通行做法。

描述为：当平均杂合度在0.5~0.7时，且期望杂合度与观测杂合度经卡方检验无明显差异时，群体为合格的封闭群群体。或者利用哈代 - 温伯格定律，通过基因频率的卡方检验，判定是否处于平衡状态。

第六节 分析报告

本实验参考相关文献从GenBank中共挑选出53个小鼠微卫星位点进行引物合成。首先摸索并进一步优化这些位点的PCR扩增条件；53个微卫星位点中经过条件优化后，获得36个扩增条带清晰明亮、少或无杂带的位点。在多态性筛选方面，本实验选用1.5%的琼脂糖电泳筛选初步确定等位基因数目。根据位点的等位基因数、多态性和分布情况，进一步筛选这些位点，30个均匀分布在小鼠的20对染色体上，等位基因数多，多态性丰富，能够客观、真实地反映封闭群小鼠种群的遗传结构。

实验大鼠同样参照文献从GenBank中50对覆盖全染色体组的微卫星标记中，筛选了31对条带清晰的微卫星引物。其中6对在常用近交系大鼠同品系内表现为单态性而在品系间表现为多态性，用于近交系大鼠的微卫星标记检测。25对在封闭群中多态性丰富的覆盖大鼠的全部19对染色体的标记用于封闭群遗传参数的测定和群益遗传质量评价。

第七节 国内外同类标准分析

国际上对微卫星DNA检测没有统一的标准，主要生产机构采用的位点也不一致，如

Jackson Lab.（JAX）、Charles River、Taconic、Harlan 等均提出了遗传监测标准，所采用的位点数量不同。如 Charles River 用 6~9 个 STR 位点进行近交系检测；Taconic 采用 2 个 STR 区分有差别的近交系。

国内尚未有相关标准出台。

第八节 与法律法规、标准关系

本标准作为 GB14923—2010 的补充检验方法，是对 GB14923—2010 标准的支撑。

第九节 重大分歧的处理和依据

从标准结构框架和制定原则的确定、标准的引用、有关技术指标和参数的试验验证、主要条款的确定直到标准草稿征求专家意见（通过函寄和会议形式多次咨询和研讨），均未出现重大意见分歧的情况。

第十节 作为推荐性标准的建议

建议作为推荐标准。

第十一节 标准实施要求和措施

发布后即可实施，因为多个实验室已经具备实施能力。同时，应加强宣传和培训，让更多的实验室能够使用该标准，发挥该标准在遗传检测方面的作用。

第十二节 本标准常见知识问答

问：本标准与 GB14927.1—2008 各有何特点?

答：GB14927.1—2008 采用的是实验动物遗传质量检测经典的生化标记方法，依靠同工酶分型技术从蛋白质水平对大小鼠进行遗传质量评价。标准方法的优点在于经济易操作。但仍有费时、需要处死动物等不足。

本标准采用了 DNA 标记法及二代测序分型技术，能够实现快速高通量的动物遗传质量检测，并且不需要处死实验动物，更符合实验动物福利伦理准则。但有时也会出现 PCR 污染、假阳性等问题，需要做好空白对照，必要时进行重复验证。

在实际应用中，可以根据各地的具体条件，选择采用。

问：可以用于哪些品系的大小鼠检测?

答：本标准适用于常用近交系大小鼠及所有封闭群实验用大小鼠的遗传质量评价。

第二十二章　T/CALAS 22—2017《实验动物　小鼠诺如病毒检测方法》实施指南

第一节　工 作 简 况

中国实验动物学会作为团体标准改革的试点单位，结合实际需求，提出了该标准的研究和撰写，由中国食品药品检定研究院和广东省实验动物监测所共同完成。

第二节　工 作 过 程

2015 年 12 月编写组提出框架，2016 年上半年完成标准草案的编写。2016 年 10 月 10 日在广西召开的第十二届中国实验动物学会学术年会上征求与会专家意见，经修改成为征求意见稿。11 月，经标委会公开征求意见，收集到反馈意见三条，经研究采纳吸收，形成送审稿。

2017 年 2 月 21 日经过标准审查会议讨论，与会专家针对该标准提出了生物安全要求标准和荧光 PCR 名称规范等问题，均做了修改，形成标准报批稿。

2017 年 5 月，本标准经中国实验动物学会第六届理事会常务理事会第八次会议审议通过，批准发布，于 2017 年 5 月 19 日起正式实施。

第三节　编 写 背 景

诺如病毒（Norovirus）属于杯状病毒科，诺如病毒属，90% 以上的非细菌传染性胃肠炎由该病毒引起。除了人以外，诺如病毒还发现于猪、牛和实验小鼠中。

诺如病毒有严格的种属性，小鼠诺如病毒（murine norovirus，MNV）是 2003 年由 Karst 等首次从实验中意外死亡的免疫缺陷小鼠（RAG2-/-/STAT1-/-）体内分离得到，是一种胃肠道病原体，经粪便排出，主要通过粪口途径传播，也可经呼吸道传播，小鼠经口感染 MNV 后可持续通过粪便向外排毒，在感染 7 天 ~8 周均可检测到病毒核酸具有较强的持续性感染，污染设施很难通过检测和淘汰清除 MNV。

MNV 是目前实验小鼠中感染率最高的病毒，自 MNV-1 于 2003 年被发现并成功分离后，世界上许多地区相继发现该病毒并得到不同的分离株。无论在发达国家还是发展中国家，此病毒在实验动物设施中都有很高的感染率。Masaaki Kitajima 等采用巢式 RT-PCR 对日本六个独立实验动物设施小鼠粪便样品进行检测，发现 MNV 阳性率为 22%（8/37），这是关于 MNV 在日本流行的首例报道。随后，有研究者对日本和美国普通级小鼠、SPF 级小鼠以及商业化实验小鼠中 MNV 的自然感染进行检测，数据显示 MNV 是实验用小鼠中感染率最高的病原体，其中，日本普通级小鼠 MNV 抗体阳性率为 67.3%，SPF 级小鼠为 39.1%，商业化 SPF 级 C57BL/6 实验小鼠为 20%，商业化美国普通级小鼠 MNV 抗体阳性率为 62.5%；韩国对 15 个场所的 745 份小鼠血清调查表明，供应商购买的小鼠阳性率为 6.6%，养殖场所阳性率为 9.6%，而基因修饰小鼠的阳性率高达 27.0%；西欧对 100 多个设施中实验大、小鼠流行的 24 种病毒及支原体检测结果显示，在小鼠群体中，MNV 是感染率最高的病原体，阳性率约为 31.8%，该结果与另一项对 42 000 多只小鼠 MNV 抗体阳性率结果（32.4%）基本一致。

2010 年，广东首次报道我国广东省实验小鼠携带有 MNV，携带率为 37.38（77/206），且不同设施来源的病毒基因型有差异；北京地区对 600 只小鼠进行 ELISA 检测显示 MNV 感染率为 11.67%，其中，MNV 阳性小鼠主要来自实验设施（30.94%），商业供应小鼠感染率为 0.27%。MNV 在小鼠群体中易感可能与其传播途径及持续感染有关。中检院从北京一家实验动物使用单位分离到一株 MNV，经分析与原始株 MNV1 的同源性较高，并对 2014 和 2015 年来自全国 17 个实验动物生产和使用单位的实验小鼠进行了 MNV 的监测，MNV 抗体阳性率为 18.3%（204/1114），核酸阳性率为 34.8%（181/520）。

MNV 感染免疫缺陷小鼠会致其死亡，但对于不同的免疫缺陷动物，感染诺如病毒后症状有一定的差异：先天性免疫系统应答组分缺陷的小鼠，如信号转导子和转录激活子 1 缺陷（RAG-/-/STAT-/-）小鼠、I 型和 II 型干扰素受体同时缺陷（IFN 体同时缺陷 AT-/-）应答组分缺陷的小小鼠发生致死性感染，表现为体重减轻、竖毛和弓背等临床症状，组织病变主要包括脑炎、脑膜炎、脑脉管炎、肝炎和肺炎，但 RAG1-/-/RAG2-/- 小鼠感染 MNV 后仍能存活，在持续感染后 90 天时仍能检测到病毒存在，也就是说，在某些免疫缺陷动物体内 MNV 能够持续存在。

免疫功能正常的小鼠和大多数免疫缺陷小鼠感染后不表现临床症状和病理变化。但在进行小鼠实验的过程中，携带有 MNV 的小鼠可能会对实验结果产生影响。小鼠巨细胞病毒（MCMV）感染的小鼠模型感染 MNV 后，CD8+T 细胞应答免疫减弱，但并不影响 MCMV 效价也没有引起 MCMV 的再活化，表明 MNV 对小鼠体内 MCMV 的免疫应答会产生影响。另有报道表明 MNV 感染可加快肠炎小鼠模型的疾病进程，并可改变树突状细胞的抗原递呈活性。尽管免疫活性小鼠感染 MNV 的临床症状不明显，但该病毒疑似能够改变实验小鼠的表现型，主要是引起炎症和免疫反应。有研究表明 MNV 的共感染会对绿脓杆菌引起的小鼠急性肺炎产生保护作用，延长动物的存活期，减少体内促炎因子的产生，因而导致疾病模型的假阴性结果。

MNV 已被国际上的一些实验动物权威监管和检测机构如欧洲实验动物科学委员会（FELASA）、Charles River 实验室、杰克逊实验室等列为实验小鼠的常规必检项目，而我国的实验动物国家标准和其他地方标准均未涉及，为提高实验小鼠质量，适应我国目前的研究水平和应用要求，与国际接轨，亟须制定小鼠诺如病毒检测技术的相关标准。

第四节 编 制 原 则

本标准在制定中应遵循以下基本原则：

（1）本标准编写格式应符合 GB/T 1.1 符合以下基的规定；

（2）本标准规定的技术内容及要求应科学、合理，具有适用性和可操作性；

（3）本标准的水平应达到国内领先水平。

第五节 内 容 解 读

本标准参考国内外相关的标准和技术文献，规定了小鼠诺如病毒的分离与鉴定、免疫荧光试验、酶联免疫吸附试验、聚合酶链式反应（PCR）、实时荧光 PCR 法（染料法和探针法）等几种检测方法，基本覆盖了目前国际上检测小鼠诺如病毒的主流检测技术。病毒的分离和鉴定主要是检测病毒的抗原，是检测的“金标准”，但费时费力，影响因素较多，并且敏感性较低；免疫荧光试验和酶联免疫吸附试验用来检测小鼠诺如病毒的抗体，酶联免疫吸附试验可作为大量样本的筛查方法，免疫荧光试验主要用来对检测结果进行确认；PCR 技术包括普通 PCR 和荧光定量 PCR，作为检测病毒 RNA 的常用技术，荧光定量 PCR 检测敏感性高于普通 PCR，并且操作简便，降低了 PCR 产物污染的可能性，但成本较高。本标准规定了两种荧光定量 PCR 方法：染料法和探针法，染料法检测敏感性较高，特异性较低，探针法特异性较高。普通 PCR 方法可对 PCR 产物进行测序验证，并且成本较低。普通 PCR 又分为单次 PCR 和套式 PCR 两个方法，之所以加入两个方法，主要是考虑这两个方法的不同优缺点：单次 PCR 相对来说费时较短，但检测敏感度较低；套式 PCR 检测敏感性较高，但费时费力。实验室可根据检测的目的及实际情况来选择相应的检测方法。

每个方法的内容包括工作原理、主要试剂和器材、操作步骤、结果判定等，本标准对于试剂的要求没有描述得很详细，比如 PCR 方法的试剂，推荐购买知名试剂公司的产品，同时使用过程中需参考所用产品的说明来进行操作。

一、MNV 的分离培养

（一）材料

RNA 提取试剂盒购自 QIAGEN 公司。

逆转录试剂购自 promega 公司。

PCR 试剂购自 Takara 公司。

RAW264.7 细胞购自中科院上海细胞库，ATCC 编号为 TIB-71。

MNV 阳性样本：来自于平时送检小鼠，经 RT-PCR 方法筛查为 MNV 阳性。

（二）方法

1. 进行病毒分离样本的来源

用 RT-PCR 法进行 MNV 感染率调查过程中筛查到的阳性样本，无菌采集动物的盲肠内容物，加入 10%（*m*/*V*）的灭菌 PBS，震荡悬浮，12 000r/min 离心 10min，上清经 0.2μm 滤膜过滤除菌，直接接种细胞。

2. 细胞的接种

观察 RAW264.7 细胞生长情况，待细胞铺满培养瓶 60%~70% 时，倒弃培养液，加入 1mL 上述处理后的样本，转动培养瓶使含病毒的上清浸润细胞，置于含 5% CO_2 的 37℃培养箱吸附 1h，加入含 5% 胎牛血清的 DMEM 培养基培养，观察细胞病变情况。

3. 病毒的鉴定

待细胞出现病变，提取病变细胞的 RNA，经 RT-PCR 扩增，产物送上海生工测序鉴定。

4. 病毒全基因组序列测定

MNV 感染的细胞液，提取 RNA 后，送上海英骏公司，参考 MNV-1 株（AY228235）的基因组序列，通过分段 PCR 扩增并测序，然后通过软件拼接得到病毒基因全长序列。

（三）结果

1. 病毒的分离

含病毒的阳性样本上清接种 RAW264.7 细胞，培养 72h 后出现细胞病变，如图 1 所示，正常细胞呈椭圆形，大小均一，边界清楚，分布均匀；而出现病变的细胞呈聚集生长，形状不规则，细胞核出现固缩。

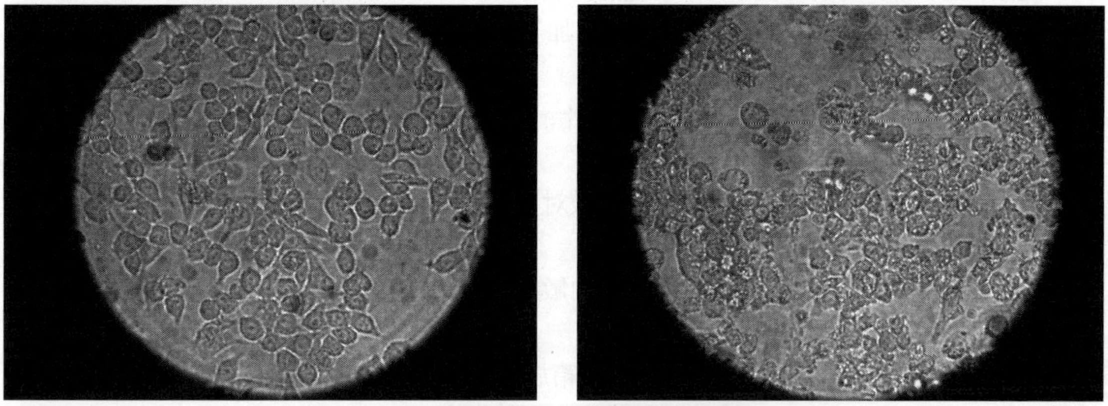

A B

图 1 正常及 MNV 上毒的 RAW264.7 细胞

A：正常 RAW264.7 细胞；B：MNV 感染 72h 后的 RAW264.7 细胞

2. 毒种的鉴定

病毒感染的 RAW264.7 细胞提取 RNA 后经 RT-PCR 扩增，产物测序，与 NCBI 基因库比对证实为 MNV。

3. 毒种全基因组序列测定

MNV 感染的细胞液，提取 RNA 后，送上海英骏公司，参考 MNV-1 株（AY228235）的基因组序列，通过分段 PCR 扩增并测序，然后通过软件拼接得到病毒基因全长序列。所用引物见表 4。本毒株基因组全长 7381bp，经与 NCBI 基因库比对发现，该毒株与美国 GV/CR4/2005/USA 株同源性最高，核苷酸一致率达 93%。将该毒株命名为 BJ10-2062。

二、MNV的免疫荧光（IFA）检测法

（一）材料和方法

1. 病毒及样品

小鼠诺如病毒（MNV）BJ10-2062株由中国食品药品检定研究院实验动物质量检测室分离并保存；100份小鼠血清为2014年10月北京市实验动物会检送检小鼠。

2. 主要试剂

RAW264.7细胞购自中科院上海细胞库，目录号：TCM13；FITC标记的羊抗小鼠IgG为KPL产品；MNV抗体阳性小鼠血清为免疫所得，MNV阴性血清为SPF级小鼠血清；荧光显微镜，恒温水浴箱等。

3. 抗原片的制备

RAW细胞为贴壁生长，胰酶消化，吹打，灭菌PBS洗3遍后滴片，丙酮固定15min，风干后锡箔纸包好置-70℃备用。

4. 免疫荧光操作步骤

加样：取出抗原片，室温干燥后，将1∶10稀释的待测血清、阴性对照血清、阳性对照血清分别滴于抗原片上，每份血清分别加2个MNV抗原孔，置湿盒内，37℃ 30min。

洗涤：PBS洗3次，每次5min，室温干燥。

加抗体：将1∶300稀释的荧光抗体滴加于抗原片上，置湿盒内，37℃ 30min，洗涤同步骤2。

观察：滴加50%甘油PBS，盖玻片封片，荧光显微镜下观察。

5. 特异性的试验

以小鼠肝炎病毒和仙台病毒阳性血清做对照，验证方法的特异性。

6. 敏感性的试验

将阳性血清进行倍比稀释，验证方法的敏感性。

7. 稳定性和重复性实验

将MNV抗原片及相关试剂于-70℃冰箱放置3个月、6个月时，进行检测。2次试验各做3个重复。

8. 初步应用

用建立的MNV免疫荧光法检测100份小鼠血清。

（二）结果

1. MNV免疫荧光检测方法的建立

由图2可见，MNV阳性血清在荧光显微镜下显示绿色荧光，阴性血清没有荧光出现。

2. 特异性验证

MNV制备的抗原片与小鼠肝炎病毒、小鼠仙台病毒的阳性血清反应未出现特异荧光，说明本方法特异性较好。

3. 敏感性试验

MNV阳性血清分别1∶10、1∶20、1∶40、1∶160、1∶320、1∶640倍比稀释，在荧

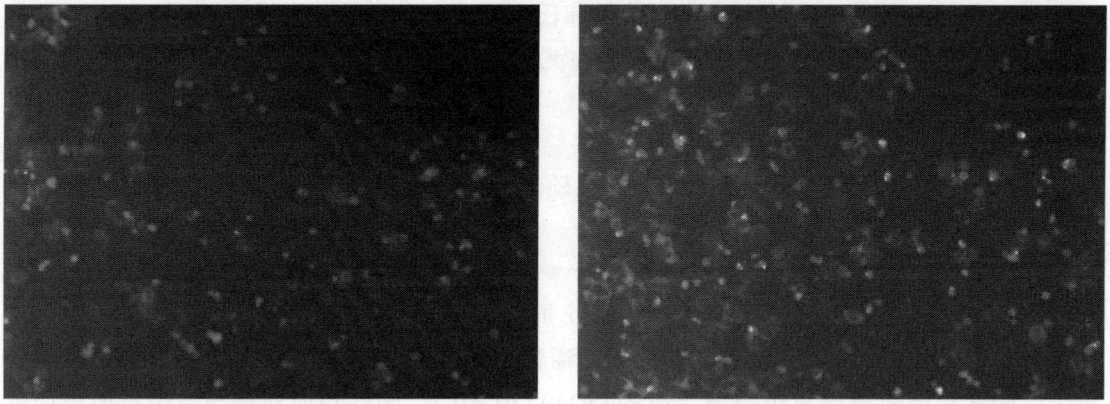

图 2　MNV 免疫荧光结果

A：MNV 阴性血清　B：MNV 阳性血清

光显微镜下能观察到荧光的最大稀释度为 1：160。

4. 重复性试验

将 MNV 抗原片及相关试剂于 –70℃冰箱放置 3 个月、6 个月时再次试验，荧光显微镜下观察仍显示明显荧光。

5. 初步应用

用建立的免疫荧光法检测 2014 年 10 月北京市实验动物会检的 100 份小鼠血清，结果均为阴性。

三、MNV 的间接酶联免疫吸附试验（ELISA）

（一）材料

1. 菌株和质粒

感受态大肠杆菌 DH5 α	鼎国昌盛
表达宿主大肠杆菌 transetta	北京全式金
pET32a（+）质粒	Novagen 公司
pMD19-T simple vector	TAKARA

2. 小鼠血清样本

2014~2015 年来自 13 个送检单位的小鼠血清 1445 份。

3. 实验动物

KM 小鼠，8 周龄，SPF 级，雌雄各半，购自中国食品药品检定研究院实验动物供应室。

4. 免疫小鼠制备抗血清

用 MNV 免疫小鼠的方法获得抗 MNV 阳性血清。选 KM 小鼠进行基础免疫及加强免疫。第一次免疫阶段 MNV 抗原量为 50μg，每只小鼠每次注射 0.3mL，其中，病毒稀释液与弗氏完全佐剂 1：1 混合。注射部位：腹腔注射 0.2mL，肌肉注射 0.1mL。两周后进行加强免疫，加强免疫时，病毒稀释液与弗氏不完全佐剂 1：1 混合，病毒量及注射部位同上。再加强免疫三次后，毛细管眼球取血测滴度后，摘眼球取血，得到抗 MNV 的阳性血清。

（二）方法

1. MNV 全病毒的纯化、抗原的表达见硕士论文“小鼠诺如病毒检测方法的建立及感染特征研究”。

2. ELISA 检测方法的建立

将 MNV 阴性血清、阳性血清、包被抗原（纯化的全病毒和表达的重组抗原 MNV-VP1）、HRP 标记的羊抗小鼠二抗进行梯度稀释，用方阵滴定法确定每种成分的最适工作浓度：阴性对照血清与重组抗原反应的 OD492 值 <0.2，阳性对照血清与重组抗原反应的 OD492 值 >1.0，以阳性对照 OD492/ 阴性对照 OD492（P/N）值最大的抗原包被浓度、血清稀释度和酶结合物浓度作为 ELISA 最佳实验条件。具体的操作步骤如下。

（1）将抗原及 RAW264.7 细胞对照以 1μg/mL、3μg/mL、5μg/mL 浓度包被抗原板，每孔 100μL，37℃温箱放置 1h。4℃过夜。弃液体，用洗涤液 1 夜。弃液（含 0.1% 吐温）洗 5 次，每次间隔 1min。

（2）扣干板后，每孔加入用稀释液 0.5%BSA（用 1 用 A 后，配制）1：40，1：60、1：80、1：100、1：120、1：140、1：160 系列稀释的抗血清 100μL，37℃温育 1h。弃液。

（3）每孔加入 100μL 用稀释液 1：5000、1：10 000、1：20 000、1：40 000 倍比稀释的 HRP 标记的羊抗小鼠 IgG 二抗，37℃温育 1h。弃液体，洗涤液洗 5 次，扣干。

（4）每孔加入底物，37℃温育 10min。

（5）每孔加入 50μL 终止液（2mol/L H_2SO_4），用酶标仪测 A492，按国际判定标准对结果进行判定。

3. ELISA 检测方法的评价

（1）ELISA 检测方法精密度评价

取 MNV 阳性血清和阴性血清各一份，分别做 48 个重复，计算阳性血清与阴性血清 A492 平均值和标准差。

（2）ELISA 检测方法重复性评价

从样品中随机盲抽小鼠血清 64 份，分批次重复测 3 次，计算 3 次的符合率。

（3）ELISA 检测方法灵敏性评价

选取 MNV 阳性血清自 1：40 起倍比稀释（1：40、1：80、1：160、1：320、1：640），确定能检出阳性结果的血清最高稀释度。

（4）ELISA 检测方法稳定性评价

将重组抗原以 3μg/mL 包被 16 块抗原板，封板后置于 37℃培养箱中，于第 0~15 天各取一块板置于 4℃，16 天后检测同一份阳性血清和阴性血清，比较不同时间的检测结果。

（5）重组抗原 ELISA 试剂盒比对

从样品中随机盲抽小鼠血清 88 份，用本实验建立的重组抗原 ELISA 方法和两种国外鼠诺如病毒检测试剂盒 SMART-M35（Biotech Trading Partners）、XpressBio（Life Science

Products）同时进行检测，比较三者检测结果的符合率。

4. ELISA 检测方法的初步应用

从 2014~2015 年送检小鼠血清中随机抽取 1445 份血清，用建立的 ELISA 方法进行检测。

（三）结果

1. 重组抗原及全病毒纯化抗原浓度的测定

紫外分光法测定 OD_{260} 及 OD_{280}，代入公式 $1.45 \times OD_{260} - 0.74 \times OD_{280}$，得出重组抗原浓度为 1.25mg/mL，全病毒纯化抗原浓度为 7.5mg/mL。

2. ELISA 检测方法的建立

采用棋盘滴定法，用一个批次的 MNV 免疫阳性和阴性血清对照，确定抗原的最佳工作条件：抗原包被浓度、血清稀释度和酶标二抗的稀释度。经 ELISA 检测，结果显示纯化的 MNV BJ10-2062 全病毒与正抗 RAW264.7 细胞有非特异性结合，检测结果可能出现假阳性，不能直接包被用于 MNV 抗体检测。而重组抗原 MNV-VP1 特异性强，且与抗体的亲和力较强，因此，选用重组抗原 MNV-VP1 作为包被抗原用于 MNV 抗体检测。棋盘滴定法确定 MNV-VP1 重组抗原 ELISA 检测方法的最佳实验条件为：抗原包被浓度 3μg/mL、血清稀释度 1∶40，酶标二抗的稀释度 1∶20 000（表 1）。

表 1 MNV-VP1 重组抗原 ELISA 检测方法的最佳实验条件

抗原名称	包被抗原浓度	血清稀释度	羊抗小鼠二抗稀释度
MNV-VP1	3NV-VP	1∶40	1∶20 000

3. ELISA 检测方法的评价

（1）ELISA 检测方法精密度评价

取 MNV 阳性血清和阴性血清各一份，各检测 48 个孔，分别计算平均值和标准差。结果见表 2，分析可知，建立的 MNV-VP1 重组抗原 ELISA 检测方法具有较高的精密度。

表 2 ELISA 检测精密度实验

	MNV–VP1	
	阳性血清	阴性血清
平均值（x）	1.620 6	0.041 2
标准差（SD）	0.063 9	0.020 6
x.020	1.316 308	0.095 76
	1.795 484	0.169 136

（2）ELISA 检测方法重复性评价

从样品中随机盲抽小鼠血清 64 份，分批次重复测 3 次，计算 3 次的符合率，结果见表 3，63 号血清三次检测结果有差异，符合率为 98.4%（63/64），表明该方法具有良好的重复性。

表 3 ELISA 检测重复性实验

血清号	第一次	第二次	第三次	血清号	第一次	第二次	第三次
1	+	+	+	33	+	+	+
2	+	+	+	34	+	+	+
3	+	+	+	35	+	+	+
4	+	+	+	36	+	+	+
5	+	+	+	37	+	+	+
6	–	–	–	38	–	–	–
7	+	+	+	39	+	+	+
8	+	+	+	40	+	+	+
9	+	+	+	41	+	+	+
10	+	+	+	42	+	+	+
11	+	+	+	43	–	–	–
12	+	+	+	44	+	+	+
13	–	–	–	45	+	+	+
14	+	+	+	46	+	+	+
15	+	+	+	47	+	+	+
16	+	+	+	48	+	+	+
17	–	–	–	49	+	+	+
18	+	+	+	50	+	+	+
19	+	+	+	51	+	+	+
20	+	+	+	52	+	+	+
21	+	+	+	53	+	+	+
22	+	+	+	54	+	+	+
23	+	+	+	55	+	+	+
24	+	+	+	56	+	+	+
25	+	+	+	57	+	+	+
26	+	+	+	58	+	+	+
27	+	+	+	59	+	+	+
28	–	–	–	60	+	+	+
29	–	–	–	61	+	+	+
30	+	+	+	62	+	+	+
31	–	–	–	63*	+	+	–
32	+	+	+	64	+	+	+

* 表示 3 次测定不符的样本。

（3）ELISA 检测方法灵敏性评价

选取 MNV 阳性血清自 1∶40 起倍比稀释（1∶40，1∶80，1∶160，1∶320，1∶640……），检测结果如图 3 所示，当 MNV 阳性血清稀释至 1∶1280 时，其 OD_{492} 为 0.286，仍为阳性，表明建立的 ELISA 方法灵敏度高。

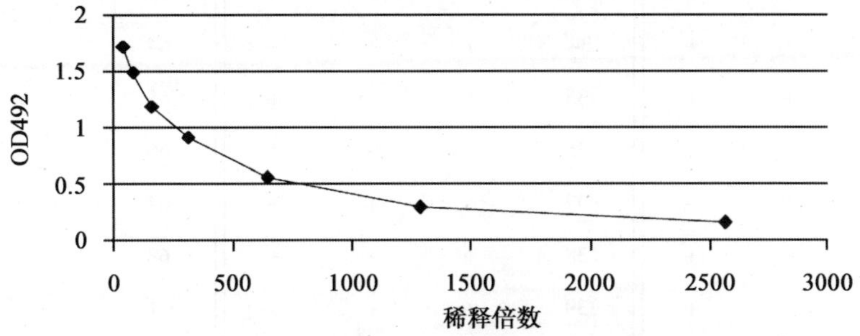

图 3 ELISA 检测方法灵敏度实验

（4）ELISA 检测方法稳定性评价

第 0~15 天 ELISA 检测数据如表 4 所示，结果显示 0~15 天阳性血清 OD_{492} 由 1.902 衰减到 1.685，表明建立的 ELISA 方法具有较好的稳定性。

表 4 ELISA 检测稳定性实验

时间	OD_{492}		时间	OD_{492}	
	阳性血清	阴性血清		阳性血清	阴性血清
0d	1.902	0.007	8d	1.729	0.015
1d	1.904	0.005	9d	1.74	0.002
2d	1.789	0.002	10d	1.746	0.001
3d	1.801	0.001	11d	1.782	0.005
4d	1.783	0.014	12d	1.75	0.002
5d	1.813	0.005	13d	1.776	0.002
6d	1.782	0.001	14d	1.767	0.001
7d	1.715	0.002	15d	1.685	0.002

（5）重组抗原 ELISA 试剂盒比对

采用本实验建立的重组抗原 ELISA 方法和两种国外鼠诺如病毒检测试剂盒 SMART-M35（Biotech Trading Partners）、XpressBio（Life Science Products）同时检测 88 份小鼠血清，三者检测结果见表 5，7 号、33 号、34 号、48 号、69 号、74 号样品三种方法检测结果不符合。检测结果显示本实验建立的重组抗原 ELISA 检测方法与 XpressBio 试剂盒检测结果的符合率为 93.2%（82/88），与 SMART-M35 试剂盒检测结果的符合率为 96.6（85/88），三种检测方法的符合率为 93.2%（82/88），表明本实验建立的 ELISA 方法检测结果可靠，可以用于小鼠诺如病毒抗体的检测。

表 5 ELISA 检测试剂盒比对

血清号	A	B	C	血清号	A	B	C	血清号	A	B	C
1	+	+	+	31	+	+	+	61	–	–	–
2	+	+	+	32	+	+	+	62	–	–	–
3	+	+	+	33*	+	–	–	63	–	–	–
4	+	+	+	34*	+	–	–	64	–	–	–
5	+	+	+	35	+	+	+	65	–	–	–
6	+	+	+	36	+	+	+	66	–	–	–
7*	–	+	–	37	+	+	+	67	–	–	–
8	+	+	+	38	+	+	+	68	–	–	–
9	+	+	+	39	+	+	+	69*	–	+	–
10	+	+	+	40	+	+	+	70	–	–	–
11	+	+	+	41	+	+	+	71	–	–	–
12	+	+	+	42	+	+	+	72	–	–	–
13	+	+	+	43	+	+	+	73	–	–	–
14	+	+	+	44	+	+	+	74*	–	+	–
15	+	+	+	45	–	–	–	75	–	–	–
16	+	+	+	46	–	–	–	76	–	–	–
17	+	+	+	47	–	–	–	77	–	–	–
18	+	+	+	48*	–	+	+	78	–	–	–
19	+	+	+	49	–	–	–	79	–	–	–
20	+	+	+	50	–	–	–	80	–	–	–
21	+	+	+	51	–	–	–	81	–	–	–
22	+	+	+	52	–	–	–	82	–	–	–
23	+	+	+	53	–	–	–	83	–	–	–
24	+	+	+	54	–	–	–	84	–	–	–
25	+	+	+	55	–	–	–	85	–	–	–
26	+	+	+	56	–	–	–	86	–	–	–
27	+	+	+	57	–	–	–	87	–	–	–
28	+	+	+	58	–	–	–	88	–	–	–
29	+	+	+	59	–	–	–				
30	+	+	+	60	–	–	–				

* 表示 3 次测定不符的样本

A、B、C 分别代表本实验建立的重组抗原 ELISA 检测方法、XpressBio、SMART-M35 ELISA 检测方法。

4. ELISA 检测方法的初步应用

从 2014~2015 年送检小鼠血清中随机抽取 1445 份血清，用重组抗原 ELISA 方法进行检测，并对筛出的阳性血清进行复检。ELISA 法共检测 1445 份小鼠血清，检出阳性血清 583 份，阳性率达 40.35%，其中，普通级为 100%（23/23），清洁级为 60.53%（184/304），SPF 级为 33.63%（376/1118）。小鼠阳性血清样本的 OD_{492} 值分布状况如图 4。

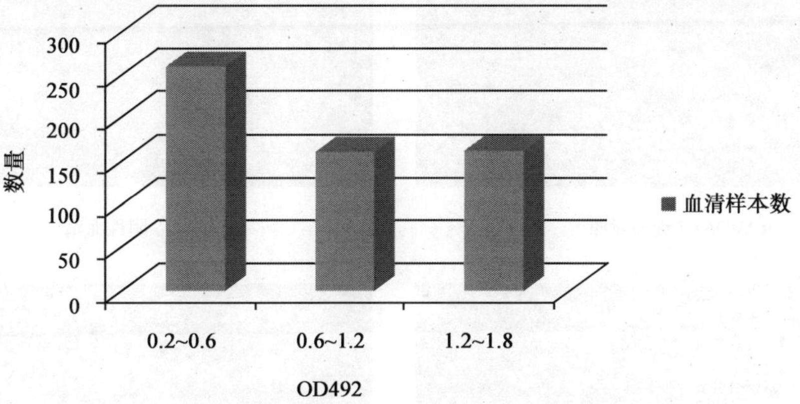

图 4 ELISA 法检测小鼠阳性血清 OD_{492} 分布状况

5. 与 MNV 抗体的间接免疫荧光检测法比较

（1）荧光显微镜下观察结果见图 5，RAW264.7 细胞对照无荧光出现，也未观察到荧光背景干扰。阳性血清的 IFA 检测可见绿色荧光，且细胞形态完整，荧光分布在整个细胞胞浆。阴性血清的 IFA 检测结果为红色细胞，可见少量非特异荧光，为典型的 IFA 检测阴性表现。结果表明所建立的鼠诺如病毒抗体的间接免疫荧光检测方法效果较好。

（2）应用所建立的间接免疫荧光方法对 ELISA 检测筛查过的 100 份阳性血清及 100 份阴性血进行复检。结果显示阳性血清的符合率为 100%（100/100），阴性血清的符合率为 98%（98/100），其中有 2 份阴性血清的免疫荧光结果显示弱阳性，应判定为阳性。结合 ELISA 和免疫荧光结果可知两种检测方法的灵敏度存在一定差异，ELISA 可作为 MNV 抗体检测的初筛方法，当测得到 A492 位于临界值时，可利用免疫荧光方法进行验证，最终判定血清检测结果。

四、MNV 核酸的实时荧光 PCR 检测方法（qPCR）

（一）材料

1. 菌株和质粒

质粒标准品委托 TAKARA 公司合成，将序列连接至 pMD19-T simple 载体上，并保存于大肠杆菌感受态细胞 DH5α。

2. 毒株、细胞和培养基

鼠诺如病毒 BJ10-2062（MNV-1 BJ10-2062） 本实验室保存

鼠诺如病毒 -1 CW1（MNV-1 CW1） 购自 ATCC（PTA-5935）

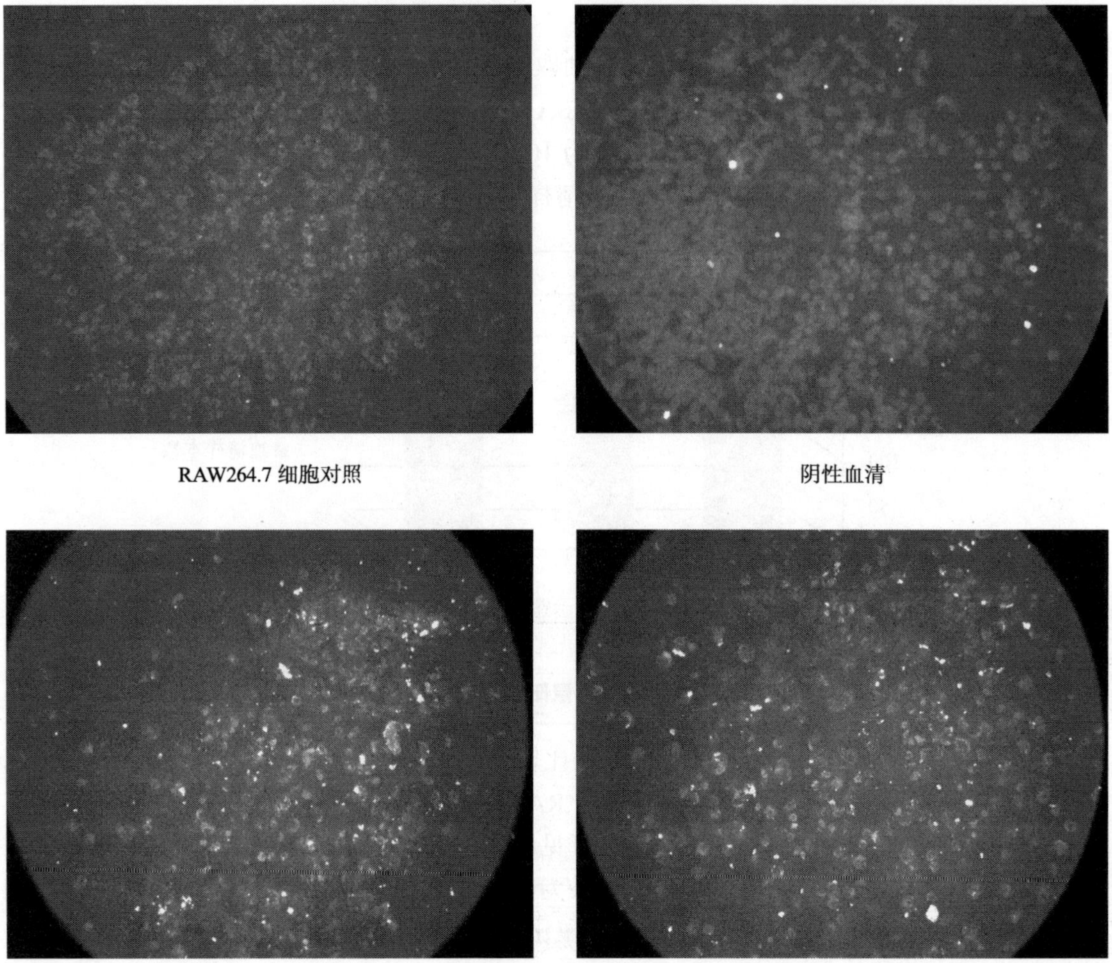

RAW264.7 细胞对照　阴性血清

阳性血清（二抗 1∶100）　阳性血清（二抗 1∶200）

图 5　鼠诺如病毒间接免疫荧光结果

猫杯状病毒（FCV）	由哈尔滨兽医研究所惠赠
人类诺如病毒（HuNoVs）	由中检院肠道病毒室惠赠
RAW264.7 细胞	购自 ATCC（TIB-71）
DMEM（1mol/L）培养基	购自 GIBCO

3. 试剂盒

RNA 提取试剂盒（RNeasy Mini Kit）	购自德国 Qiagen 公司
RNA 提取试剂盒（Cador® Pathogen 96 Qiacube® HT Kit）	购自德国 Qiagen 公司

（二）方法

1. 病毒 RNA 的提取

将 MNV 的细胞培养液反复冻融三次，12 000r/min 离心 5min，收集上清。按试剂盒操作提取 RNA。

2. 病毒 RNA 逆转录

MNV 为 RNA 病毒，RNA 易降解，本实验为两步法荧光定量检测方法，需要经过反转录成 cDNA 再进行反应。通过优化随机引物、模板量及逆转录酶浓度等，确定逆转录体系及条件，于冰浴中加入表 6 所示试剂。

表 6 qPCR 反应体系

反应体系	体积
5× 反转录酶缓冲液	5μL
无 RNase 水	6.5μL
dNTP mixture（2.5mmol/L each）	4μL
随机引物	1μL
RNA	8μL
AMV 反转录酶（10U/μL）	0.5μL
总体积	25μL

注：其反应条件为：37℃ 90min，72℃ 15min，4℃ 5min。

3. 标准阳性质控品的制备

委托 TAKARA 公司将 MNV BJ10-2062 基因保守区域（5018~5450nt）连接至 pMD19-T simple vector 构建标准阳性质控品，该片段包含引物所要扩增的片段并可进行熔解曲线分析。连接完成后，将重组质粒转化大肠杆菌 DH5α，挑取阳性克隆并测序鉴定。过夜培养阳性克隆菌，提取质粒，用紫外分光光度计测定 A260nm 和 A280nm OD 值，计算质粒浓度并分装保存于 −20℃。

4. 引物的设计

在 NCBI 获取现有的 60 个 MNV 分离株全基因组序列并进行序列比对，分析其共有序列，采用 ABI Primer Express 3.0 实时荧光定量 PCR 引物设计软件，设计扩增用引物 4 对，从扩增效率、特异性、灵敏度等方面分析，选择最佳引物 MNV-4F、MNV-4R。引物由美国 ABI 公司合成。序列如表 7 所示：

表 7 qPCR 所用引物

引物	引物序列（5'–3'）	序列位置	扩增子大小（bp）
MNV-4F	CAGGAAYGCTCAGCAGTCTTTGT	5031~5053	126
MNV-4R	GGYTGAATGGGGACGGC	5140~5156	

5. qPCR 扩增体系及标准曲线的建立

（1）优化 qPCR 反应体系中的引物、模板、PCR MIX 浓度，确定最佳反应体系，设定不同的退火温度，确定最佳反应条件，建立实时荧光定量 PCR 检测方法。

在反应管中按表 8 所示体系加样，每个样品做三个重复。

表 8 qPCR 优化反应体系

反应体系	体积
SYBR Premix Ex Taq GC（2x）	10μL
PCR 正向引物（10mmol/L）	0.4μL
PCR 反向引物（10mmol/L）	0.4μL
ROX Reference Dye II（50X）	0.4μL
模板	2μL
RNase free water	6.8μL
总计	20μL

注：反应条件为：95℃预变性 30s；然后 95℃ 10s，60℃ 30s，共 40 个循环，在每个循环延伸结束时采集荧光信号，最后进行熔解曲线分析。

（2）用含有目的片段的质粒 pMD19-T simple vector 作为标准品，将其 10 倍梯度稀释，做 9 个稀释度（1.1×10^9 10 倍梯度稀释至 1.1×10^1copies/μL），作为模板进行实时荧光定量 PCR 反应，建立标准曲线。每个稀释度做三个重复。

6. 鼠诺如病毒 qPCR 检测方法特异性、重复性和稳定性试验评价

以猫杯状病毒（FCV）、人类诺如病毒（HuNoVs）及 RAW264.7 细胞为对照，检测鼠诺如病毒实时荧光定量 PCR 检测方法的特异性；用实时荧光定量 PCR 检测方法对 1.1×10^6、1.1×10^5、1.1×10^4copies/μL 三种浓度标准质粒进行重复性和稳定性试验评价。每个浓度的标准质粒重复 3 个批次，每个批次做 5 个重复，计算试验内、试验间变异系数。qPCR 检测的反应体系及反应条件与实验方法 5-（1）相同。

7. qPCR 检测方法灵敏度检测

将质粒标准品作为模板，用 DEPC 水 10 倍梯度稀释成 1.1×10^9~1.1×10^0 copies/μL，进行荧光定量 PCR 反应，反应体系及反应条件与实验方法 5-（1）相同，每个浓度标准品做 3 个重复。所能检测的最小浓度的循环阈值（CT）≤ 35，据此得出该方法的检测灵敏度。文献报道的 TaqMan 探针法荧光定量 PCR 检测方法的检测限为 1×10^2 copies/μL。

8. qPCR 方法的初步应用

利用所建立的 qPCR 方法检测来自北京 9 个送检单位的 766 份小鼠样品。取小鼠盲肠内容物样品于 500μL PBS 溶液中，涡旋振荡，12 000r/min 离心 5min，取上清，用全自动核酸提取仪提取 RNA，逆转录后以 cDNA 为模板进行检测。每次设 10^8~10^1 copies/μL 标准品及 RAW264.7 细胞阴性对照，各样品均做三个重复，以确定该方法的准确性。

判断标准：建立的标准曲线参数 slope 在 –3.5~–3，R2>0.99，扩增效率在 90%~110%，可以判定实验成立，建立的方法可用于定量检测。

阳性判定标准：样品循环阈值（CT）<35，判定该样品为阳性；循环阈值（CT）≤ 35，不能确定被检样品是阳性样品，结果判定为阴性。

（三）结果

1. 构建 pMD19-T simple vector 重组质粒

（1）重组质粒经测序鉴定，测序结果与 MNV BJ20-2062 分离株核苷酸序列进行比对，

符合率为 100%。表明标准阳性指控品构建成功，可以作为 MNV 荧光定量 PCR 检测用阳性标准品。

（2）根据公式 copies/μL=（6.02×10^{23}）×（ng/μL $\times 10^{-9}$）/（base pairs × 660），计算质粒标准品浓度为 7.9×10^{10} copies/μL，取出部分样品稀释至 1.1×10^{9} copies/μL，分装保存于 −20℃。

2. qPCR 扩增体系及标准曲线的建立

（1）优化反应体系及反应条件，得到扩增曲线结果如图 6。其循环阈值（CT）为 20.03，拷贝数为 2.59×10^{5}copies/μL，分析其熔解曲线（图 7），可知熔解曲线为单峰，无非特异性反应。

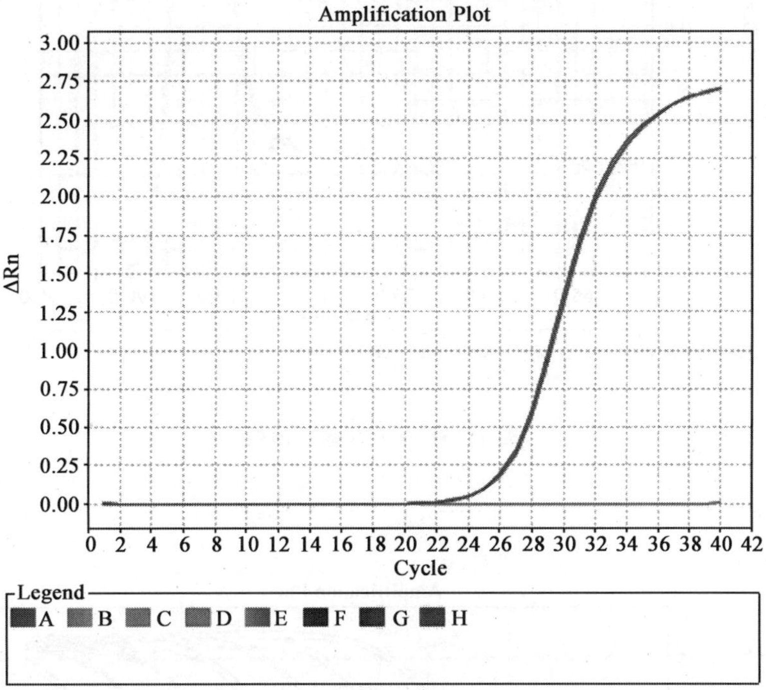

图 6 MNV 荧光定量 PCR 扩增曲线

（2）用含有目的片段的质粒 pMD19-T simple vector 作为标准品，将其 10 倍梯度稀释（1.1×10^{9}~1.1×10^{1} copies/μL）)，以倍比稀释的标准质粒为模板进行 qPCR 反应，得到阳性质控品的扩增曲线和标准曲线。扩增曲线（图 8）各稀释梯度间距均等，扩增效率为 98.32%。标准曲线（图 9）的线性范围是 1.1×10^{8}~1.1×10^{3}copies/μL，线性相关系数 slope 为 −3.216，R2 值为 0.998，表明标准曲线线性相关性高，定量结果有效、可靠。建立的标准曲线参数符合标准的规定范围，可用于定量检测。

3. 鼠诺如病毒 qPCR 检测方法特异性、重复性和稳定性试验评价

（1）qPCR 检测方法特异性试验评价

分别以 MNV BJ10-2062、HuNoVs、FCV 及 RAW264.7 细胞核酸提取物为模板进行荧光定量 PCR 反应，结果如图 10 所示，可以看出以 MNV BJ10-2062 为模板会出现明显的扩增曲线，而以 HuNoVs、FCV 及 RAW264.7 细胞核酸提取物为模板，扩增曲线为直

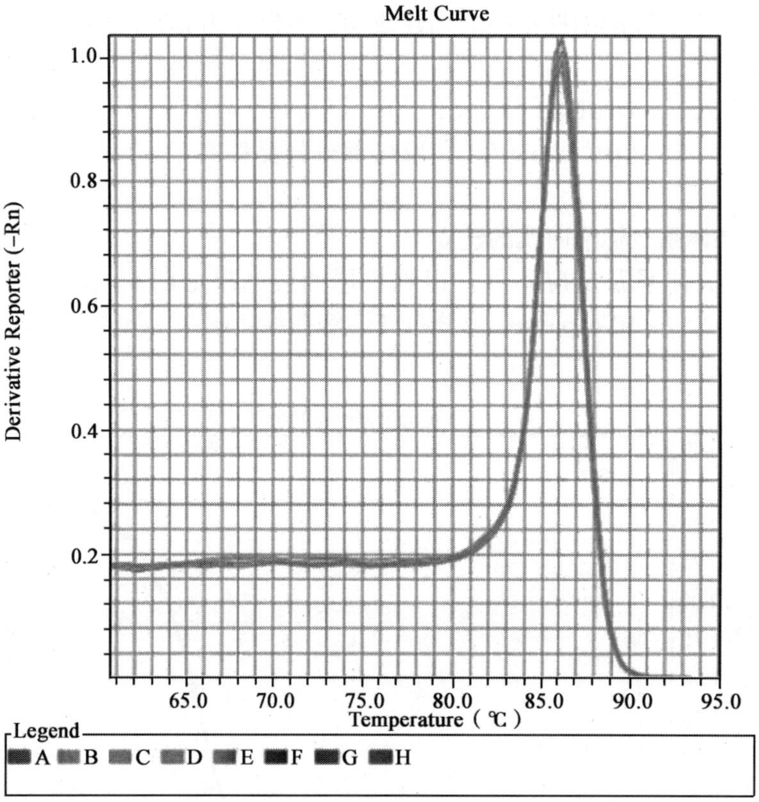

图 7 MNV 扩增熔解曲线

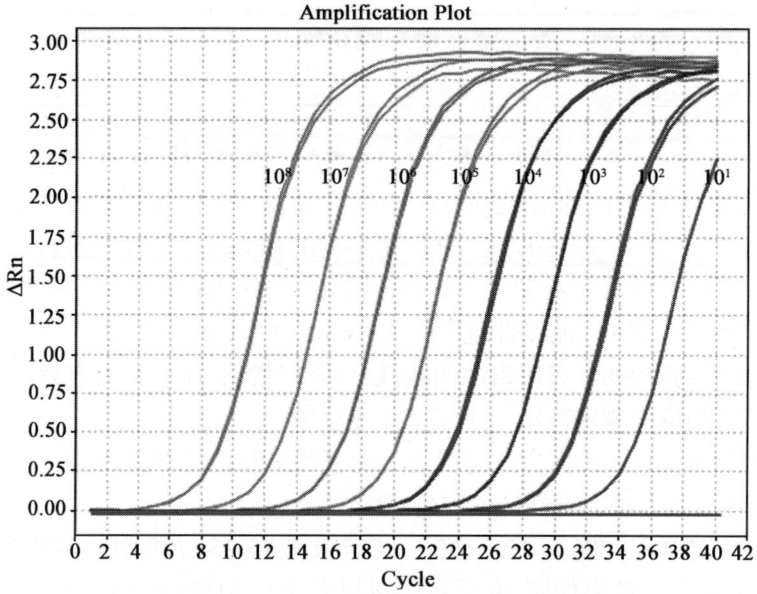

图 8 1.1×10^8~1.1×10^1copies/μL 标准质粒扩增曲线

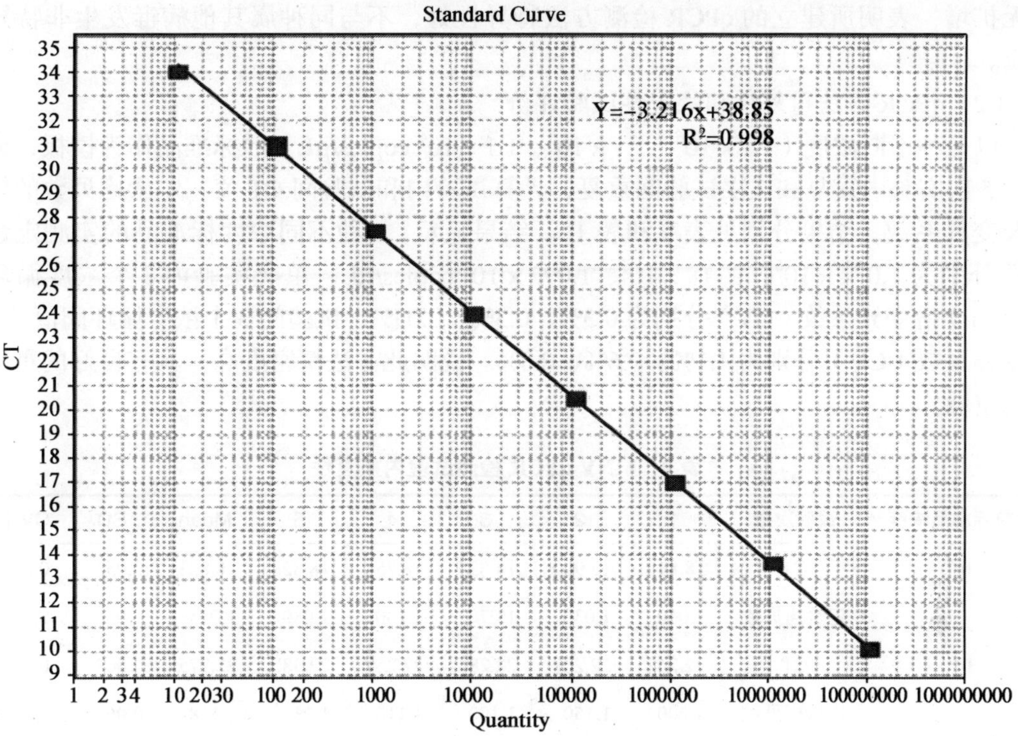

图 9　1.1×10^8~1.1×10^3copies/μL 标准质粒的标准曲线

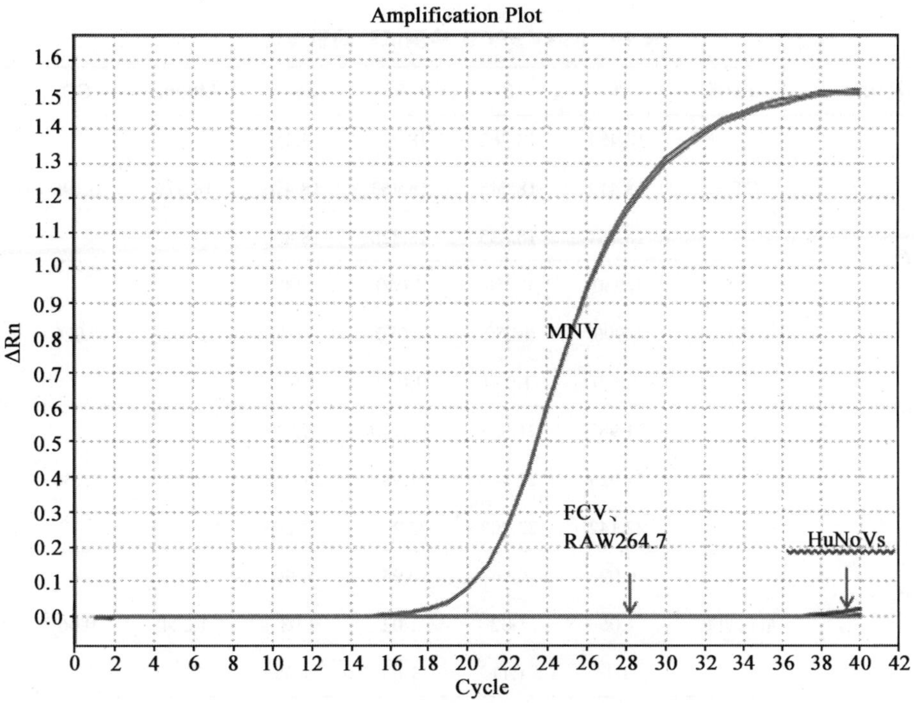

图 10　MNV 特异性实验扩增曲线

线无扩增，表明所建立的 qPCR 检测方法特异性好，不与同种属其他病毒发生非特异性反应。

（2）qPCR 方法重复性和稳定性试验评价

以三种不同浓度（1.1×10^6、1.1×10^5、1.1×10^4 copies/μL）的标准品作为模板，分别进行 5 次实验内重复和 3 次试验间重复，计算试验内和试验间 CT 值、定量拷贝数的标准差及变异系数，结果分别见表 9 和表 10。结果显示，3 种不同浓度标准品的实测定量拷贝数分别为 1.074×10^6、1.118×10^5、1.092×10^4 copies/μL，单次实验内 3 个浓度循环阈值（CT）份变异系数（CV）分别为 0.3%、0.3%、0.05%，试验间 3 个浓度循环阈值（CT）份变异系数（CV）分别为 1.1%、0.6%、0.8%。说明此方法精密度高，具有良好的重复性和稳定性。

表 9　MNV qPCR 检测试验内重复性

质粒标准品浓度	试验次数	1	2	3	4	5	Mean	SD	CV（%）
10^6	CT	18.848	18.900	18.835	18.754	18.828	18.833	0.052	0.3
	定量拷贝数	1.060	1.030	1.070	1.130	1.080	1.074	0.036	3.4
10^5	CT	22.242	22.207	22.284	22.259	22.385	22.275	0.067	0.3
	定量拷贝数	1.200	1.150	1.100	1.110	1.030	1.118	0.063	5.6
10^4	CT	25.769	25.775	25.748	25.763	25.780	25.767	0.012	0.05
	定量拷贝数	1.090	1.090	1.100	1.100	1.080	1.092	0.008	0.8

表 10　MNV qPCR 检测试验间重复性

质粒标准品浓度	试验次数	1	2	3	Mean1	Mean2	SD	CV（%）
		18.454	18.462	18.455	18.450			
	CT	18.419	18.545	18.463	18.476	18.579	0.196	1.1
		18.754	18.835	18.828	18.806			
10^6		0.980	0.950	1.080	1.003			
	定量拷贝数	0.990	1.050	1.080	1.040	1.032	0.026	2.5
		1.030	1.060	1.070	1.053			
		21.987	21.955	21.940	21.961			
	CT	21.924	21.986	21.985	21.965	22.043	0.138	0.6
		22.142	22.207	22.259	22.203			
10^5		0.99	0.94	0.95	0.96			
	定量拷贝数	1.06	1.02	1.02	1.033	1.024	0.06	5.9
		1.1	1.11	1.03	1.08			
10^4	CT	25.437	25.408	25.489	25.445	25.529	0.202	0.8

续表

质粒标准品浓度	试验次数	1	2	3	Mean1	Mean2	SD	CV（%）
		25.361	25.412	25.378	25.384			
		25.748	25.763	25.769	25.760			
10^4		1.030	0.980	0.960	0.990			
	定量拷贝数	1.060	1.080	1.100	1.080	1.052	0.054	5.1
		1.080	1.090	1.090	1.087			

4. qPCR 检测方法灵敏度试验评价

以质粒标准品作为模板，10 倍梯度稀释为 10^9~100 copies/μL，进行荧光定量 PCR 反应，扩增曲线（图 11）各稀释度间距均匀，标准曲线（图 12）线性范围良好。可以看出稀释至 1.1×10^1 copies/μL 时有明显扩增曲线，CT 值为 33.871，对应的模板量为 1.08×10^1 copies/μL，在可检测范围之内；标准品稀释到 1.1×10^0 copies/μL 是扩增曲线为直线无扩增，超出可信范围。因此，认为所建立的鼠诺如病毒实时荧光定量 PCR 检测方法的最低检测限度为 10copies/μL，具有较高的灵敏度。文献报道的 TaqMan 探针法荧光定量 PCR 方法的灵敏度为 1×10^2 copies/μL。本次建立的荧光定量 PCR 检测的灵敏度比文献报道的 TaqMan 探针法荧光定量 PCR 方法高 10 倍，且具有更高的广谱性。

5. 实时荧光定量 PCR 方法的应用

将所建立的实时荧光定量 PCR 方法应用于北京市 9 个送检单位的 766 份小鼠盲肠内

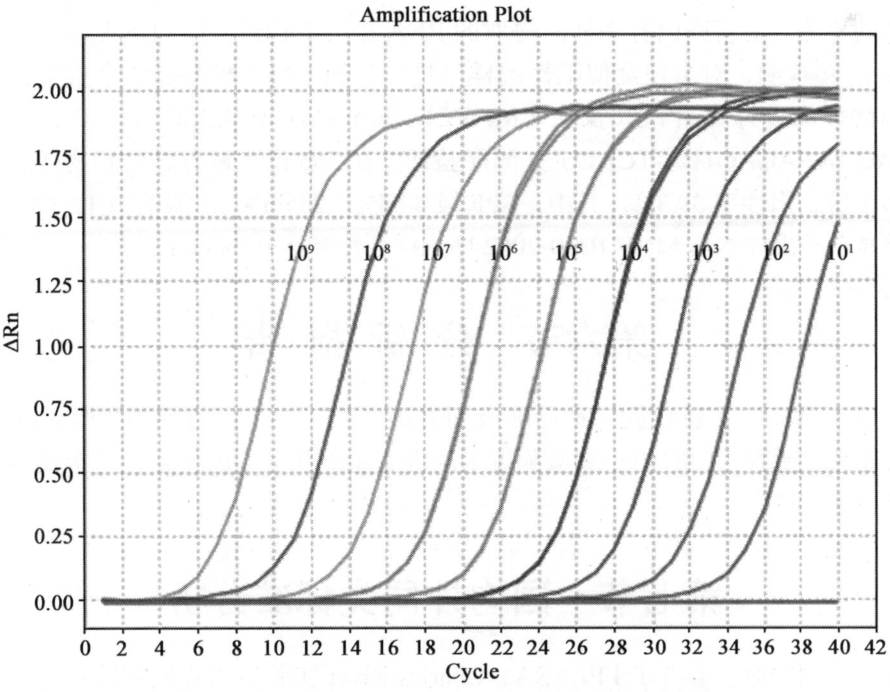

图 11 1.1×10^9~1.1×10^1 copies/μL 标准质粒扩增曲线

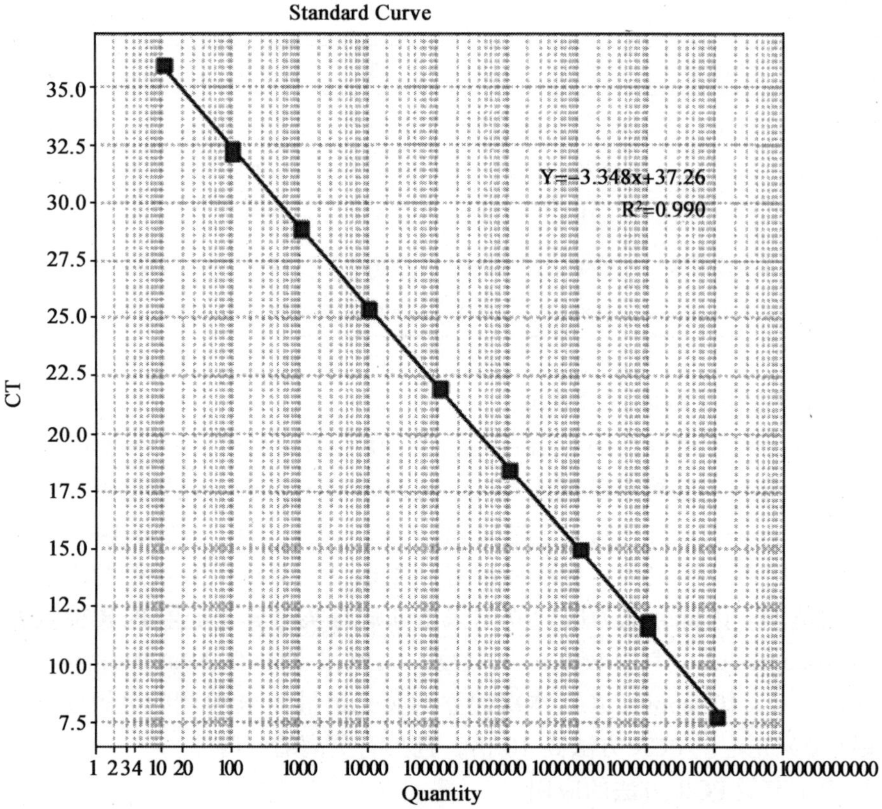

图 12 1.1×10^9~1.1×10^1copies/μL 标准质粒的标准曲线

容物样品的检测。对盲肠内容物样品提取的 RNA 进行逆转录，以 cDNA 为模板进行实时荧光定量 PCR 检测，对出现疑似阳性的样品进行复检，每个样品做 3 个重复，对部分拷贝数较高的样品进行普通 PCR 反应（MNVCF：CAGATCACATGCTTCCCAC；MNVCR：AGACCACAAAAGACTCA-TCAC）并测序验证。在 766 份小鼠盲肠内容物样品中检出阳性样品 301 份，阳性率 39.3%，其中，SPF 级 44.8%（285/636），清洁级 12.3%（16/130），测序结果显示检出样本与 MNV BJ10-2062 序列同源性高达 97% 以上。

第六节 分析报告

通过以上具体的实验数据，本标准所列方法性能可靠，可行性强，既做到与国际接轨，同时还考虑到我国实验用小鼠检测技术的现有水平和发展的需要，对提高实验小鼠的质量提供技术支持。

第七节 国内外同类标准分析

本部分在制定时，参考了 FELASA、Charles River 实验室杰克逊实验室等知名机构有关实验小鼠诺如病毒检测的标准，尽可能做到与国际接轨，同时还考虑到我国实验用小鼠检测技术的现有水平和发展的需要，既不能盲目攀高，脱离开我国现阶段的具体国情；也不能停滞保守，保护落后。

由于随着生物学技术的发展还会有新方法不断出现，建议将检测方法标准作为推荐性标准，从而有利于推动检测工作的开展、确保检测结果的准确性以及促进检测技术的全面发展。

在检测方法的先进性与实用性关系上，首先考虑选用国内外通用的、成熟和稳定的方法，方法的可操作性较强，便于一般检验实验室应用。同时所列的检测方法还考虑到国内能否提供相应的检测试剂。

第八节　与法律法规、标准关系

本标准是在收集、整理国内外有关组织、地方和实验动物专业生产公司的实验小鼠诺如病毒检测的先进标准，研究分析质量标准和控制要求的异同点后，以我国现有的实验小鼠目前微生物质量控制研究基础上制定的。在确定本标准各项指标时，以国家科委第 2 号令《实验动物管理条例》和国家科委与国家技术监督局联合颁发《实验动物质量管理办法》为依据，同时参考国家标准《实验动物　微生物学等级及监测》、《实验动物　微生物学检测方法》，以及国际公认的具有权威性的资料（如 FELASA、OIE）等。使本标准的各项指标与国际水平接轨，符合国家标准的要求，使标准具有一定的可操作性。

第九节　重大分歧的处理和依据

从标准结构框架和制定原则的确定、标准的引用、有关技术指标和参数的试验验证、主要条款的确定直到标准草稿征求专家意见（通过函寄和会议形式多次咨询和研讨），均未出现重大意见分歧的情况。

第十节　作为推荐性标准的建议

本标准的制定旨在对我国实验小鼠诺如病毒检测技术的标准化起到指导和引领作用，提出的内容不直接涉及保障人体健康、人身、财产安全等强制性标准领域，新标准实施的过程也是在实施进程中积累经验、逐步改进的过程。因此，根据《中华人民共和国标准法》第七条的规定，建议将本标准作为推荐性标准发布实施。

第十一节　标准实施要求和措施

本标准在制定时，充分借鉴了国家标准《实验动物　微生物学等级及监测》、《实验动物　微生物学检测方法》，在此基础上，参考了国际公认的权威机构的标准（FELASA 等）但是，由于本标准是首次制定，因此还需要经过实践的检验逐步完善。

建议实验动物生产部门将其列为常规检测项目，实验动物使用部门根据实验的具体要求选择是否检测，同时根据现有的实验条件及实验目的选择检测方法。

第十二节 本标准常见知识问答

问：本标准规定的检测方法有哪几种？分别检测病毒的哪个方面？

答：本标准规定了小鼠诺如病毒的分离与鉴定、免疫荧光试验、酶联免疫吸附试验、聚合酶链式反应（PCR）、实时荧光 PCR 法（染料法和探针法）等几种检测方法，其中病毒的分离和鉴定主要检测病毒的抗原；免疫荧光试验和酶联免疫吸附试验检测病毒的抗体；PCR 方法检测病毒的核酸（RNA）。

问：请简要说明本标准规定的各个方法的特点。

答：病毒的分离和鉴定是检测的“金标准”，但费时费力，影响因素较多，并且敏感性较低；酶联免疫吸附试验可作为大量样本的筛查方法，免疫荧光试验主要用来对检测结果进行确认；PCR 技术包括普通 PCR 和荧光定量 PCR，相比普通 PCR，荧光定量 PCR 检测敏感性高，并且操作简便，同时降低了 PCR 产物污染的可能性，但成本较高。实验室可根据检测的目的及实际情况来选择相应的方法。

第二十三章 T/CALAS 23—2017《实验动物布鲁杆菌 PCR 检测方法》实施指南

第一节 工作简况

中国实验动物学会作为团体标准改革的试点单位，结合实际需求，提出了该标准的研究和撰写，由中国食品药品检定研究院完成。

第二节 工作过程

2015 年 12 月编写组提出框架，2016 年上半年完成标准草案的编写。2016 年 10 月 10 日在广西召开的第十二届中国实验动物学会学术年会上征求与会专家意见，经修改成为征求意见稿。经公开征求意见，提出意见单位 3 个，提出意见数量 7 个，采纳 5 个，不采纳 2 条。经修改成为送审稿。

2017 年 2 月 21 日经过标准审查会议讨论，与会专家针对该标准提出了生物安全要求标准问题，均做了修改，形成标准报批稿。

2017 年 5 月，本标准经中国实验动物学会第六届理事会常务理事会第八次会议审议通过，批准发布，于 2017 年 5 月 19 日起正式实施。

第三节 编写背景

目前国家标准中规定实验动物布鲁杆菌检测用的方法是试管凝集，试管凝集需要用大量的布鲁杆菌抗原，抗原的生产需要三级及以上实验室，而且大多数实验室也拿不到布鲁杆菌菌种，以前市面上有销售试管凝集抗原，现在生产厂家也不再供应，所以我们的布鲁杆菌检测遇到了无法解决的问题，为此，我们需要寻求一种更加简便的、同时对实验室要求并没有那么高的检测方法。多重 PCR 方法不需要培养活菌，大大减少了实验室感染的可能性，同时可以检测布鲁杆菌的多种型别，以减少漏检的发生。

第四节 编制原则

本标准在制定中应遵循以下基本原则：

（1）本标准编写格式应符合 GB/T 1.1—2000 的规定；

（2）本标准规定的技术内容及要求应科学、合理，具有适用性和可操作性；

（3）本标准的水平应达到国内领先水平。

第五节　内 容 解 读

本标准主要采取多重PCR加酶切的方式对布鲁杆菌进行检测，采取这样的检测方式可以对布鲁杆菌进行检测，而不是布鲁杆菌抗体，同时可以对检出的布鲁杆菌进行分型，指导下一步的防护及净化工作。第一步的多重PCR可以有效区分流产布鲁杆菌、犬型布鲁杆菌菌和绵羊型布鲁杆菌，其他三型（包括马耳他布鲁杆菌、猪布鲁杆菌和沙林鼠布鲁杆菌）第一步多重PCR的电泳结果是无法区分的，需要通过*Kpn*I、*Eco*RI和*Pvu*II酶切分析得到确切结果。*Kpn*I只能切开沙林鼠型（690）和羊型（712），在猪型上没有酶切位点；*Eco*RI在沙林鼠型上的酶切位点是458，大概在PCR产物中间的位置，而在另两型上分别有两个酶切位点，分别是猪型（450，652），羊型（243，455）；*Pvu*II不能切开沙林鼠型，可以切开另两型，酶切位点分别是猪型（285），羊型（614）。利用这样的组合酶切可以成功区分沙林鼠型、猪型和马耳他型。

一、菌株及抗原

本研究中共使用了5种布鲁杆菌或布鲁杆菌抗原（表1），这些抗原为直接裂解菌体得到，其中含有细菌DNA；这些布氏杆菌经常感染实验犬。

表1　研究中使用的布鲁杆菌或抗原详细信息

编号	名称	种属	来源	备注
A	布鲁杆菌55010株	流产布鲁杆菌	中国预防医学科学院流行病学微生物学研究所	（104M）弱毒株生产人用活疫苗
B	试管抗原	具体分型有待验证	中国预防医学科学院流行病学微生物学研究所	批号：2002
C	R. 试管抗原	具体分型有待验证	中国预防医学科学院流行病学微生物学研究所	批号：2002
D	虎红平板凝集抗原	具体分型有待验证	中国兽医药品监察所	批号：200809
E	虎红平板凝集抗原	犬型	中国兽医药品监察所	批号：200901

二、检测体系的建立

（一）布鲁杆菌种和型特异性PCR结果

五个菌株用三重PCR方法扩增出的条带如图1所示，第1条为A株，报道为牛型，但扩增结果显示并不完全是牛型，似乎是牛型和其他的混合型；第2条为B株，与A株一样，可能是两种的混合型；第3条为C株，为犬型抗原；第4条为D株，它有三条带，分别在600bp、400bp和200bp的位置，与理论图相比较，其型别难以确定，有待进一步测序分析；第5条为E株，但PCR结果显示并非犬型，需进一步酶切鉴定。

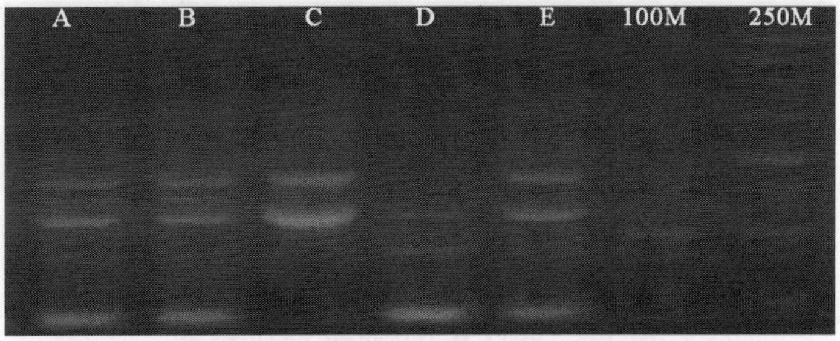

图 1　5 个不同来源的菌株用三重 PCR 方法扩增的结果

（二）限制内切酶酶切分析

三重 PCR 结果表明：A 株、B 株和 E 株扩增条带结果一致。用组合酶切的方式酶切上述三株细菌 910bp 的片段，然后进行分析鉴定。结果见图 2，由图可见，*Kpn*I 可以切开三个菌株，首先排除猪型；*Eco*RI 和 *Pvu*II 结果显示，E 株实际为羊型；A 株和 B 株 900bp 酶切结果显示为沙林鼠株，具体情况有待于测序结果的验证。

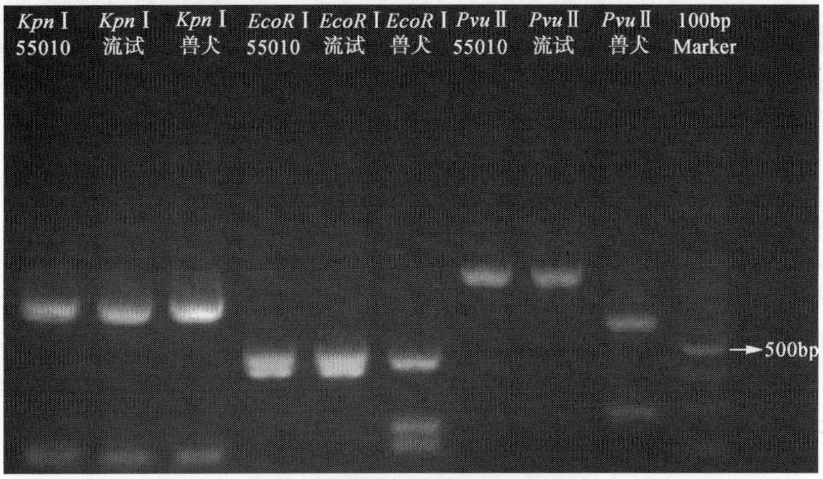

图 2　三个菌株组合酶切结果

（三）测序结果

5 个菌株的 600bp 片段和 4 个菌株的 910bp 片段均送公司进行测序，测序结果在 NCBI 上进行 Blast 比对，结果显示，9 条片段均为布鲁氏杆菌片段，相似性很高，达到 99%~100%。而 A 株和 B 株 910bp 和 600bp 均为沙林鼠型的；C 株确为犬型的；D 株是田鼠型的；E 株实为羊型。与多重 PCR 结果一致。

（四）方法的特异性

用该方法同时扩增几种肠道菌，如图 3，从 1~11 分别为 D 株、金黄色葡萄球菌、沙门菌、耶尔森菌、大肠杆菌、肺炎克雷伯、绿脓杆菌、嗜肺杆菌、变形杆菌、正常犬血对照、水对照，结果均未得到阳性条带，说明该方法的特异性很好。

（五）方法的敏感性

用 D 株作 10 倍系列稀释，结果见图 4，由图可以看出，本实验最高可检测到 10^{-8} 的稀释度，也就是 1.8×10^{-7}μg/mL。

图 3 三重 PCR 方法特异性测定结果

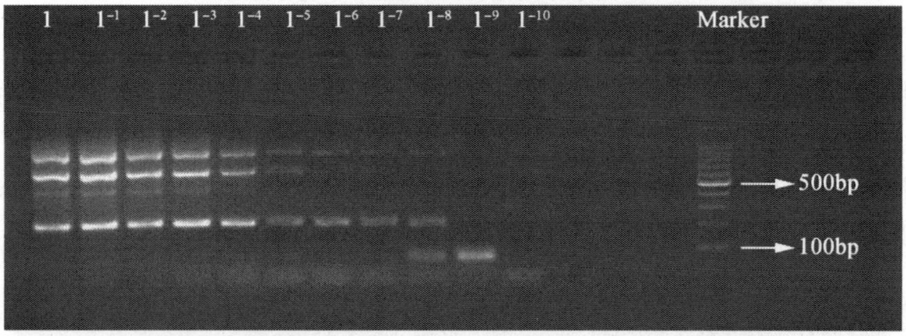

图 4 多重 PCR 方法敏感性试验

第六节 分析报告

通过多重 PCR 和组合酶切的方式可以区分常见的布鲁杆菌型别，如果出现不同于标准中示意图的条带结果，需要进行测序，并结合试管凝集试验结果及动物的临床表现进行判定，如果有条件的实验室可以对有扩增条带的动物进行病原分离，多项结果同时证实为阳性时可以出具阳性检测报告。

第七节 国内外同类标准分析

一、国外标准

欧洲实验动物联合会（FELESA）规定的犬布鲁杆菌所用检测方法为培养法，暂时没有查到其他国外标准中关于布鲁杆菌检测的规定。

世界动物卫生组织（OIE）推荐的具有高敏感性和特异性的三种检测布鲁杆菌病的方法为：间接酶联免疫吸附（IELISA）、竞争酶联免疫吸附（CELISA）与荧光偏振检测法（FPA）。

二、国内标准

国内关于布氏杆菌诊断的标准目前查到的有以下条目，这些标准的诊断方法要比实验动物国家标准中规定的布鲁杆菌的检测方法全面，我们也需要不断的补充完善检测方法。

1. 动物布鲁杆菌病诊断技术

GB/T 18646—2002 国家标准

本标准规定了动物布鲁杆菌病的诊断技术。本标准规定的虎红平板凝集试验、乳牛全乳环状试验适用于家畜布病田间筛选试验和乳牛场布病的监测及诊断泌乳母牛布病的初筛试验；试管凝集试验和补体结合试验适用于诊断羊种、牛种、和猪种布病感染的家畜。

本标准规定的试管凝集试验不适用于犬种和绵羊附睾种布病感染家畜的检疫。

2. 山羊和绵羊布鲁杆菌病检疫规程

SN/T 2436—2010 行业标准 - 商品检验（CN-SN）

本标准规定了山羊和绵羊布鲁杆菌病的虎红平板凝集试验、试管凝集试验、补体结合试验、酶联免疫吸附试验、琼脂扩散试验等技术要求。本标准适用于山羊和绵羊牛种、羊种、绵羊种布鲁杆菌病的检疫。

3. 布鲁杆菌病诊断标准

WS 269—2007 行业标准 - 卫生（CN-WS）

本标准规定了人群布鲁杆菌病的诊断依据、诊断原则、诊断和鉴别诊断。本标准适用于各级各类医疗卫生机构及其工作人员对布鲁杆菌病的诊断与报告。

4. 奶牛布鲁杆菌病 PCR 诊断技术

NY/T 1467—2007 行业标准 - 农业（CN-NY）

本标准规定了检测牛种布鲁杆菌（B abortus）套式聚合酶链反应诊断方法要求。本标准适用于奶牛布鲁杆菌病的病原诊断、奶牛场检疫、疫情监测和流行病学调查。其他偶蹄动物布鲁杆菌病 PCR 诊断可参照本标准。

5. 布氏杆菌检疫技术规范

SN/T 1088—2010 行业标准 - 商品检验（CN-SN）

本标准规定了布氏杆菌显微镜检查、细菌培养、聚合酶链反应、虎红平板凝重试验、缓冲平板凝集试验、试管凝集试验、补体结合试验、酶链免疫吸附试验、荧光偏振试验、全乳环状试验等技术要求。本标准适用于牛种、猪种布氏杆菌的检疫。

6. 动物布氏杆菌病控制技术规范

NY/T 907—2004 行业标准 - 农业（CN-NY）

本标准规定了动物布氏杆菌病的诊断技术、控制措施和考核验收标准。

本标准适用于动物布氏杆菌病控制。

第八节　与法律法规、标准关系

布鲁杆菌病简称布病，是由布鲁杆菌感染引起的人兽共患传染病。世界动物卫生组织（World Organization for Animal，OIE）将其列为 B 类动物疫病，我国将其列为二类动物疫病，依据《中华人民共和国动物防疫法》和其他相关的法律法规，制定了《布鲁杆菌病防治技术规范》，这个规范适用于中华人民共和国境内一切从事牛、羊、猪、鹿、犬等布病易感动物的饲养、经营及其产品的生产、经营，以及从事动物防疫活动的单位和个人。根据这个技术规范参照国家标准或行业标准对动物进行检测，如果出现阳性参照技术规范进行下一步操作。

第九节 重大分歧的处理和依据

从标准结构框架和制定原则的确定、标准的引用、有关技术指标和参数的试验验证、主要条款的确定直到标准草稿征求专家意见（通过函寄和会议形式多次咨询和研讨），均未出现重大意见分歧的情况。

第十节 作为推荐性标准的建议

布鲁杆菌的检出要求犬厂家对阳性犬进行扑杀，基于福利伦理以及经济价值的考虑，我们判断结果都需要慎重再慎重，所以对于阳性结果的判断我们不能仅仅依赖一种方法，需要用其他的方法去验证，布鲁杆菌的分子检测方法可以有效弥补血清学检测方法特异性略差的问题，对结果的判断可以更为准确，因此该方法可以作为国标布鲁杆菌检测方法的验证方法纳入团体标准的范围。

第十一节 本标准常见知识问答

问：是否能对所有布鲁杆菌的型别进行鉴定?

答：不能，只能对常见的 5 种型别进行鉴定。

问：如果出现 5 种型别意外的布鲁杆菌型，如何进行鉴定

答：建议将 PCR 产物送公司进行测序后，比对分析，如果有条件的话可以进行分离鉴定。

第二十四章　T/CALAS 24—2017《实验动物　螺杆菌 PCR 检测方法》实施指南

第一节　工 作 简 况

根据中国实验动物学会实验动物标准化专业委员会的下达的 2016 年团体标准制（修）订计划，由广东省实验动物监测所和中国食品药品检定研究院共同负责团体标准《实验动物　螺杆菌 PCR 检测方法》起草工作。该项目由全国实验动物标准化技术委员会（SAC/TC281）技术审查，由中国实验动物学会归口管理。

本标准的编制工作是按照《中华人民共和国国家标准 GB/T1.1 2009 标准化工作导则》第 1 部分"标准的结构和编写规则"的要求进行编写的。本标准是在国家科技支撑计划"实验动物质量检测关键技术研究"（项目编号 2013BAK11B01）和广东省科技计划项目"广东省实验动物检测技术平台"（项目编号 2011B040200010）课题基础上制定而成的，在制定过程中参考了国内外相关文献，对方法的敏感性、特异性、重复性等进行了研究，并对所建立的标准方法进行了应用研究，建立了可行、稳定、特异的螺杆菌普通 PCR 和实时荧光 PCR 检测方法。

第二节　工 作 过 程

本标准由中国实验动物学会实验动物标准化专业委员会提出，广东省实验动物监测所和中国食品药品检定研究院按照团体标准研制要求和编写工作的程序，组成了由双方单位专家和专业技术人员参加的编写小组，制定了编写方案，并就编写工作进行了任务分工。编制小组根据任务分工进行了资料收集和调查研究工作，在国家科技支撑计划"实验动物质量检测关键技术研究"（项目编号 2013BAK11B01）和广东省科技计划项目"广东省实验动物检测技术平台"（项目编号 2011B040200010）课题研究基础上，组织编写实验动物螺杆菌 PCR 检测方法技术资料，于 2016 年 4 月完成了标准草案的起草工作。标准草案首先征求中国实验动物学会实验动物标准化专业委员会的意见，2016 年 10 月在南宁召开团体标准征求意见会议，参会专家对标准稿提出了系列修订建议和意见。根据提出的意见编制组对《实验动物　螺杆菌 PCR 检测方法》标准草案进行修改。结合调研、试验验证，形成本标准征求意见稿。

2016 年 11 月至 12 月，标准征求意见稿在中国实验动物学会网站公开征求意见，共收集意见或建议 12 个，编制组根据专家提出的修改意见和建议，采纳 10 个，未采纳 2 个。

经对《实验动物　螺杆菌 PCR 检测方法》团体标准整理修改后形成标准送审稿、标准送审稿稿编制说明和征求意见汇总处理表。

2017 年 2 月 21 日，全国实验动物标准化技术委员会在北京召开了标准送审稿专家审查会。会议由全国实验动物标准化技术委员会的委员组成审查组，认真讨论了标准送审稿及其编制说明、意见汇总处理表，提出了修改意见和建议。与会专家认为本标准填补了螺杆菌检测方法国内无标准的空白，一致同意通过审查。会后，编制组根据与会专家提出的修改意见，经对《实验动物　螺杆菌 PCR 检测方法》团体标准修改完善后形成标准报批稿、标准报批稿编制说明和征求意见处理汇总表。

2017 年 5 月，本标准经中国实验动物学会第六届理事会常务理事会第八次会议审议通过，批准发布，于 2017 年 5 月 19 日起正式实施。

第三节　编 写 背 景

啮齿动物螺杆菌属于螺杆菌属，是一群革兰氏染色阴性、微需氧条件生长且营养要求较高的螺旋状细菌。该菌的自然宿主是鼠，具有较高感染率并主要以隐形感染形式存在于啮齿类实验动物的消化道中。免疫缺陷动物感染螺杆菌可引起严重的临床症状，严重影响实验动物质量及试验结果。啮齿动物螺杆菌包括胆汁螺杆菌（*H. bilis*）、肝螺杆菌（*H. hepaticus*）、小家鼠螺杆菌（*H. muridarum*）、啮齿类动物螺杆菌（*H. rodentium*）和盲肠螺杆菌（*H. typhlonius*）等，螺杆菌是国外实验动物健康监测的一个必检项目，国际实验动物理事会等已将螺杆菌列为实验动物必须排除的病原菌，我国实验动物国家标准中虽然尚未把螺杆菌列入检测项目，但是一些实验动物生产或使用单位，以及一些 CRO 公司都把螺杆菌列为筛查项目。

在螺杆菌检测方法研究方面，分离培养法因其可靠直接而成为螺杆菌诊断检测的首选方法，但因螺杆菌的生长条件苛刻，而阻碍了该检测方法的应用。随着分子生物学技术的发展，PCR 检测技术因高效、快速简便等优点而被广泛应用于检测螺杆菌。实时荧光 PCR（real-time fluorescence PCR）技术是在 PCR 扩增反应过程中加入荧光基团，利用荧光信号累积实时检测整个 PCR 进程，最后通过标准曲线对未知模板进行定量分析的方法。它具有定量准确、灵敏度高、反应速度快、重复性好及 PCR 反应后不需电泳检测等优点。该技术自发明以来，被广泛地应用于 DNA 或 RNA 绝对定量分析、基因表达差异分析和肿瘤基因检测等多个学科领域。本研究参照文献报道建立了多种螺杆菌 PCR 检测方法，具有良好的特异性且敏感性良好。为了使这一先进的病原检测技术能更好地为生产服务，特制定本检测方法标准。这一标准的制定，对实验大小鼠的螺杆菌日常监测、流行病学调查及临床诊断都具有重要的实用意义。

第四节　编 制 原 则

本标准的编制主要遵循以下原则：一是科学性原则。在尊重科学、亲身实践、调查研究的基础上，制定本标准。二是可操作性原则。本标准无论是从样品采集、处理、DNA

抽提、PCR 反应，均操作简单，仅需 4 小时既可完成。具有可操作性和实用性。三是协调性原则。以切实提高我国实验动物螺杆菌检测技术水平为核心，符合我国现行有关法律、法规和相关的标准要求。

第五节　内 容 解 读

本标准由范围、规范性引用文件、术语、定义及缩略语、检测方法原理、主要设备和材料、试剂、检测方法、结果判定、检测过程中防止交叉污染的措施、附录共十章构成。现将《实验动物　螺杆菌 PCR 检测方法》主要技术内容确定说明如下：

一、本标准范围的确定

本标准规定了实验动物螺杆菌普通 PCR 和实时荧光 PCR 检测方法。本标准规定适用于实验动物及其产品、细菌培养物、实验动物环境和动物源性生物制品中螺杆菌的检测。

二、规范性引用文件

下列文件对于本文件的应用是必不可少的。凡是注明日期的引用文件，仅注日期的版本适用于本文件。凡是不注日期的引用文件，其最新版本（包括所有的修改单）适用于本文件。

GB 19489 《实验室　生物安全通用要求》

GB/T 19495.2　转基因产品检测　实验室技术要求

三、术语、定义和缩略语

为方便标准的使用，本标准规定了以下术语、定义及缩略语

（一）术语和定义

下列术语和定义适合于本标准。

1. 聚合酶链式反应 polymerase chain reaction，PCR

体外酶催化合成特异 DNA 片段的方法，模板 DNA 先经高温变性成为单链，在 DNA 聚合酶作用和适宜的反应条件下，根据模板序列设计的两条引物分别与模板 DNA 两条链上相应的一段互补序列发生退火而相互结合，接着在 DNA 聚合酶的作用下以四种 dNTP 为底物，使引物得以延伸，然后不断重复变性、退火和延伸这一循环，使欲扩增的基因片段以几何倍数扩增。

2. 实时荧光聚合酶链式反应 real-time PCR，实时荧光 PCR

实时荧光 PCR 方法是在常规 PCR 的基础上，在反应体系中加入特异性荧光探针，利用荧光信号积累实时检测整个 PCR 进程，通过检测每次循环中的荧光发射信号，间接反映了 PCR 扩增的目标基因的量，最后通过扩增曲线对未知模板进行定性或定量分析。本标准中将“PCR”称为“普通 PCR”是为了与“实时荧光 PCR”进行区别，避免名称混淆。

3. Ct 值 cycle threshold

实时荧光 PCR 反应中每个反应管内的荧光信号达到设定的阈值时所经历的循环数。

（二）缩略语

下列缩略语适用于本标准。

DNA　　脱氧核糖核酸（deoxyribonucleic acid）

PBS　　磷酸盐缓冲液（phosphate buffered saline）

四、检测方法原理

简要介绍了标准中采用的技术方法原理。用合适的方法提取样本中的螺杆菌 DNA，针对螺杆菌 16sRNA 基因设计特异的引物序列，通过 PCR 对模板 DNA 进行扩增，根据 PCR 检测结果判定该样品中是否含有螺杆菌属核酸成分，然后，根据不同种的螺杆菌基因序列设计特异的种鉴别引物，判定为哪一个种的螺杆菌。

实时荧光 PCR 方法是在常规 PCR 的基础上，加入了一条特异性的荧光探针，探针两端分别标记一个报告荧光基团和一个淬灭荧光基团。探针完整时，报告基团发射的荧光信号被淬灭基团吸收；PCR 扩增时，*Taq* 酶的 5'→3' 外切酶活性将探针酶切降解，使报告荧光基团和淬灭荧光基团分离，淬灭作用消失，荧光信号产生并被检测仪器接受，随着 PCR 反应的循环进行，PCR 产物与荧光信号的增长呈对应关系。因此，可以通过检测荧光信号对核酸模板进行检测。

五、主要设备和材料

规定了检测方法所需要的设备和材料。

六、试剂

规定了检测方法所需要的试剂。

1. 灭菌 PBS。配制方法在标准附录中给出。

2. DNA 抽提试剂：基因组 DNA 提取试剂盒 DNeasy Blood & Tissue Kit（Qia-gen 公司，Cat.No.69504）或其他等效产品。DNA 抽提试剂给出了具体的信息，目的是为了方便标准的使用者，并不表示对该产品的认可。如果其他等效产品具有相同的效果，则可以使用这些等效产品。

3. 无水乙醇。

4. PCR 试剂：Premix Taq TM（Version 2.0 plus dye）（Takara 公司，Cat.No.RR901A）或其他等效产品。PCR 试剂均给出了具体的信息，目的是为了方便标准的使用者，并不表示对该产品的认可。如果其他等效产品具有相同的效果，则可以使用这些等效产品。

5. 实时荧光 PCR 试剂：TaqMan® Universal PCR Master Mix（Thermo Fisher Scientific 公司，Cat.No. 4304437）或其他等效产品。实时荧光 PCR 试剂均给出了具体的信息，目的是为了方便标准的使用者，并不表示对该产品的认可。如果其他等效产品具有相同的效果，则可以使用这些等效产品。

6. DNA 相对分子质量标准：100~2000bp。

7. 50×TAE 电泳缓冲液，配制方法在标准附录中给出。

8. 溴化乙锭：10mg/mL，配制方法在标准附录中给出。或其他等效产品。

9. 1.5% 琼脂糖凝胶，配制方法在标准附录中给出。

10. 引物和探针：普通 PCR 引物设计参照参考文献（Feng，2005）。根据表 1 和表 2 的序列合成引物和探针，引物和探针加无灭菌去离子水配制成 10μmol/L 储备液，-20℃保存。

表 1 普通 PCR 检测引物

细菌	引物名称	引物序列（5'→3'）	产物大小（bp）
螺杆菌属（*Helicobacter genus*）	H-F	CTATGACGGGTATCCGGC	780
	H-R	CTCACGACACGAGCTGAC	
肝螺杆菌（*H. hepaticus*）	Hh-F	ATGGGTAAGAAAATAGCAAAAAGATTGCAA	705
	Hh-R	CTATTTCATATCCATAAGCTCTTGAGAATC	
胆汁螺杆菌（*H. bilis*）	Hb-F	ATGGAACAGATAAAGATTTTAAAGCAACTTCAG	435
	Hb-R	CTATGCAAGTTGTGCGTTAAGCAT	
啮齿类螺杆菌（*H. rodentium*）	Hr-F	TTGTGAAATGGAGCAAATCTTAAAAACT	191
	Hr-R	TAGCCAGTTTGGCATTCC	
小家鼠螺杆菌（*H. muridarum*）	Hm-F	ATGACAAAAAAATATTCTTTCACAAAACTATTCATTGGT	807
	Hm-R	TTTATTTTAGATTCCATTTAACTGCTAAATCATCAATAGT	
盲肠螺杆菌（*H. typhlonius*）	Ht-F	AGGGACTCTTAAATATGCTCCTAGAGT	122
	Ht-R	ATTCATCGTGTTTGAATGCGTCAA	

表 2 实时荧光 PCR 检测引物和探针

细菌	引物和探针名称	引物和探针序列（5'→3'）	产物大小（bp）
肝螺杆菌（*H. hepaticus*）	正向引物 AI89KFO_F	ACGGGTTGTGAAGCTTTTACTGATA	86
	反向引物 AI89KFO_R	CCTTGAGTGCGGATACAAATCG	
	探针 AI89KFO_M	FAM–AAGGCTACGCACATTCA–MGB–NFQ	

注：探针也可选用具有与 FAM 荧光基团相同检测效果的其他合适的荧光报告基团。

七、检测方法的确定

（一）生物安全措施

实验操作及处理按照 GB 19489 的规定，由具备相关资质的工作人员进行相应操作。

（二）采样及样本的处理

标准规定了动物脏器组织，胃内容物、盲肠内容物或粪便，细菌培养物，实验动物饲料、垫料和饮水，实验动物设施设备样本的采集及处理方法。

（三）样本 DNA 提取

规定了样本 DNA 的提取方法。

（四）普通 PCR

1. PCR 反应体系

PCR 反应体系见表 3。反应液的配制在冰上操作，每次反应同时设计阳性对照、阴性对照和空白对照，其中阳性对照以含有螺杆菌的组织或培养物提取的 DNA 作为阳性对照模板，其中阴性对照以不含有螺杆菌 DNA 样本（可以是正常动物组织或正常培养物）作为阴性对照模板，空白对照即为不加模板对照（no template control，NTC），即在反应中用水来代替模板。除引物终浓度不变，PCR 反应体系根据选择的试剂进行确定。

表 3 每个样品反应体系配制表

反应组分	用量（μL）	终浓度
2 × Premix Taq Mix（plus dye）	25	1 ×
Forward Primer（10μmol/L）	2	400nmol/L
Reverse Primer（10μmol/L）	2	400nmol/L
DNA 模板	10	
灭菌去离子水	11	
总体积	50	

2. PCR 反应参数

PCR 反应参数见表 4。

表 4 PCR 反应参数

步骤	温度	时间	循环数
预变性	94℃	5min	1
变性	94℃	1min	35
退火	55℃	1min	
延伸	72℃	1min	
延伸	72℃	10min	1

注：当使用其他等效的 PCR 检测试剂进行，反应体系和反应参数可做相应调整。

3. PCR 产物的琼脂糖凝胶电泳检测和拍照

将适量 50 × TAE 稀释成 1 × TAE 溶液，配制含核酸染料溴化乙锭的 1.5% 琼脂糖凝胶。PCR 反应结束后，取 10μL PCR 产物在 1.5% 琼脂糖凝胶进行电泳检测，以 DNA 分子量作参照。电压大小根据电泳槽长度来确定，一般控制在 3~5V/cm，当上样染料移动到凝胶边缘时关闭电源。电泳完成后在凝胶成像系统拍照记录电泳结果。

（五）实时荧光 PCR

1. 实时荧光 PCR 反应体系

实时荧光 PCR 反应体系见表 5。反应液的配制在冰上操作，每次反应同时设计阳性对照、阴性对照和空白对照，其中阳性对照以含有螺杆菌的组织或细胞培养物提取的 DNA 作为阳性对照模板，其中阴性对照以不含有螺杆菌 DNA 样品（可以是正常动物组织或正常细胞培养物）作为阴性对照模板，空白对照即为不加模板对照（no template control，NTC），即在反应中用水来代替模板。

表 5　每个样品反应体系配制表

反应组分	用量（μL）	终浓度
2 × TaqMan universal PCR master mix	25	1 ×
正向引物（10μmol/L）	2	400nmol/L
反向引物（10μmol/L）	2	400nmol/L
探针（10μmol/L）	1	200nmol/L
DNA 模板	2.5	
灭菌去离子水	17.5	
总体积	50	

2. 实时荧光 PCR 反应参数

实时荧光 PCR 反应参数见表 6。

表 6　实时荧光 PCR 反应参数

步骤	温度	时间	采集荧光信号	循环数
UNG 酶防污染	50℃	2min	否	1
预变性	95℃	10min	否	1
变性	95℃	15s		40
退火，延伸	60℃	1min	是	

试验检测结束后，根据收集的荧光曲线和 Ct 值判定结果。可使用其他等效的实时荧光 PCR 检测试剂盒进行，反应体系和反应参数可做相应调整。

八、结果判定

（一）普通 PCR

1. 质控标准

所有引物中，阴性对照和空白对照未出现条带，阳性对照出现相应大小（各引物的扩增产物大小见表 1）的目的扩增条带则表明反应体系运行正常，否则此次试验无效，需重新进行普通 PCR 扩增。

2. 结果判定

（1）用螺杆菌属（*Helicobacter* sp.）特异引物检测被检样品出现 780bp 条带时，判定为螺杆菌属核酸阳性，否则为核酸阴性。

（2）用肝螺杆菌（*H. hepaticus*）特异引物检测被检样品出现 705bp 条带时，判定为肝螺杆菌核酸阳性，否则为核酸阴性。

（3）用胆汁螺杆菌（*H. bilis*）特异引物检测被检样品出现 435bp 条带时，判定为胆汁螺杆菌核酸阳性，否则为核酸阴性。

（4）用啮齿类螺杆菌（*H. rodentium*）特异引物检测被检样品出现 191bp 条带时，判定为啮齿类螺杆菌核酸阳性，否则为核酸阴性。

（5）用小家鼠螺杆菌（*H. muridarum*）特异引物检测被检样品出现807bp条带时，判定为小家鼠螺杆菌核酸阳性，否则为核酸阴性。

（6）用盲肠螺杆菌（*H. typhlonius*）特异引物检测被检样品出现122bp条带时，判定为盲肠螺杆菌核酸阳性，否则为核酸阴性。

（二）实时荧光PCR

1. 结果分析和条件设定

直接读取检测结果，基线和阈值设定原则根据仪器的噪声情况进行调整，以阈值线刚好超过正常阴性样品扩增曲线的最高点为准。

2. 质控标准

（1）空白对照无Ct值，并且无荧光扩增曲线，一直为水平线。

（2）阴性对照无Ct值，并且无荧光扩增曲线，一直为水平线。

（3）阳性对照Ct值应≤35，并且有明显的荧光扩增曲线，则表明反应体系运行正常，否则此次试验无效，需重新进行实时荧光PCR扩增。

3. 结果判定

（1）若待检测样品无荧光扩增曲线，则判定样品未检出肝螺杆菌。

（2）若待检测样品有荧光扩增曲线，且Ct值应≤35时，则判断样品中检出肝螺杆菌。

（3）若待检测样品Ct值介于35和40之间时，应重新进行实时荧光RT-PCR检测。重新检测后，若Ct值≥40时，则判定样品未检出肝螺杆菌。重新检测后的Ct值仍介于35和40之间，则判定样品检出肝螺杆菌。

（三）序列测定

必要时，可取待检样本扩增出的阳性PCR产物进行核酸序列测定，序列结果与已公开发表的螺杆菌特异性片段序列进行比对，序列同源性在90%以上，可确诊待检样本螺杆菌核酸阳性，否则判定螺杆菌核酸阴性。

九、检测过程中防止交叉污染的措施

给出了检测过程中如何防止交叉污染的措施，具体按照GB/T 19495.2中的要求执行。

九、附录A

本标准附录为规范性附录，给出了试剂的配制方法。

第六节 分析报告

一、材料与方法

（一）菌株和临床样本

胆汁螺杆菌（*H. bilis*，ATCC 51630）、肝螺杆菌（*H. hepaticus*，ATCC 51449）、小家鼠螺杆菌（*H. muridarum*，ATCC 51212）、嗜肺巴斯德杆菌（ATCC35149）购自美国典

型微生物菌种保藏中心；金黄色葡萄球菌（ATCC6538）、表皮葡萄球菌（ATCC12228）、铜绿假单胞菌（ATCC27853）、肺炎克雷伯菌（CMCC46117）、小肠结肠炎耶尔森菌（CMCC52207）、假结核耶尔森菌（CMCC53504）、乙型溶血性链球菌（CMCC32210）、甲型副伤寒沙门菌（CMCC50093）、大肠杆菌（ATCC25922）购自广东省微生物研究所；啮齿类动物螺杆菌（*H. rodentium*）、盲肠螺杆菌（*H. typhlonius*）、肺炎链球菌由本实验室分离保存。临床样本包括来源于2010~2014年本实验室收到广东、湖北、北京、四川、云南和上海等各省市送检的活体大小鼠或粪便样本，无菌采集活体小鼠的盲肠内容物，–40℃保存，临床样本共161份。2014年本实验室收到广东省送检的SD大鼠，背景调查表明该SD大鼠曾饲养于普通环境，共52只。捕获于广州市某实验动物养殖场附近的野鼠25份，野鼠为褐家鼠，无菌采集活体大小鼠的盲肠内容物，–40℃保存，临床样本共计149份。

（二）引物设计合成

引物设计参照参考文献（Feng，2005），引物由Invitrogern（广州）公司合成。引物序列见表1。

（三）细菌和样品核酸提取

纯化的细菌的核酸抽提直接按组织基因组提取试剂盒（Qiagen公司）操作说明书进行，在提取革兰氏阳性菌DNA之前，细菌经过溶菌酶37℃处理30min，然后再用组织基因组提取试剂盒进行核酸提取。盲肠内容物和粪便样品采用粪便基因组DNA提取试剂盒DP302-02（天根公司）进行核酸提取。

（四）螺杆菌PCR检测方法的建立

PCR试剂采用Takara公司的rTaq Premix，反应体系为20μL：DNA模板2μL，2×Premix Buffer（含Mg^{2+}、dNTP、rTaq酶）10μL，上游引物（10μmol/L）1μL，下游引物（10μmol/L）1μL，补H_2O至20μL。反应条件：94℃ 5min，94℃ 1min、55℃ 1min、72℃ 1min，共35个循环，最后72℃延伸10min。反应完成后取5μL扩增产物，1.5%琼脂糖凝胶电泳，紫外灯下观察结果。

（五）特异性试验

采用建立的PCR方法对肝螺杆菌（*H. hepaticus*）、胆汁螺杆菌（*H. bilis*）、小家鼠螺杆菌（*H. muridarum*）、啮齿类动物螺杆菌（*H. rodentium*）、盲肠螺杆菌（*H. typhlonius*）、嗜肺巴斯德杆菌、金黄色葡萄球菌、表皮葡萄球菌（ATCC12228）、铜绿假单胞菌、肺炎克雷伯菌、肺炎链球菌、小肠结肠炎耶尔森菌、假结核耶尔森菌、乙型溶血性链球菌、甲型副伤寒沙门菌和大肠杆菌DNA进行检测，验证该方法的特异性。

（六）敏感性试验

提取螺杆菌的DNA，经紫外分光仪定量后，分别稀释100ng/μL、10ng/μL、1ng/μL、100pg/μL、10pg/μL、1pg/μL、0.1pg/μL、0.01pg/μL DNA进行扩增，测定PCR方法的灵敏度。

（七）临床样本的检测

利用螺杆菌PCR方法对149份临床样本进行检测，每次反应同时设置阳性对照和阴性对照。

二、结果

（一）螺杆菌 PCR 检测方法的建立

以肝螺杆菌、胆汁螺杆菌、小家鼠螺杆菌、啮齿类动物螺杆菌、盲肠螺杆菌基因组 DNA 为模板用各自引物进行 PCR 扩增，PCR 试剂采用 Takara 的 rTaq Premix，反应体系为 20μL：DNA 模板 2μL，Premix Buffer 2×（含 Mg^{2+}、dNTP、rTaq 酶）10μL，上游引物（10μmol/L）1μL，下游引物（10μmol/L）1μL，补 H_2O 至 20μL。反应条件：94℃ 5min，94℃ 1min、55℃ 1min、72℃ 1min，共 35 个循环，最后 72℃延伸 10min。反应完成后取 5μL 扩增产物，1.5% 琼脂糖凝胶电泳，紫外灯下观察结果。结果螺杆菌属、肝螺杆菌、胆汁螺杆菌、啮齿类动物螺杆菌、小家鼠螺杆菌、盲肠螺杆菌阳性样本分别在 780bp、705bp、435bp、191bp、807bp、122bp 位置有目的条带，与预期结果相符（图 1~图 6）。

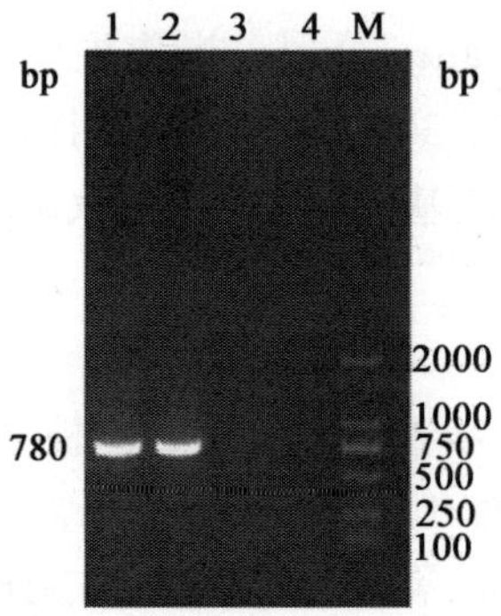

图 1 *Helicobacter genus* PCR 电泳结果

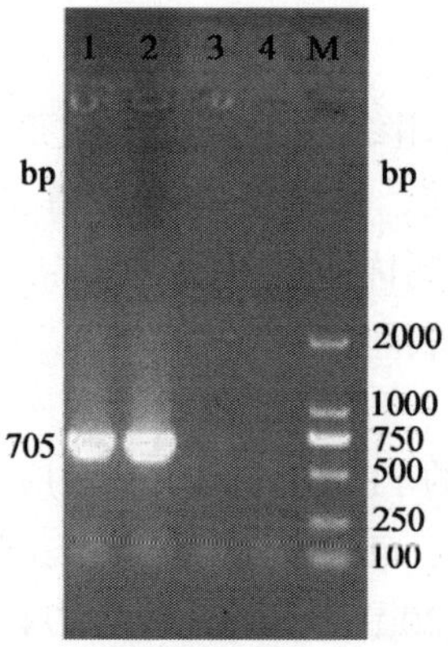

图 2 *H. hepaticus* PCR 电泳结果

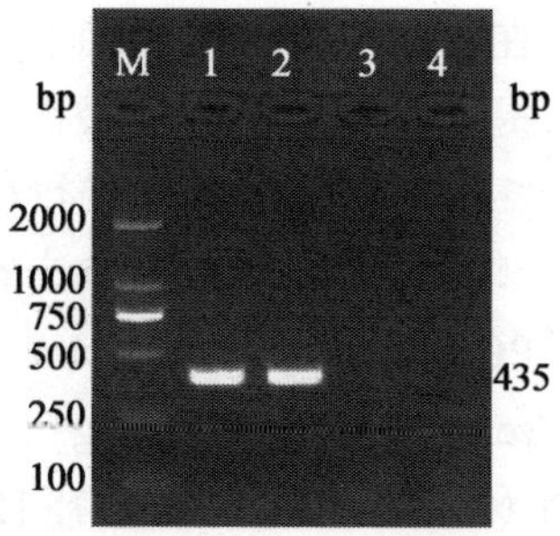

图 3 *H. bilis* PCR 电泳结果

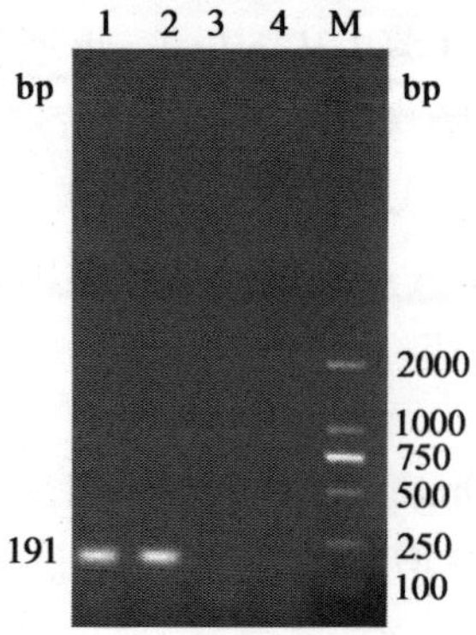

图 4 *H. rodentium* PCR 电泳结果

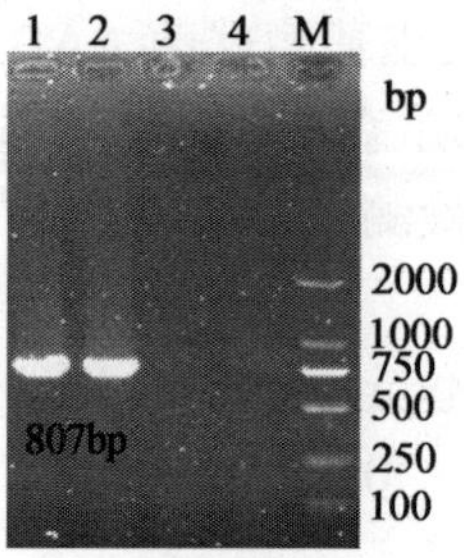

图 5 *H. muridarum* PCR 电泳结果

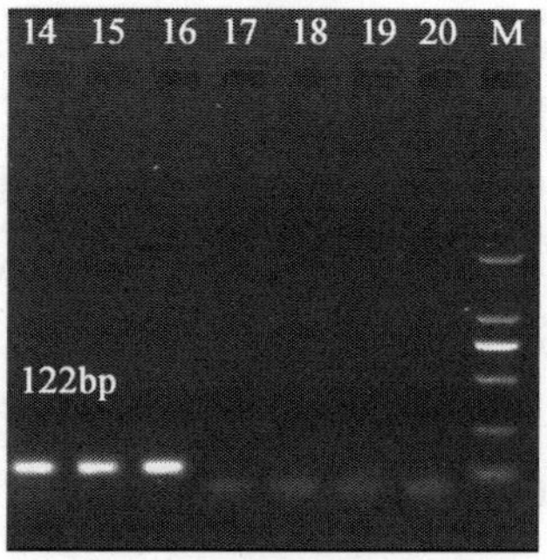

图 6 *H. typhlonius* PCR 电泳结果

（二）螺杆菌 PCR 检测方法特异性试验

采用建立的 PCR 方法对肝螺杆菌（*H. hepaticus*）、胆汁螺杆菌（*H. bilis*）、小家鼠螺杆菌（*H. muridarum*）、啮齿类动物螺杆菌（*H. rodentium*）、盲肠螺杆菌（*H. typhlonius*）、嗜肺巴斯德杆菌、金黄色葡萄球菌、表皮葡萄球菌（ATCC12228）、铜绿假单胞菌、肺炎克雷伯菌、肺炎链球菌、小肠结肠炎耶尔森菌、假结核耶尔森菌、乙型溶血性链球菌、甲型副伤寒沙门菌和大肠杆菌 DNA 进行检测，验证该方法的特异性，结果见图 7~图 12。

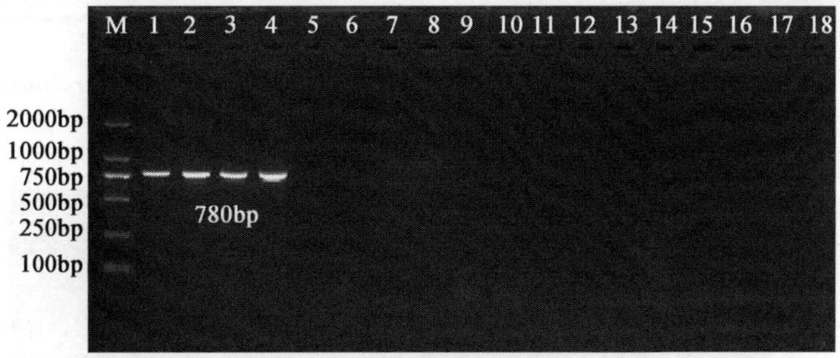

图 7 *Helicobacter genus* PCR 检测方法特异性试验结果图

M：DNA Marker DL2000；1：*H. muridarum*；2：*H. bilis*；3：*H. rodentium*；4：*H. typhlonius*；5~18：其他细菌

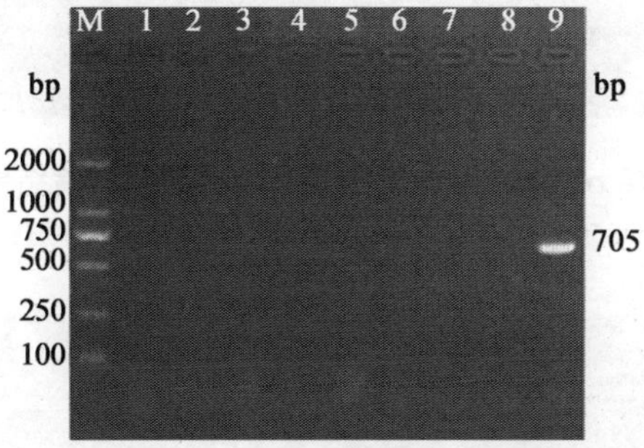

图 8 *H. hepaticus* PCR 检测方法特异性试验结果图

M：DNA Marker DL2000；1：*H. muridarum*；2：*H. bilis*；3：*H. rodentium*；4：*H. typhlonius*；5：大肠杆菌；6：金黄色葡萄球菌；7：嗜肺巴斯德杆菌；8：绿脓杆菌；9：*H. hepaticus*

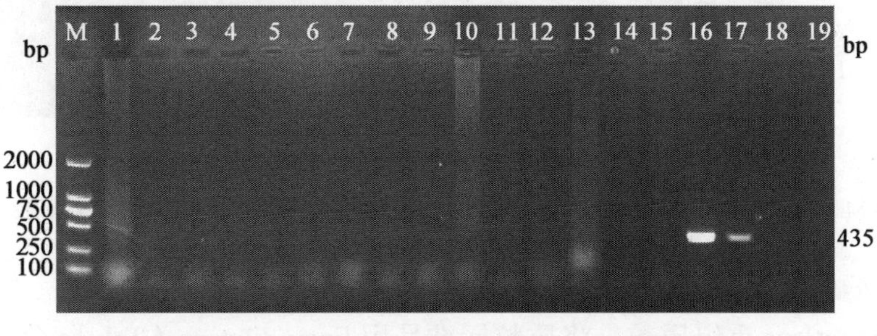

图 9 *H. bilis* PCR 检测方法特异性试验结果图

M：DNA Marker DL2000；1~15 泳道：其他细菌，16 和 17 泳道：*H. bilis*；18 和 19 泳道：阴性对照

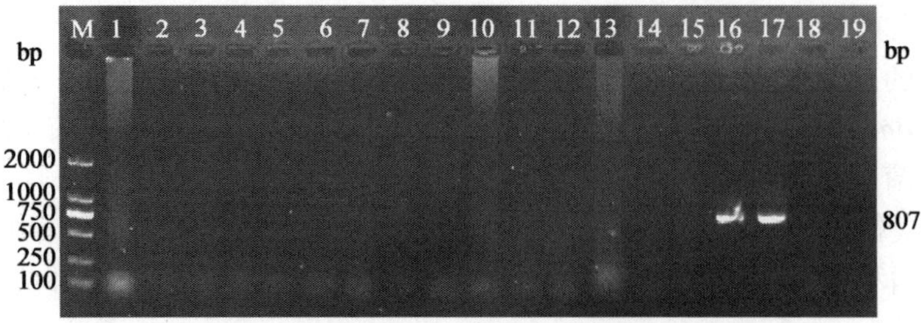

图 10 ***H. muridarum*** **PCR 检测方法特异性试验结果图**

M：DNA Marker DL2000；1~15 泳道：其他细菌，16 和 17 泳道：*H. muridarum*；18 和 19 泳道：阴性对照

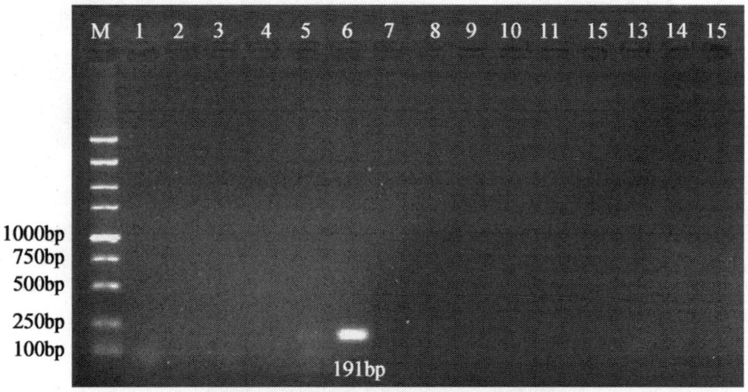

图 11 ***H. rodentium*** **PCR 检测方法特异性试验结果图**

M：DNA Marker DL5000；1~5，7~15 泳道：其他细菌，6 泳道：*H. rodentium*

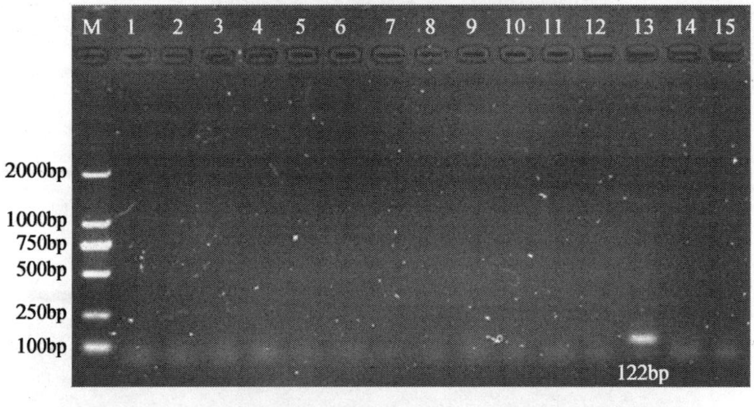

图 12 ***H. typhlonius*** **PCR 检测方法特异性试验结果图**

M：DNA Marker DL2000；1~12 泳道：其他细菌，13 泳道：*H. typhlonius*；14 和 15 泳道：阴性对照

（三）*H. hepaticus* PCR 检测方法敏感性试验

构建 *H. hepaticus* 重组质粒，将质粒标准品用 Easy dilution（Takara 公司）做 10 倍系列稀释，得到 1×10^9~1×10^0copies/μL 系列标准模板。按所建立方法进行检测，测定模板最低检出量，结果 *H. hepaticus* 敏感性分别为 1×10^2 copies/μL（图 13）。

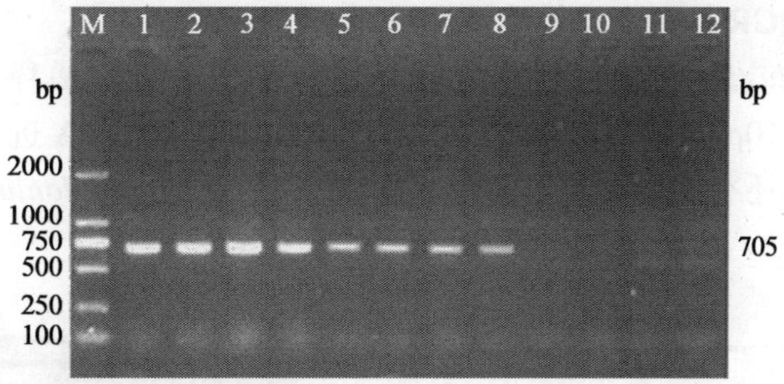

图 13　*H. hepaticus* PCR 检测方法敏感性试验结果

M：DNA Marker DL2000；1~10：1×10^9 copies/μL~1×10^0copies/μL 质粒 DNA；11 和 12：NTC

（四）*H. bilis* PCR 检测方法敏感性试验

提取 *H. bilis* 的 DNA，经紫外分光仪定量后，分别稀释 100ng/μL、10ng/μL、1ng/μL、100pg/μL、10pg/μL、1pg/μL、0.1pg/μL、0.01pg/μL DNA 进行扩增。结果可见 1pg/μL 的 DNA 依然还有明显的目的条带（图 14），因此 *H. bilis* PCR 检测方法的最低检出量为 1pg/μL。

（五）*H. muridarum* PCR 检测方法敏感性试验

提取 *H. muridarum* 的 DNA，经紫外分光仪定量后，分别稀释 100ng/μL、10ng/μL、1ng/μL、100pg/μL、10pg/μL、1pg/μL、0.1pg/μL、0.01pg/μL DNA 进行扩增。结果可见 1pg/μL 的 DNA 依然还有明显的目的条带（图 15），因此 *H. muridarum* PCR 检测方法的最低检出量为 1pg/μL。

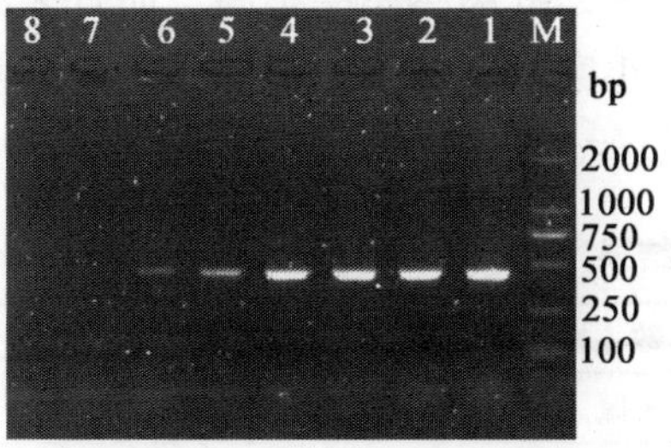

图 14　*H. bilis* PCR 检测方法敏感性试验结果

M：DNA Marker DL2000；1：100ng/μL DNA；2：10ng/μL DNA；3：1ng/μL DNA；4：100pg/μL DNA；5：10pg/μL DNA；6：1pg/μL DNA；7：0.1pg/μL DNA；8：0.01pg/μL DNA

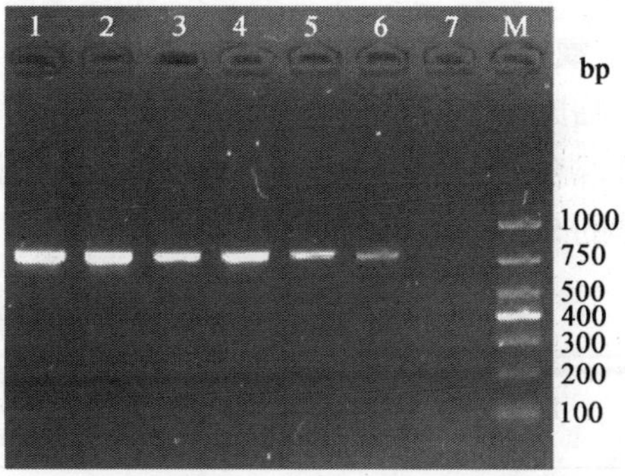

图 15　*H. muridarum* PCR 检测方法敏感性试验结果

M：DNA Marker DL1000；1：100ng/μL DNA；2：10ng/μL DNA；3：1ng/μL DNA；4：100pg/μL DNA；5：10pg/μL DNA；6：1pg/μL DNA；7：0.1pg/μL DNA

（六）*H. rodentium* PCR 检测方法敏感性试验

提取 *H. rodentium* 的 DNA，经紫外分光仪定量后，分别稀释 100ng/μL、10ng/μL、1ng/μL、100pg/μL、10pg/μL、1pg/μL、0.1pg/μL、0.01pg/μL DNA 进行扩增。结果可见 1pg/μL 的 DNA 依然还有明显的目的条带（图 16），因此 *H. rodentium* PCR 检测方法的最低检出量为 1pg/μL。

（七）*H. typhlonius* PCR 检测方法敏感性试验

提取 *H. typhlonius* 的 DNA，经紫外分光仪定量后，分别稀释 100ng/μL、10ng/μL、1ng/μL、100pg/μL、10pg/μL、1pg/μL、0.1pg/μL、0.01pg/μL DNA 进行扩增。结果可见 1pg/μL 的 DNA 依然还有明显的目的条带（图 17），因此 *H. typhlonius* PCR 检测方法的最低检出量为 1pg/μL。

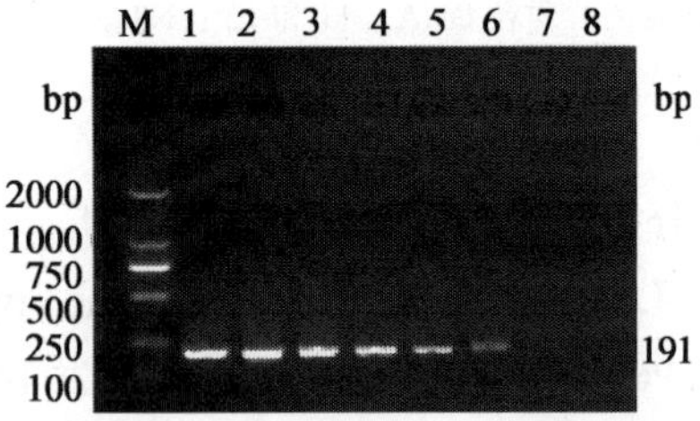

图 16 *H. rodentium* PCR 检测方法敏感性试验结果

M：DNA Marker DL2000；1：100ng/μL DNA；2：10ng/μL DNA；3：1ng/μL DNA；4：100pg/μL DNA；5：10pg/μL DNA；6：1pg/μL DNA；7：0.1pg/μL DNA；8：0.01pg/μL DNA

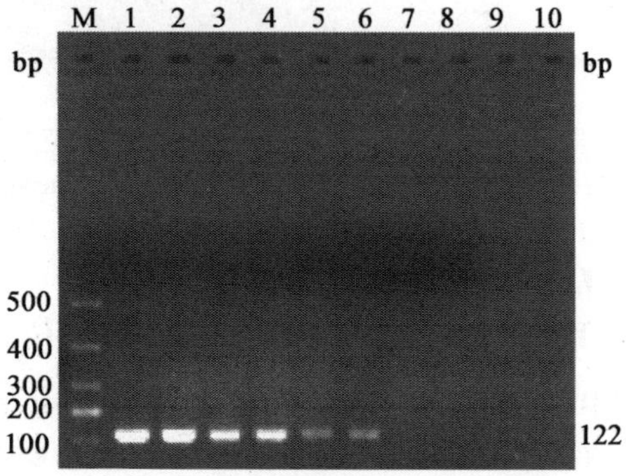

图 17 *H. typhlonius* PCR 检测方法敏感性试验结果

M. DNA Marker DL500；1. 100ng/μL DNA；2. 10ng/μL DNA；3. 1ng/μL DNA；4. 100pg/μL DNA；5. 10pg/μL DNA；6. 1pg/μL DNA；7. 0.1pg/μL DNA；8. 0.01pg/μL DNA，9 和 10. NTC

（八）螺杆菌 PCR 检测方法的临床应用

临床样本检测结果见表 7，结果表明 SPF 级大小鼠中螺杆菌感染率很高，而且多数是多重混合感染，SPF 级大小鼠中未检测到胆汁螺杆菌和小家鼠螺杆菌，但是在普通环境下饲养的 SD 大鼠和野鼠中有检测到。

表 7 PCR 临床样本检测结果

项目	阳性数 / 样本数（检出率）			
	SPF 级大小鼠	普通环境下饲养的 SD 大鼠	野鼠	合计
Helicobacter genus	103/161	nd	nd	103/161
H. hepaticus	81/161	nd	nd	81/161
H. bilis	0/72	5/52	1/25	6/149
H.muridarum	0/72	0/52	2/25	2/149
H.rodentium	83/161	nd	nd	83/161
H.typhlonius	43/161	nd	nd	43/161

注：nd 表示未做

（九）测序验证

采用测序方法对临床阳性样本进行测序验证，进一步验证检测方法有效性结果见图 18~ 图 22。

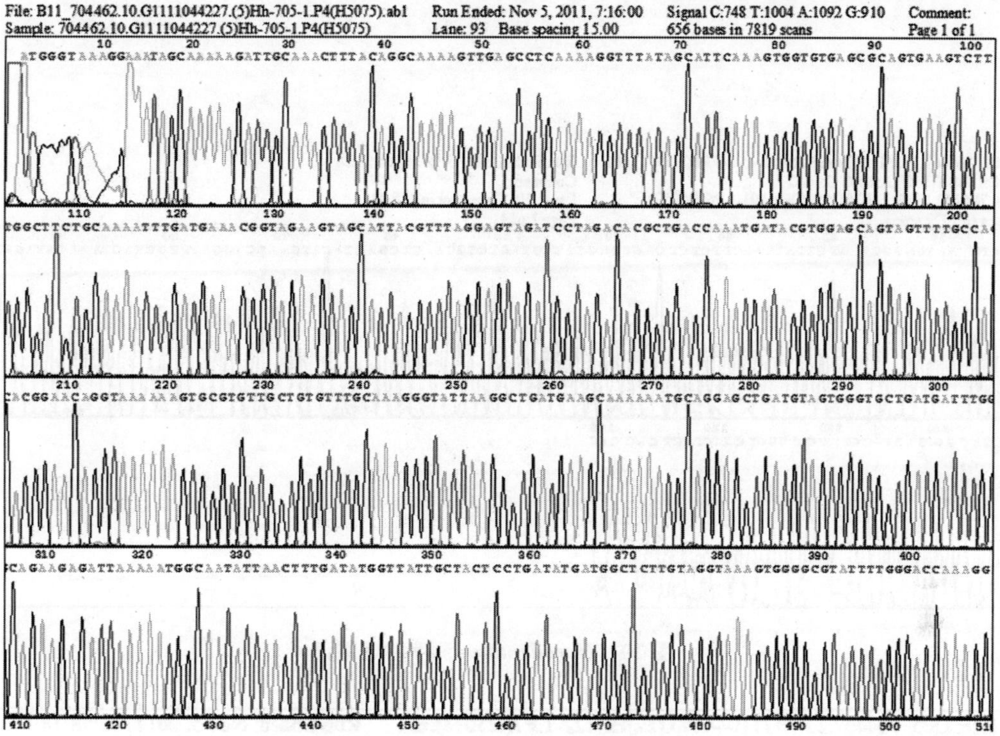

图 18 *H. hepaticus* 测序验证图谱

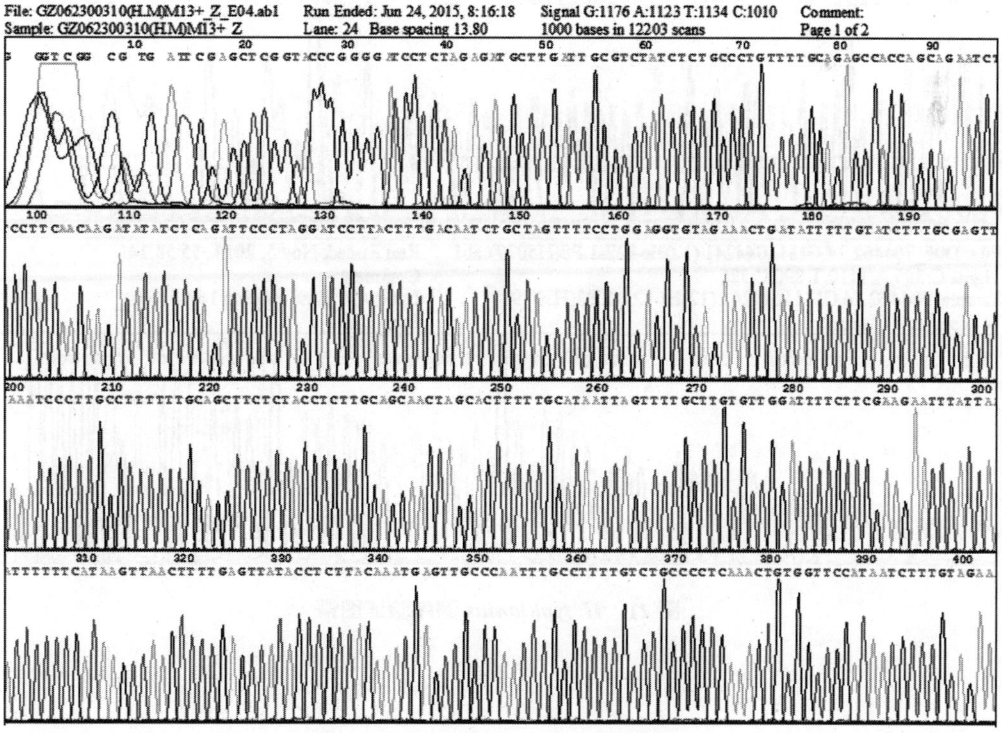

图 19 *H. muridarum* 测序验证图谱

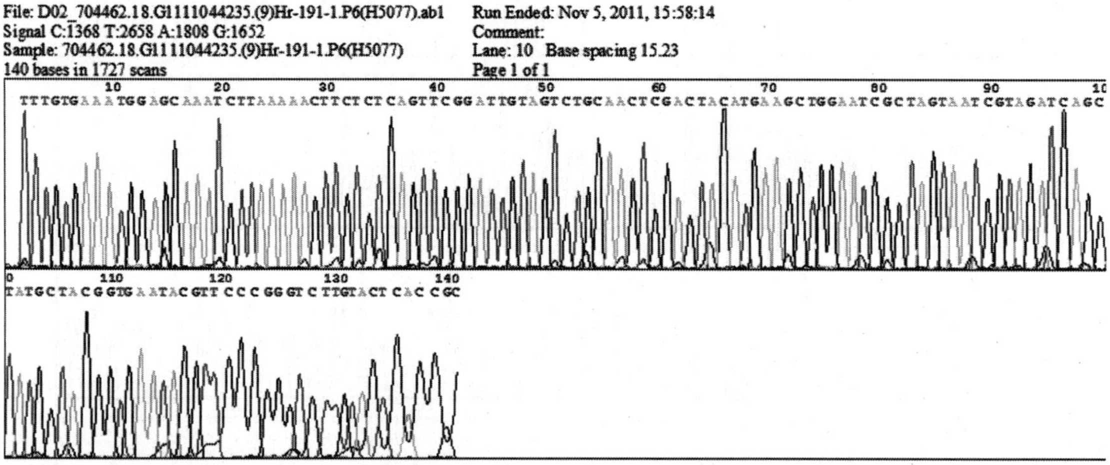

图 20 *H. rodentium* 测序验证图谱

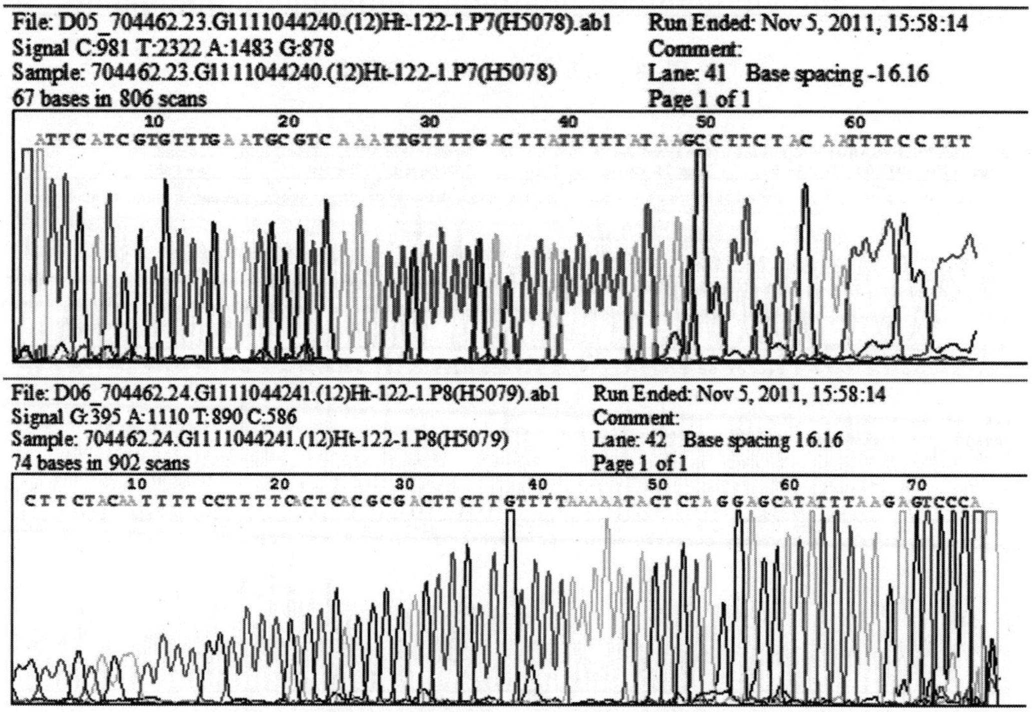

图 21 *H. typhlonius* 测序验证图谱

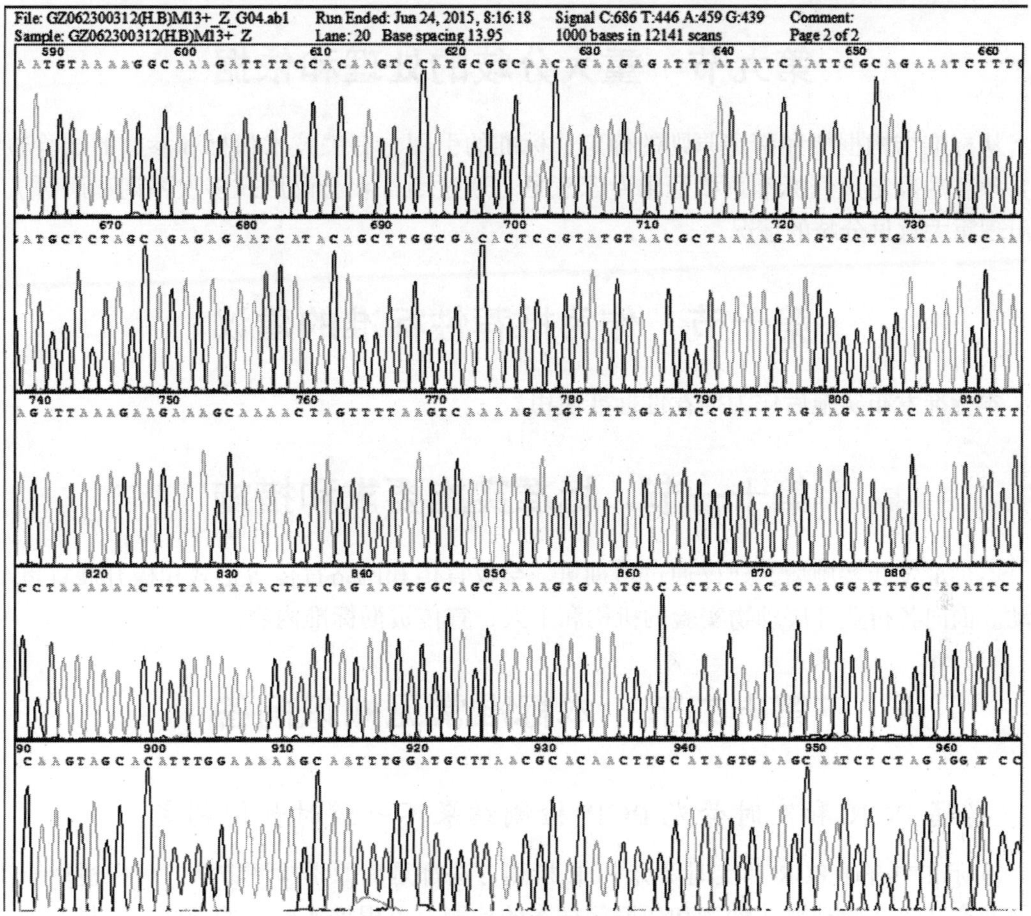

图 22 *H. bilis* 测序验证图谱

第七节 国内外同类标准分析

本标准为国内原创标准，国际上无类似标准。

第八节 与法律法规、标准关系

本标准按 GB/T 1.1—2009 规则和实验动物标准的基本结构编写，与实验动物标准体系协调统一；本标准与《实验动物管理条例》、《实验动物质量管理办法》等国家相关法规和实验动物强制性标准的规定和要求协调一致。目前实验动物国家标准没有螺杆菌普通 PCR 和实时荧光 PCR 检测方法标准，本标准作为团体标准是对现有标准的有利补充。

第九节 重大分歧的处理和依据

从标准结构框架和制定原则的确定、标准的引用、有关技术指标和参数的试验验证、主要条款的确定直到标准草稿征求专家意见（通过函寄和会议形式多次咨询和研讨），均未出现重大意见分歧的情况。

第十节 作为推荐性标准的建议

本标准发布实施后作为推荐性标准使用。

第十一节 标准实施要求和措施

本标准发布实施后，建议通过培训班、会议宣传和网络宣传等形式积极开展宣贯培训活动。面向各行业开展动物实验的机构和个人，宣传贯彻标准内容。

第十二节 本标准常见知识问答

一、普通 PCR 和实时荧光 PCR 检测结果不一致时如何判定？

本标准中普通 PCR 和实时荧光 PCR 检测方法都是病原学检测方法，可以适用于实验动物及产品、实验动物接种物和环境等样本的检测。可根据实验室的条件，选择其中一种或两种方法进行检测，实时荧光 PCR 检测方法采用闭管检测分析，可以减少检测过程的污染风险。在实际应用中，当普通 PCR 检测为阳性时，可以采用实时荧光 PCR 方法进行确证。如果两种方法检测结果不一致时，可通过测序方法进行最终验证，即取待检样本扩增出的阳性 PCR 产物进行核酸序列测定，序列结果与已公开发表的螺杆菌特异性片段序列进行比对，序列同源性在 90% 以上，可确诊待检样本螺杆菌阳性，否则判定螺杆菌阴性。

二、什么是 PCR 假阳性，产生假阳性的原因是什么？

假阳性是指对实验材料中阴性目的物检测反而得到阳性结果的现象。如果一次实验中的几个阴性对照中出现一个或几个阳性结果，提示本次实验中其他标本的检测结果可能有假阳性。假阳性主要来源于样本采集、处理、PCR 过程中的污染，造成假阳性的原因主要如下。

（1）样品间交叉污染：非一次性采样器具由于之前采样的痕量残留物含有本次检测的目的核酸而污染本次样品，造成假阳性。盛放样品器具密封不严造成样品间的污染样本污染。样本核酸模板在提取过程中，由于吸样枪污染导致标本间污染。有些微生物标本尤其是病毒可随气溶胶或形成气溶胶而扩散，导致彼此间的污染。

（2）PCR 试剂的污染：主要是由于在 PCR 试剂配制过程中，由于加样枪、容器、双蒸水及其他溶液被 PCR 核酸模板污染。

（3）PCR 扩增产物污染：由于 PCR 产物拷贝量大，远远高于 PCR 检测数个拷贝的极限，所以极微量的 PCR 产物污染，就可形成假阳性，这是 PCR 反应中最常见的污染问题。

还有一种容易忽视，最可能造成 PCR 产物污染的形式是气溶胶污染，空气与液体面摩擦时可形成气溶胶，在操作时比较剧烈地摇动反应管，开盖时、吸样时及污染进样枪的反复吸样都可形成气溶胶而污染。气溶胶造成的污染是造成假阳性的主要原因。

（4）克隆质粒的污染：常见于用克隆质粒做阳性对照的实验室。由于克隆质粒在单位容积内含量相当高，另外在纯化过程中需用较多的用具及试剂，而且在活细胞内的质粒，由于活细胞的生长繁殖的简便性及具有很强的生命力，其污染可能性也很大。

三、如何控制 PCR 假阳性？

（1）在 PCR 检测时，每次都要设立阴性对照样品和阳性对照样品对检测参数进行参比对照。只有在阴性对照样品和阳性对照样品检测结果成立的前提下，才能对检测样品进行结果判定。

（2）合理分隔实验室：将样品的处理、配制 PCR 反应液、PCR 扩增及 PCR 产物鉴定等步骤分区或分室进行，特别注意样本处理及 PCR 产物的鉴定应与其他步骤严格分开，最好能划分。合理的 PCR 实验室应分为标本处理及核酸抽提区、PCR 反应液制备区、PCR 扩增区和 PCR 产物鉴定区。各区使用的仪器、设备、耗材和工作服应独立专用，实验前应将实验室用紫外线消毒以破坏残留的 DNA 或 RNA。

（3）规范试剂耗材管理：新购买的试剂需进行实验前验证。PCR 试剂可选择小量分装储存，避免污染。试验过程中所用的一次性塑料耗材，如吸头、离心管、八连管等均应采购无核酸酶的并且使用前进行高温高压处理。塑料器皿用 0.1% DEPC 水浸泡 4h 后高温高压处理分解 DEPC。玻璃仪器或金属器具使用前须 180℃高温干烤 6h 以上。

（4）采用 UNG 酶防止污染：由于 PCR 产物是最常见的污染源，为避免以前检测中所产生的扩增产物的污染，可在 PCR 试剂中以 dUTP 取代 dTTP，因此 PCR 产物都是含有 dU 的 DNA 链。在 PCR 开始前增加 50℃的保温步骤，UNG 酶即可将反应体系中已有的 U-DNA 污染物中的尿嘧啶碱基降解，并在随后变性这步的条件下 DNA 链断裂，消除由于污染 DNA 产生的扩增，从而保证扩增结果的特异性，准确性。同时 UNG 酶被灭活，不会再降解新扩增的产物 U-DNA。

（5）操作人员应经过专业培训，具有一定经验和操作技能，必须严格按照质量体系规定的检测标准和检测方法操作。

四、什么是 PCR 假阴性，产生假阴性的原因是什么？

假阴性是指实验中设置的阳性对照未能扩增呈阳性结果现象，但这里应注意，阳性对照应该包含样品核酸提取和 PCR 扩增步骤。因此，如果未在样品的核酸提取步骤设置了阳性对照，而恰好在该步骤存在问题，即使阳性对照均呈阳性，样品检测中还可能有假阴性。造成 PCR 假阴性问题的原因较为复杂，概括起来有：

（1）仪器因素：PCR 仪孔间差异或控温不准，引起扩增失败或扩增效率降低。

（2）试剂因素：核酸抽提试剂、引物和 PCR 扩增试剂质量问题导致扩增失败。

（3）采样因素：不合理的样本采集、转运及处理、样本中微生物滴度过低均有可能导致假阴性结果。

（4）核酸模板因素：模板中存在 PCR 抑制剂，如杂蛋白质、多糖、酚等抑制物；容器中存在 RNA 酶导致 RNA 降解。

（5）靶序列变异因素：待测靶序列的变异或其他原因导致的序列改变，影响引物与模板特异性结合，可能会导致假阴性结果。

（6）操作人员因素：PCR 实验的环节很多，而且对每一环节的质量要求都很高，例如少加、漏加试剂、离心不充分、反应参数设计错误等都能造成结果的假阴性。

五、如何控制 PCR 假阴性？

（1）在 PCR 检测时，每次都要设立阴性对照样品和阳性对照样品对检测参数进行参比对照。只有在阴性对照样品和阳性对照样品检测结果成立的前提下，才能对检测样品进行结果判定。此外设置合理的内对照（内标）是判断假阳性的有效手段，内对照必须覆盖样品处理、核酸抽提、PCR 扩增和产物检测全过程。

（2）定期监测 PCR 仪，出现问题应及时进行维护并校准。

（3）新购买的试剂和引物需进行实验前验证，试剂应合理保存并分装使用，防止酶失活，避免反复冻融。

（4）严格处理样品程序，核酸提取过程中尽量去除可能干扰或抑制 PCR 反应的物质。可采用稀释或再纯化模板 DNA 方法，进行扩增分析，减少假阳性发生。

（5）操作人员应经过专业培训，具有一定经验和操作技能，必须严格按照质量体系规定的检测标准和检测方法操作。

参 考 文 献

Feng S，Kendall LV，Hodzic E，et al. 2004. Recombinant Helicobacter bilis protein P167 for mouse serodiagnosis in a multiplex microbead assay. Clin Diagn Lab Immun，11：1094-1099.

Feng S，Ku K，Hodzic E，et al.2005. Differential detection of five mouse-infecting helicobacter species by multiplex PCR. Clin Diagn Lab Immun，12：531-536.

Fox JG，Dewhirst FE，Tully JG，et al.1994. *Helicobacter hepaticus* sp. nov.，a microaerophilic bacterium isolated from livers and intestinal mucosal scrapings from mice. J Clin Microbiol，32：1238-1245.

Fox JG，Yan L，Shames B，et al. 1996.Persistent hepatitis and enterocolitis in germfree mice infected with Helicobacter hepaticus. Infect Immun，64：3673-3681.

Livingston RS，Riley LK，Hook RR Jr，et al.1999. Cloning and expression of an immunogenic membraneassociated protein of *Helicobacter hepaticus* for use in an enzymelinked immunosorbent assay. Clin Diagn Lab Immun，6：745-750.

Ward JM，Fox JG，Anver MR，et al. 1994b. Chronic active hepatitis and associated liver tumors in mice caused by a persistent bacterial infection with a novel Helicobacter species. J Natl Cancer Inst，86：1222-1227.

第二十五章　T/CALAS 25—2017《实验动物　小鼠肝炎病毒 PCR 检测方法》实施指南

第一节　工 作 简 况

根据中国实验动物学会实验动物标准化专业委员会的下达的 2016 年团体标准制（修）订计划，由广东省实验动物监测所和中国农业科学院哈尔滨兽医研究所共同负责团体标准《实验动物　小鼠肝炎病毒 PCR 检测方法》起草工作。该项目由全国实验动物标准化技术委员会（SAC/TC281）技术审查，由中国实验动物学会归口管理。

本标准的编制工作是按照《中华人民共和国国家标准 GB/T1.1 2009 标准化工作导则》第 1 部分"标准的结构和编写规则"的要求进行编写的。本标准是在国家科技支撑计划"实验动物质量检测关键技术研究"（项目编号 2013BAK11B01）和广东省科技计划项目"广东省实验动物检测技术平台"（项目编号 2011B040200010）课题基础上制定而成的，在制定过程中参考了国内外相关文献，对方法的敏感性、特异性、重复性等进行了研究，并对所建立的标准方法进行了应用研究，建立了可行、稳定、特异的小鼠肝炎病毒 PCR 检测方法。

第二节　工 作 过 程

本标准由中国实验动物学会实验动物标准化专业委员会提出，广东省实验动物监测所和中国农业科学院哈尔滨兽医研究所按照团体标准研制要求和编写工作的程序，组成了由单位专家和专业技术人员参加的编写小组，制定了编写方案，并就编写工作进行了任务分工。编制小组根据任务分工进行了资料收集和调查研究工作，在国家科技支撑计划"实验动物质量检测关键技术研究"（项目编号 2013BAK11B01）和广东省科技计划项目"广东省实验动物检测技术平台"（项目编号 2011B040200010）课题研究基础上，组织编写小鼠肝炎病毒 PCR 检测方法技术资料，于 2016 年 4 月完成了标准草案的起草工作。标准草案首先征求中国实验动物学会实验动物标准化专业委员会的意见，2016 年 10 月在南宁召开团体标准征求意见会议，参会专家对标准稿提出了系列修订建议和意见。根据提出的意见编制组对《实验动物　小鼠肝炎病毒 PCR 检测方法》标准草案进行修改。结合调研、试验验证，形成本标准征求意见稿。

2016 年 11 月至 12 月，标准征求意见稿在中国实验动物学会网站公开征求意见，共收集意见或建议 9 个，编制组根据专家提出的修改意见和建议，采纳 9 个，未采纳 0 个。经对《实验动物　小鼠肝炎病毒 PCR 检测方法》团体标准整理修改后形成标准送审稿、标准送审稿编制说明和征求意见汇总处理表。

2017 年 2 月 21 日，全国实验动物标准化技术委员会在北京召开了标准送审稿专家审查会。会议由全国实验动物标准化技术委员会的委员组成审查组，认真讨论了标准送审稿编制说明、征求意见汇总处理表，提出了修改意见和建议。与会专家认为本标准填补了小鼠肝炎病毒分子检测方法空白，是国标的有力补充，一致同意通过审查。会后，编制组根据与会专家提出的修改意见，经对《实验动物　小鼠肝炎病毒 PCR 检测方法》团体标准修改完善后形成标准报批稿、标准报批稿编制说明和征求意见处理汇总表。

2017 年 5 月，本标准经中国实验动物学会第六届理事会常务理事会第八次会议审议通过，批准发布，于 2017 年 5 月 19 日起正式实施。

第三节　编 写 背 景

小鼠肝炎病毒（murine hepatitis virus，MHV）属于冠状病毒科成员，是一类 RNA 病毒，最早于 1949 年发现，此后研究者们先后从小鼠和新生乳鼠中分离到 MHV。根据其组织嗜性的不同，可将其分为呼吸株（Respiratiory MHV strain）和嗜肠株（Enterotropic MHV strain）两型。MHV 带毒小鼠分布于全世界，正常情况下呈隐性感染，只在应激因素激发下才成为致死性疾病，表现为肝炎、脑炎和肠炎。感染取决于毒株、宿主的年龄和感染途径。自然感染限制在啮齿动物。MHV 不仅严重影响实验小鼠质量，还对科学研究工作造成潜在干扰，影响实验结果的准确性和重复性，是国标中 SPF 级小鼠需要排除的病原体，快速准确地检测 MHV 是有效防制该病的前提。目前，国内 MHV 感染诊断方法主要是针对抗体检测的血清学检测方法如酶联免疫吸附试验（ELISA）、免疫酶试验（IEA）和免疫荧光试验（IFA）等，但是这些方法不能应用于免疫功能低下或免疫缺陷小鼠如 SCID 小鼠和裸小鼠等的检测，因为它们不能产生正常的抗体反应，而且，血清抗体检测有一定局限性，一般只有活体动物才能采集血清用于检测，对病死动物和一些动物源性的生物制品（如动物细胞，及其他生物材料）检测造成限制。抗原检测方面，常规病毒分离鉴定方法既复杂又烦琐，不利于日常检测。

随着分子生物学的迅速发展，以 PCR 技术为基础的各种分子生物学诊断技术成为 MHV 病毒感染诊断的重要手段。PCR 病原检测方法具有特异性强、敏感度高、诊断快速等传统诊断方法所无法比拟的优点。美国和欧盟许多实验动物质量检测实验室都推荐采用 PCR 技术作为实验动物病原的检测方法。国内一些实验动物检测机构也开展了实验动物病原 PCR 检测技术研究，增加实验动物病毒分子生物学检测技术方法主要应用于无血清实验动物样本的快速检测是实验动物质量控制必不可少的方法。广东省实验动物监测所自 2011 年起进行小鼠肝炎病毒荧光定量 RT-PCR 检测方法研究，通过大量临床样本试验证明建立的方法敏感高、特异强、重复性好。

第四节　编 制 原 则

本标准的编制主要遵循以下原则：一是科学性原则。在尊重科学、亲身实践、调查研究的基础上，制定本标准。二是可操作性原则。本标准无论是从样品采集、处理、RNA抽提、PCR反应，均操作简单，仅需4小时既可完成。具有可操作性和实用性。三是协调性原则。以切实提高我国实验动物小鼠肝炎病毒检测技术水平为核心，符合我国现行有关法律、法规和相关的标准要求。

第五节 内容解读

本标准由范围、规范性引用文件、缩略语、检测方法原理、主要设备和材料、试剂、检测方法、结果判定、检测过程中防止交叉污染的措施、附录共十章构成。现将《实验动物 小鼠肝炎病毒PCR检测方法》主要技术内容确定说明如下：

一、本标准范围的确定

本标准规定了实验动物小鼠肝炎病毒实时荧光RT-PCR检测方法。本标准规定适用于实验动物及其产品、细菌培养物、实验动物环境和动物源性生物制品中小鼠肝炎病毒的检测。现行的实验动物国家标准抗体检测的适用范围存在一定局限，而本标准规定的荧光RT-PCR检测方法适用范围广泛，可以适用于实验动物及产品、实验动物接种物和环境等样本的检测。

二、规范性引用文件

下列文件对于本文件的应用是必不可少的。凡是注明日期的引用文件，仅注日期的版本适用于本文件。凡是不注日期的引用文件，其最新版本（包括所有的修改单）适用于本文件。

GB 19489《实验室 生物安全通用要求》

三、术语、定义和缩略语

（一）术语和定义

下列术语和定义适合于本标准。

1. 聚合酶链式反应 polymerase chain reaction，PCR

体外酶催化合成特异DNA片段的方法，模板DNA先经高温变性成为单链，在DNA聚合酶作用和适宜的反应条件下，根据模板序列设计的两条引物分别与模板DNA两条链上相应的一段互补序列发生退火而相互结合，接着在DNA聚合酶的作用下以四种dNTP为底物，使引物得以延伸，然后不断重复变性、退火和延伸这一循环，使欲扩增的基因片段以几何倍数扩增。

2. 逆转录-聚合酶链式反应 reverse transcription polymerase chain reaction，RT-PCR

以RNA为模板，采用Oligo（dT）、随机引物或特异性引物，RNA在逆转录酶和适宜反应条件下，被逆转录成cDNA，然后再以cDNA作为模板，进行PCR扩增。

3. 实时荧光逆转录-聚合酶链式反应 real-time RT-PCR，实时荧光RT-PCR

实时荧光RT-PCR方法是在常规RT-PCR的基础上，在反应体系中加入特异性荧光探针，利用荧光信号积累实时检测整个PCR进程，通过检测每次循环中的荧光发射信号，间接反映了 PCR 扩增的目标基因的量，最后通过扩增曲线对未知模板进行定性或定量分析。

4. Ct 值 cycle threshold

实时荧光 PCR 反应中每个反应管内的荧光信号达到设定的阈值时所经历的循环数。

（二）缩略语

下列缩略语适用于本标准。

CPE　细胞病变效应（cytopathic effect）

DEPC　焦碳酸二乙酯（diethyl pyrocarbonate）

DNA　脱氧核糖核酸（deoxyribonucleic acid）

MHV　小鼠肝炎病毒（murine hepatitis virus）

PBS　磷酸盐缓冲液（phosphate buffered saline）

RNA　核糖核酸（ribonucleic acid）

四、检测方法原理

简要介绍了标准中采用的技术方法原理。根据小鼠肝炎病毒保守序列 M 蛋白基因，设计合成一对特异性引物和一条特异性探针，探针两端分别标记一个报告荧光基团和一个淬灭荧光基团。探针完整时，报告基团发射的荧光信号被淬灭基团吸收；PCR 扩增时，*Taq* 酶的 5' → 3' 外切酶活性将探针酶切降解，使报告荧光基团和淬灭荧光基团分离，淬灭作用消失，荧光信号产生并被检测仪器接受，随着 PCR 反应的循环进行，PCR 产物与荧光信号的增长呈对应关系。因此，可以通过检测荧光信号对核酸模板进行检测。

五、主要设备和材料

规定了检测方法所需要的设备和材料。

六、试剂

规定了检测方法所需要的试剂。

（1）灭菌 PBS。配制方法在标准附录中给出。

（2）无 RNase 去离子水：经 DEPC（焦炭酸乙二酯）处理的去离子水或商品无 RNase 水。配制方法在标准附录中给出。

（3）RNA 抽提试剂 TRIzol（Life technologies 公司，Cat.No. 15596-026）或其他等效产品。RNA 抽提试剂给出了具体的信息，目的是为了方便标准的使用者，并不表示对该产品的认可。如果其他等效产品具有相同的效果，则可以使用这些等效产品。

（4）无水乙醇。

（5）75% 乙醇（无 RNase 去离子水配制）。

（6）三氯甲烷（氯仿）。

（7）异丙醇。

（8）实时荧光 RT-PCR 试剂：One Step Primerscript™ RT-PCR Kit（Perfect Realtime）（Takara 公司，Cat.No.RR064A）或其他等效产品。实时荧光 RT-PCR 试剂均给出了具体的

信息，目的是为了方便标准的使用者，并不表示对该产品的认可。如果其他等效产品具有相同的效果，则可以使用这些等效产品。

（9）引物和探针：根据表 1 的序列合成引物和探针，引物和探针加无 RNase 去离子水配制成 10μmol/L 储备液，−20℃保存。

表 1　实时荧光 RT-PCR 检测引物和探针

引物和探针名称	引物和探针序列（5'→3'）	产物大小（bp）
正向引物	GGAACTTCTCGTTGGGCATTATACT	
反向引物	ACCACAAGATTATCATTTTCACAACATA	108
探针	FAM-ACATGCTACGGCTCGTGTAACCGAACTGT-BHQ-1	

注：探针也可选用具有与 FAM 和 BHQ-1 荧光基团相同检测效果的其他合适的荧光报告基团和荧光淬灭基团组合。

引物和探针设计根据 GenBank 中收录的 MHV-1 毒株（GenBank 登录号为 FJ647223）序列为模板，利用 Primer Express3.0 软件（Applied Biosystems 公司）设计一套针对病毒 M 蛋白基因的荧光定量 PCR 引物和探针，从 NCBI 下载小鼠肝炎病毒的核酸全序列共 23 条，用 MAGE4.0 软件进行序列比对分析，保证引物和探针序列的通用性（图 1）。

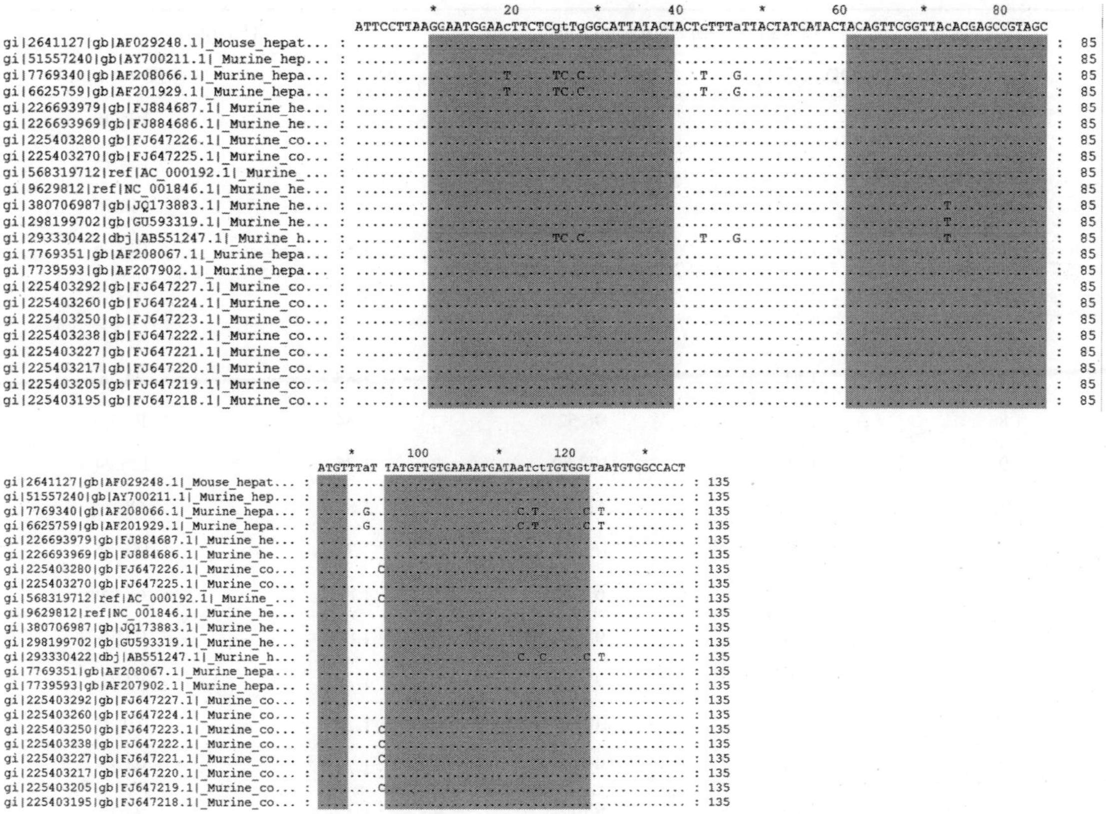

图 1　小鼠肝炎病毒 M 基因引物和探针序列比较

七、检测方法的确定

（一）生物安全措施

实验操作及处理按照 GB 19489 的规定，由具备相关资质的工作人员进行相应操作。

（二）采样及样本的处理

标准规定了动物脏器组织，盲肠内容物或粪便，细菌培养物，实验动物饲料、垫料和饮水，实验动物设施设备样本的采集及处理方法。

（三）样本 RNA 提取

规定了样本 RNA 的提取方法。对两种不同核酸提取方法进行比较，采用 RNA 提取试剂盒 QIAamp Viral RNA Mini Kit（Qiagen 公司）和 TRIzol（Invitrogen 公司）对 25 份盲肠内容物和肝脏组织样本，按各自说明书进行核酸抽提。采用 NanoDrop2000c 仪器对抽提的核酸进行浓度和纯度（OD_{260}/OD_{280}）检测。将两种方法提取的 RNA 模板，采用小鼠肝炎病毒实时荧光 RT-PCR 分别进行检测，统计检测结果，比较两种提取方法用于 PCR 扩增的检出率。结果两种方法的提取效果相当，OD_{260}/OD_{280} 均在 1.6~2.0，满足 RNA 模板的纯度要求（表 2）。将上述提取的 RNA 模板，进行 MHV 检测，结果两种提取方法用于 PCR 扩增的检出率一致（表 3）。因此，两种核酸提取方法均适合用于该检测方法。

表 2　提取 RNA 模板的浓度、纯度比较结果

样本编号	QIAamp Viral RNA Mini Kit		TRIzol	
	OD_{260}/OD_{280}	浓度（ng/μL）	OD_{260}/OD_{280}	浓度（ng/μL）
1	1.78	107.58	1.81	105.46
2	1.85	156.23	1.86	154.78
3	1.81	145.29	1.78	142.56
4	1.83	103.86	1.85	106.85
5	1.84	88.42	1.89	89.45
6	1.77	78.98	1.81	81.69
7	1.81	75.36	1.88	74.56
8	1.83	96.52	1.84	96.48
9	1.78	102.59	1.85	105.24
10	1.79	66.38	1.82	68.75
11	1.78	155.46	1.75	156.56
12	1.89	67.98	1.89	68.45
13	1.88	98.76	1.86	97.56
14	1.67	95.45	1.77	93.21
15	1.78	102.39	1.75	101.23
16	1.68	95.26	1.77	94.21
17	1.73	98.12	1.79	97.58
18	1.75	110.25	1.80	112.03

续表

样本编号	QIAamp Viral RNA Mini Kit		TRIzol	
	OD_{260}/OD_{280}	浓度（ng/μL）	OD_{260}/OD_{280}	浓度（ng/μL）
19	1.79	78.29	1.72	78.98
20	1.78	78.96	1.82	77.45
21	1.76	125.14	1.88	129.32
22	1.71	88.12	1.78	87.56
23	1.82	98.25	1.95	99.56
24	1.75	114.23	1.79	113.89
25	1.78	111.75	1.77	110.25

表 3　检出率比较结果

试剂	检出率	参考值
QIAamp Viral RNA Mini Kit	20/25	20/25
TRIzol	20/25	

（四）实时荧光 RT-PCR

规定了实时荧光 RT-PCR 反应体系和反应参数。反应体系和反应参数的确定依据以下优化试验。

1. 方法优化

实时荧光 RT-PCR 反应选用的试剂盒为 One Step PrimerscriptTM RT-PCR Kit（Perfect Realtime）（Takara 公司，Cat.No.RR064A），扩增和检测在全自动荧光定量仪 Applied Biosystems 7500 Real-Time PCR Systems 上进行。

（1）扩增程序的确定

根据引物、探针的具体特性，仪器上的反应程序在退火延伸条件选择上试验了 3 种温度和 3 种时间：42℃ 5min，95℃ 30s，95℃ 5s→（58/60/62）℃（34/45/60）s，40 次循环，在退火延伸阶段采集荧光信号。各种试剂的加样量分别为每个反应管中含 2×One Step RT-PCR Buffer III 25μL，*Ex Taq* HS（5 U/μL）1μL，PrimeScript RT Enzyme Mix II 1μL，Forward Primer（10μmol/L）1μL、Reverse Primer（10μmol/L）1μL、Probe（10μmol/L）2μL，Rox 1μL、模板 RNA 10μL，用无 RNase 去离子水补足到反应总体积 50μL。结果均可见阳性扩增曲线，但考虑到使引物扩增有更好的特异性和缩短反应时间，最后确定扩增程序为：42℃ 5min，95℃ 30s，95℃ 5s→60℃ 34s，40 次循环。

（2）最佳引物浓度的确定

应用以上扩增程序，先固定探针终浓度为 200nmol/L，MHV 上下游引物浓度在 200nmol/L、250nmol/L、300nmol/L、350nmol/L、400nmol/L 之间选择，通过比较 Ct 值和荧光强度增加值（绝对荧光强度与背景荧光强度的差值，ΔRn）来判断优化结果。最佳引物浓度的确定以 Ct 值最小，扩增曲线荧光强度增加值最大所对应的引物浓度为最佳浓度（图 2）。最终确定 MHV 上下游引物终浓度 400nmol/L。

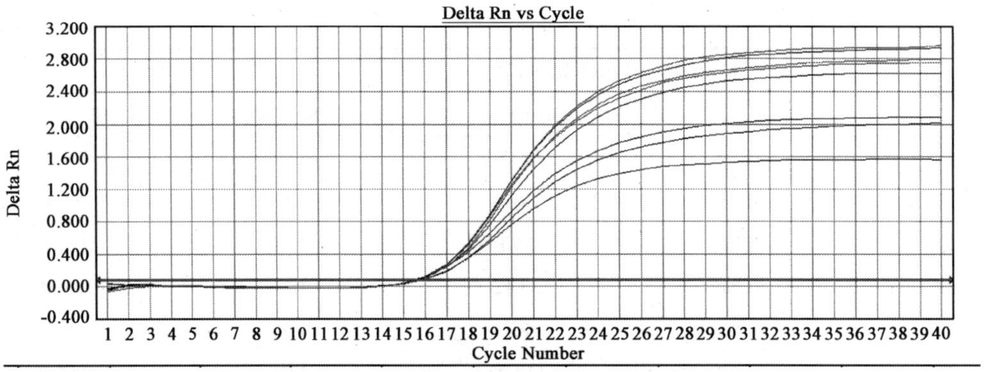

Setup / Instrument / Results

Plate / Spectra / Component / Amplification Plot / Standard Curv

Well	Sample Name	Detector	Task	Ct	StdDev Ct
A6	10pmol	MHV--w	Unknown	16.3454	0.191
A7	10pmol	MHV--w	Unknown	16.0753	0.191
B6	15pmol	MHV--w	Unknown	16.17	0.797
B7	15pmol	MHV--w	Unknown	17.2966	0.797
C6	20pmol	MHV--w	Unknown	16.0195	0.00122
C7	20pmol	MHV--w	Unknown	16.0178	0.00122
D6	25pmol	MHV--w	Unknown	16.0711	0.0255
D7	25pmol	MHV--w	Unknown	16.035	0.0255
E6	30pmol	MHV--w	Unknown	16.0793	0.0607
E7	30pmol	MHV--w	Unknown	16.1651	0.0607

图 2 MHV 引物优化扩增曲线图

引物 MHV-F、MHV-R 各 10nmol 溶于 1000μL 纯水中，配制成终浓度为 10pmol/μL（10μmol/L，每反应加入 1μL）

（3）最佳探针浓度的确定

根据选择好的最佳 MHV 上下游引物终浓度 400nmol/L，进一步进行 TaqMan 探针浓度的确定，在 100nmol/L、200nmol/L、250nmol/L、300nmol/L、350nmol/L、400nmol/L 之间选择。以 Ct 值最小，扩增曲线荧光强度增加值最大所对应的探针浓度为最佳浓度，见图 3。最终确定 MHV 探针终浓度 400nmol/L。

2. 不同试剂的测试

本标准方法主要采用 One Step PrimerscriptTM RT-PCR Kit（Perfect Realtime）（Takara 公司，Cat.No.RR064A），除此以外，还选用了多种试剂 按优化好的引物和探针浓度进行了测试，即按上下游引物终浓度 400nmol/L，探针终浓度 400nmol/L，反应总体积为 50μL 的情况下，模板 RNA 量为 10μL。不同试剂选用不同的反转录和 *Taq* 酶激活条件及 PCR 条件，40 次循环。结果所有试剂均可得到很好的扩增结果。这些试剂包括：Ag-Path-IDTM One step RT-PCR Kit（美国 Ambion 公司产品，Cat#AM1005），Quanti Fast Probe QPCR Kits（QIAGEN 产品，货号 204454）。

八、结果判定

（一）结果分析和条件设定

直接读取检测结果，基线和阈值设定原则根据仪器的噪声情况进行调整，以阈值线刚好超过正常阴性样品扩增曲线的最高点为准。

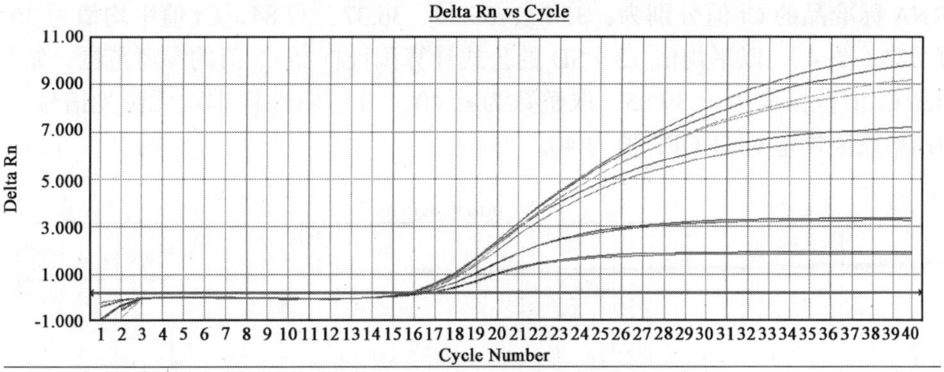

Plate Spectra Component Amplification Plot Standard Cu

Well	Sample Name	Detector	Task	Ct	StdDev Ct
A8	5pmol	MHV--w	Unknown	16.7365	0.197
A9	5pmol	MHV--w	Unknown	17.1046	0.197
B8	10pmol	MHV--w	Unknown	16.2644	0.0243
B9	10pmol	MHV--w	Unknown	16.22	0.0243
C8	15pmol	MHV--w	Unknown	15.6717	0.201
C9	15pmol	MHV--w	Unknown	15.9461	0.201
D8	20pmol	MHV--w	Unknown	15.645	0.246
D9	20pmol	MHV--w	Unknown	15.756	0.246
E8	25pmol	MHV--w	Unknown	15.6562	0.0919
E9	25pmol	MHV--w	Unknown	15.7395	0.0919
F8	30pmol	MHV--w	Unknown	15.8434	0.429
F9	30pmol	MHV--w	Unknown	16.4501	0.429

图 3　MHV 探针优化扩增曲线图

引物 MHV-P 10nmol 溶于 1000μL 纯水中，配制成终浓度为 10pmol/μL（10μmol/L，每反应加入 1μL）

（二）质控标准

1. 空白对照无 Ct 值，并且无荧光扩增曲线，一直为水平线。

2. 阴性对照无 Ct 值，并且无荧光扩增曲线，一直为水平线。

3. 阳性对照 Ct 值应≤ 35，并且有明显的荧光扩增曲线，则表明反应体系运行正常，否则此次试验无效，需重新进行实时荧光 PCR 扩增。

（三）结果判定

1. 若待检测样品无荧光扩增曲线，则判定样品未检出小鼠肝炎病毒。

2. 若待检测样品有荧光扩增曲线，且Ct值应≤ 35时，则判断样品中检出小鼠肝炎病毒。

3. 若待检测样品 Ct 值介于 35 和 40 之间时，应重新进行实时荧光 RT-PCR 检测。重新检测后，若 Ct 值≥ 40 时，则判定样品未检出小鼠肝炎病毒。重新检测后的 Ct 值仍介于 35 和 40 之间，则判定样品检出小鼠肝炎病毒。

其中 CUT OFF 值的确定依据以下试验确定：

对最低检测限稀释度为 10copies/μL MHV-RNA 标准品进行 4 次重复检测，计算其 Ct 值均值和标准差，并对 90 份正常动物组织和盲肠内容物样本进行检测分析其结果。结合以上结果综合分析实时荧光 PCR 方法的 CUT OFF 值。

实时荧光 PCR 方法最低检测限实验结果显示，稀释 1copies/μL MHV-RNA 标准品有荧光信号，但无标准的“S”形荧光信号曲线产生。将稀释至 10copies/μL MHV-RNA 标准品，重复检测 4 次，通过计算 Ct 值的差异来验证方法的重现性。稀释至 10copies/μL

MHV-RNA 标准品的 Ct 值分别为：35.23、35.29、36.37、37.84，Ct 值平均值为 36.18，标准差为 1.22（图 4）。以平均值 +3 × SD 的公式计算阳性样品 Ct 值的参考范围，结果 MHV 阳性样品 Ct 值范围应为＜ 39.85，取整数为＜ 40。90 份阴性样本均无荧光信号。综合以上实验结果最终确定 CUT OFF 值为 40。

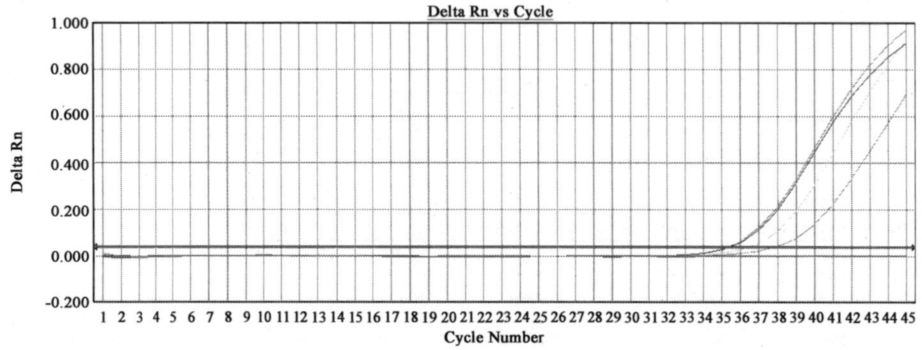

图 4 实时荧光 RT-PCR 方法重复 4 次检测稀释至 10copies/μL MHV-RNA 的反应曲线

横坐标为实时荧光 PCR 反应的 Ct 值，纵坐标为荧光信号强度，4 条曲线代表稀释至 10copies/μL MHV-RNA 分别在 4 个反应孔的检测结果

九、检测过程中防止交叉污染的措施

给出了检测过程中如何防止交叉污染的措施，具体按照 GB/T 19495.2 中的要求执行。

十、附录 A

本标准附录为规范性附录，给出了 PBS 和无 RNase 去离子水的配制方法。

第六节 分 析 报 告

一、材料与方法

（一）病毒、菌株、载体和临床样本

小鼠肝炎病毒（MHV，ATCC VR-246）、小鼠脑脊髓炎病毒（TMEV，ATCC VR-995）、仙台病毒（SV，ATCC VR-105）、小鼠肺炎病毒（PVM，ATCC VR-25）、呼肠孤病毒Ⅲ型（Reo-3，ATCC VR-232）、购自美国典型微生物菌种保藏中心，小鼠出血热病毒（HV）抗原为浙江天元生物药业股份有限公司生产的双价肾综合征出血热（汉滩型和汉城型）灭活疫苗，淋巴细胞性脉络丛脑膜炎病毒（LCMV）核酸由中国食品药品检定研究院惠赠、MNV Guangzhou/K162/09/CHN 毒株由本实验室分离保存，BHK 细胞（ATCC CCL-10）购自美国典型微生物菌种保藏中心。pGEM-T easy 克隆载体购自 promega 公司，大肠杆菌 *E. coli* DH5α 购自宝生物工程（大连）有限公司（Takara 公司）。临床样本包括：来源于 2012~2014 年本实验室收到广东省送检的 SPF 级活体小鼠或小鼠粪便 123 份。

（二）引物设计合成

引物和探针序列见表1。引物和探针由Invitrogern（广州）公司合成。

（三）病毒和样品核酸提取

病毒样品RNA的抽提按Trizol（Invitrogen公司，美国）操作说明书进行，盲肠内容物和粪便样品按照下面的方法预处理，在装有样本的离心管中加入适量灭菌的PBS，漩涡混匀，将悬液12 000r/min离心10min，取上清液通过0.22μm滤膜（Pall公司，美国）过滤，取滤液进行RNA抽提。

（四）MHV-RNA标准品的制备

以提取的MHV RNA为模板，用PrimeScript™ One Step RT-PCR Kit Ver.2试剂盒进行RT-PCR，反应体系为：Enzyme Mix 2μL，2×Buffer 25μL，上游引物MHV-F（10μmol/L）2.5μL，下游引物MHV-R（10μmol/L）2.5μL，RNA 5μL，加RNase Free dH_2O至50μL。反应条件：50℃ 30min，94℃ 2min，一个循环94℃ 30s、55℃ 30s、72℃ 1min，共35个循环，最后72℃ 延伸10 min。反应得到目的大小片段后，用胶回收试剂盒回收目的片段，将回收的目的片段连接至pGEM-T easy载体，并转化至DH5α感受态细胞中。用含有Amp的LB琼脂平板筛选阳性克隆，用PCR鉴定阳性克隆菌。阳性克隆菌（pGEM-MHV）送英潍捷基（上海）贸易有限公司进行测序，pGEM-MHV菌中含有的PCR产物大小为108bp。

将pGEM-MHV质粒，37℃ *Sal* I单酶切4h，使质粒线性化，琼脂糖凝胶电泳及试剂盒回收纯化质粒DNA线性化产物，用于体外转录，按T7体外转录试剂盒RibomaxTM Large Scale RNA Production Systems（Promega公司）说明加入反应试剂37℃作用2h，然后加DNase I酶1μL，37℃消化转录产物中未转录的DNA 15min，70℃灭活DNase I酶15min，用QIAamp Viral RNA Mini Kit试剂盒（Qiagen公司）进行RNA提取。得到体外转录的MHV-RNA，用微量紫外分光光度计测定RNA浓度，根据MHV转录RNA产物的大小计算质粒体外转录的RNA拷贝数。按照下面的公式计算RNA拷贝数。拷贝数（copies/μL）=6.022×10^{23}（copies/mol）×RNA浓度（g/μL）/质量MW（g/mol）。其中，MW=RNA碱基数 ×340 daltons/碱基，RNA碱基数=载体序列碱基数+插入序列碱基数。根据计算得到的MHV-RNA的浓度用无RNase水调整到1×10^{11}copies/μL。−80℃保存备用。

（五）特异性试验

采用建立的MHV实时荧光RT-PCR方法对MHV、TMEV、MNV、SV、PVM、Reo-3、HV和LCMV的RNA进行检测，验证该方法的特异性。

（六）定量标准曲线的建立及敏感性试验

将MHV-RNA标准品用Easy dilution（Takara公司）做10倍系列稀释，得到1×10^{9}~1×10^{0}copies/μL系列标准模板。利用优化后的反应体系和条件测定各稀释度的Ct值，以Ct值为纵坐标，以起始模板浓度的对数为横坐标，绘制标准曲线。

（七）重复性试验

对3份MHV-RNA标准品（1×10^{5}copies/μL、1×10^{3}copies/μL、2×10^{1}copies/μL）在同一次反应中进行5次重复测定，对各稀释度的Ct值进行统计，计算每个样品各反应管之间的批内变异系数（CV%）；对上述样品分别进行5次测定，计算同一样品每次测定结果之间的批间变异系数（CV%）。

（八）临床样本的检测

1. 人工感染试验

将含有 MHV 病毒的“脏垫料”作为感染源置于 ICR 小鼠笼盒中，模拟自然感染状态。每笼饲养 5 只，按品种分别固定放置于小鼠饲养间内中间笼架的底层位置，每周 1 次固定时间更换包括哨兵鼠在内的饲养鼠垫料。分别在实验第 2、4、8、14、21、28、35、42、56 和 120 天各剖杀动物 5 只，采集血液、盲肠内容物、粪便、肝脏以及肺脏检测抗原抗体分布情况。

2. 其他临床样本检测

利用实时荧光定量 PCR 方法对收集到的 123 份临床样本进行检测，每次反应同时设置阳性对照和阴性对照。

二、结果

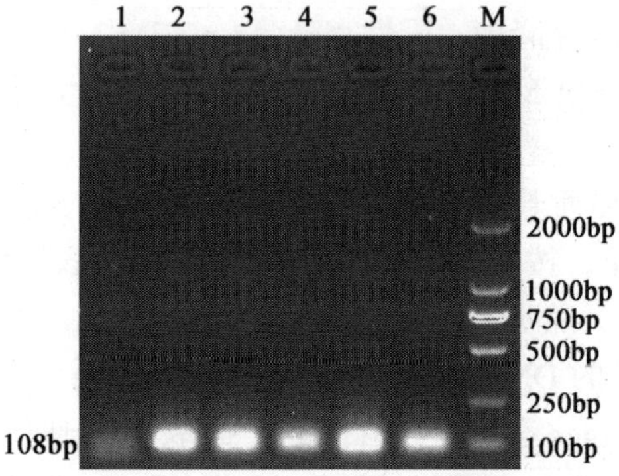

图 5　MHV RT-PCR 电泳图

M：DNA Marker DL2000；2~6 泳道：MHV 重组质粒；1 泳道：无模板对照

（一）MHV 质粒的制备

以用 RT-PCR 扩增 MHV 得到大小约 108bp 的特异片段，与 pGEM-T 载体连接构建重组阳性质粒，对重组质粒进行 PCR 鉴定，条带大小与预期结果相符（图 5）。

（二）特异性试验

采用建立的荧光定量 PCR 方法对 MHV、TMEV、MNV、SV、PVM、Reo-3、HV 和 LCMV 的 RNA 进行检测，结果除 MHV 为阳性外，其他病毒均为阴性，表明建立的方法具有良好的特异性（图 6）。

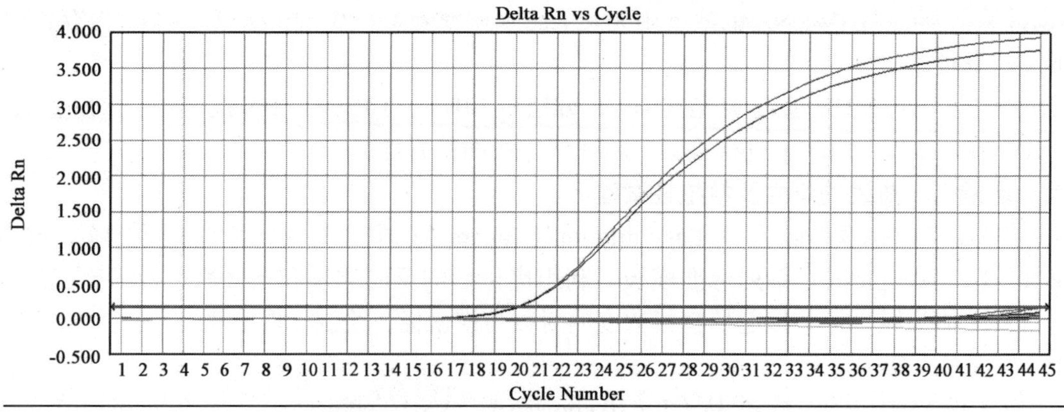

图 6　MHV 荧光定量 RT-PCR 特异性检测结果

（三）定量标准曲线的建立及敏感性试验

将 MHV-RNA 用 Easy dilution（Takara 公司）做 10 倍系列稀释，得到 1×10^{9}~1×10^{0}copies/μL 系列标准模板。利用优化后的反应体系和条件测定各稀释度的 Ct 值，以 Ct 值为纵坐标，以起始模板浓度的对数为横坐标，绘制标准曲线。结果见图 7，可见各梯度之间间隔的 Ct 值基本相等，无模板对照（no template control，NTC）没有荧光扩增曲线为阴性结果。以标准品稀释拷贝数的对数值为横坐标，以临界环数（threshold cycle，Ct）为纵坐标建立荧光实时定量 PCR 的标准曲线，标准品在 1×10^{8}copies/μL~1×10^{1}copies/μL 之间具有良好的线性关系，结果见图 8。其线性回归方程为 Ct=−3.24×lg（拷贝数）+37.92，标准曲线斜率为 −3.20，根据公式计算得扩增效率 $E=10^{1/3.20}-1=1.054$，

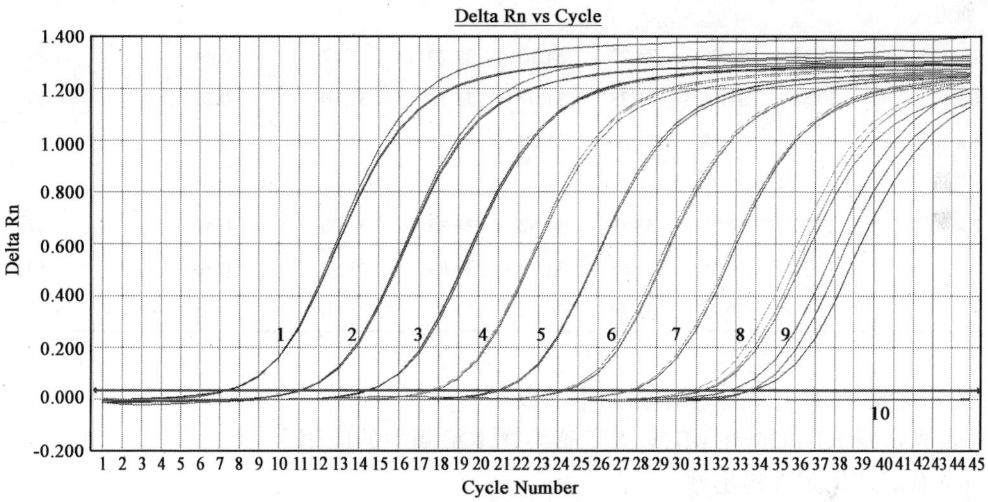

图 7　10 倍系列稀释标准品的荧光定量扩增曲线

1-9：1×10^{9}copies/μL 至 1×10^{1}copies/μL 标准品，10：1×10^{0}copies/μL 标准品和无模板对照

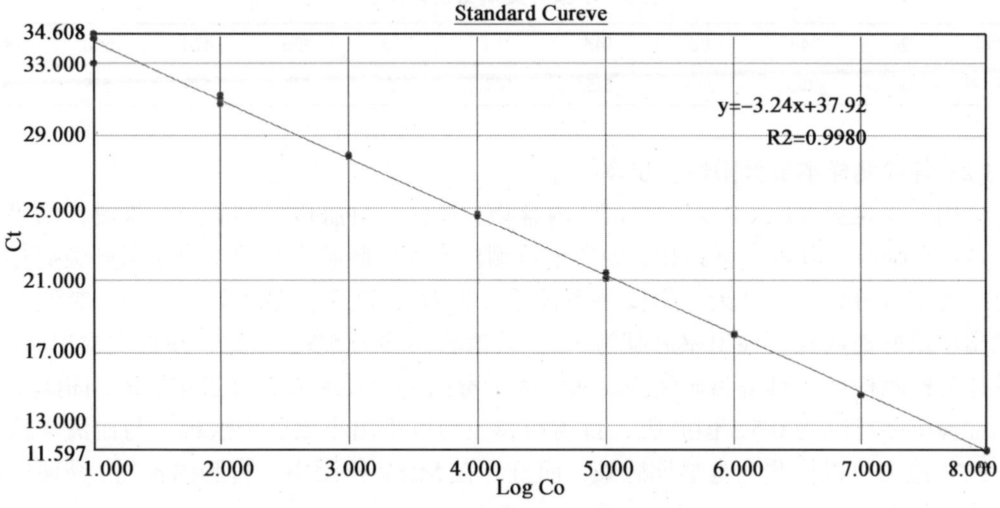

图 8　10 倍系列稀释标准品的标准曲线

即扩增效率为105.4%，相关系数 R^2=0.9980，说明PCR扩增该标准品的效率较高，线性关系良好。标准品 1×10^0copies/μL无扩增曲线，故本方法检测的灵敏度为10copies/μL。

（四）重复性试验结果

通过对 1×10^5copies/μL、1×10^3copies/μL、2×10^1copies/μL 3个稀释度RNA进行重复性检测，批内及批间重复性试验的变异系数均小于2%（表4），表明建立荧光定量RT-PCR方法重复性好，方法稳定可靠。

表4 MHV荧光定量RT-PCR批内和批间重复性试验检测结果

样本（copies/μL）	Ct值					Ct平均值	标准差SD	变异系数CV（%）
	1	2	3	4	5			
批内								
2×10^1	33.15	34.05	34.22	34.16	33.79	33.87	0.44	1.29
1×10^3	30.68	31.16	31.23	31.07	31.36	31.10	0.26	0.83
1×10^5	20.63	21.08	21.54	21.23	21.15	21.13	0.33	1.55
批间								
2×10^1	33.27	34.28	33.88	34.52	34.35	34.06	0.50	1.47
1×10^3	31.21	30.58	31.65	31.33	31.89	31.33	0.50	1.59
1×10^5	21.02	20.78	21.33	20.84	21.32	21.06	0.26	1.23

（五）荧光定量PCR在临床样本检测中的应用

1. 荧光定量RT-PCR在MHV人工感染样本检测中的应用

（1）血清抗体阳性检出率

实验开始第2天和第4天显示抗体阳性检出率为0，第8天开始，抗体检出阳性，阳性率为5/5，直至第8周，实验结束抗体阳性率仍为5/5。结果见表5。

表5 小鼠肝炎病毒抗体阳性率

时间	2d	4d	8d	14d	21d	28d	35d	42d	56d	84d
阳性率	0/5	0/5	5/5	5/5	5/5	5/5	5/5	5/5	5/5	5/5

（2）各检测样本抗原阳性检出率

应用荧光定量RT-PCR方法对盲肠内容物、粪便、肝脏以及肺脏进行检测，结果表明（表6）：在肺脏、肝脏、盲肠和粪便四个检测样本中，肺脏中早检检出小鼠肝炎病毒，检出时间为实验开始的第2天，但检出率较低，为1/5；随后，第4天，盲肠、粪便和肝脏也检出小鼠肝炎病毒，检出率肝脏为3/5，其他脏器均为5/5，因此，在首次检出时间上，肺脏作为检测样本不具备明显优势。从样本带毒的持续性来看，肝脏排毒时间稍短，第8周阳性检出率已降为0/5，但肺脏、盲肠和粪便均可检出小鼠肝炎病毒。与血清学检测比较，PCR检测可以检测病毒早期感染，而且，在MHV检测中，盲肠内容物/粪便应该是最佳的检测样本。

表 6 MHV 荧光定量 RT-PCR 检测结果

实验开始时间	肺脏	肝脏	盲肠	粪便
2d	1/5	0/5	0/5	0/5
4d	5/5	3/5	5/5	5/5
8d	5/5	1/5	5/5	5/5
14d	3/5	4/5	5/5	5/5
21d	1/5	1/5	3/5	4/5
28d	1/5	1/5	5/5	2/5
35d	1/5	4/5	4/5	1/5
42d	2/5	1/5	4/5	1/5
56d	1/5	0/5	5/5	3/5
84d	0/5	0/5	0/5	0/5

2. 荧光定量 RT-PCR 在临床样本检测中的应用

应用荧光定量 RT-PCR 检测方法对 2012~2014 年送检的 123 份 SPF 级小鼠盲肠内容物进行检测，结果检出 5 份阳性，阳性率为 4.1%。采用测序方法对阳性样本进行测序验证（图 9）。进一步验证了建立的检测方法正确有效。

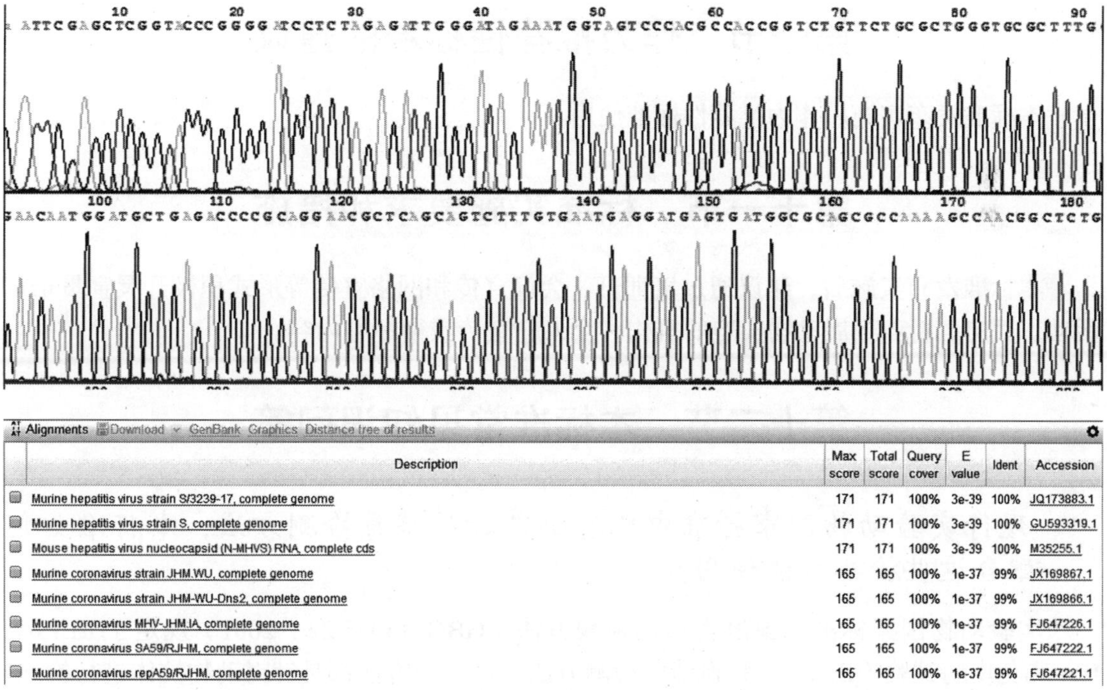

图 9 阳性样品测序图谱及序列 blast 结果

第七节 国内外同类标准分析

本标准为国内原创标准，国际上无类似标准。

第八节 与法律法规、标准关系

本标准按 GB/T 1.1—2009 规则和实验动物标准的基本结构编写，与实验动物标准体系协调统一；本标准与《实验动物管理条例》、《实验动物质量管理办法》等国家相关法规和实验动物强制性标准的规定和要求协调一致。目前实验动物国家标准没有小鼠肝炎病毒PCR 检测方法标准，本标准作为团体标准是对现有标准的有利补充。

第九节 重大分歧的处理和依据

从标准结构框架和制定原则的确定、标准的引用、有关技术指标和参数的试验验证、主要条款的确定直到标准草稿征求专家意见（通过函寄和会议形式多次咨询和研讨），均未出现重大意见分歧的情况。

第十节 作为推荐性标准的建议

本标准发布实施后作为推荐性标准使用。

第十一节 标准实施要求和措施

本标准发布实施后，建议通过培训班、会议宣传和网络宣传等形式积极开展宣贯培训活动。面向各行业开展动物实验的机构和个人，宣传贯彻标准内容。

第十二节 本标准常见知识问答

一、现行实验动物国家标准中已有小鼠肝炎病毒检测方法，本标准如何配合这些检测方法使用？

实验动物国家标准小鼠肝炎病毒检测方法（GB/T 14926.22—2001）规定了 ELISA、IFA 和免疫酶试验（IEA）三种血清学检测方法。这三种方法都是针对动物抗体进行检测，目前最常用的是 ELISA 和 IFA 检测方法，实际检测中 ELISA 可用于样本的大通量筛查，IFA 一般用做确认试验。

本标准中实时荧光RT-PCR检测方法为病原学检测方法，可以适用于实验动物及产品、实验动物接种物和环境等样本的检测。在实际检测中，如果出现可疑阳性样本，可以通过测序方法进行最终验证，即取待检样本扩增出的阳性 PCR 产物进行核酸序列测定，序列结果与已公开发表的小鼠肝炎病毒特异性片段序列进行比对，序列同源性在 90% 以上，可确诊待检样本小鼠肝炎病毒阳性，否则判定小鼠肝炎病毒阴性。

需要指出的是，血清抗体检测是诊断实验动物病毒感染的经典方法。本标准适用于不能通过血清抗体进行检测的样本快速检测，是实验动物质量控制必不可少的方法。

二、什么是 PCR 假阳性，产生假阳性的原因是什么？

假阳性是指对实验材料中阴性目的物检测反而得到阳性结果的现象。如果一次实验中的几个阴性对照中出现一个或几个阳性结果，提示本次实验中其他标本的检测结果可能有假阳性。假阳性主要来源于样本采集、处理、PCR 过程中的污染，造成假阳性的原因主要如下。

（1）样品间交叉污染：非一次性采样器具由于之前采样的痕量残留物含有本次检测的目的核酸而污染本次样品，造成假阳性。盛放样品器具密封不严造成样品间的污染样本污染。样本核酸模板在提取过程中，由于吸样枪污染导致标本间污染。有些微生物标本尤其是病毒可随气溶胶或形成气溶胶而扩散，导致彼此间的污染。

（2）PCR 试剂的污染：主要是由于在 PCR 试剂配制过程中，由于加样枪、容器、双蒸水及其他溶液被 PCR 核酸模板污染。

（3）PCR 扩增产物污染：由于 PCR 产物拷贝量大，远远高于 PCR 检测数个拷贝的极限，所以极微量的 PCR 产物污染，就可形成假阳性，这是 PCR 反应中最常见的污染问题。

还有一种容易忽视，最可能造成 PCR 产物污染的形式是气溶胶污染，空气与液体面摩擦时可形成气溶胶，在操作时比较剧烈地摇动反应管，开盖时、吸样时及污染进样枪的反复吸样都可形成气溶胶而污染。气溶胶造成的污染是造成假阳性的主要原因。

（4）克隆质粒的污染：常见于用克隆质粒做阳性对照的实验室。由于克隆质粒在单位容积内含量相当高，另外在纯化过程中需用较多的用具及试剂，而且在活细胞内的质粒，由于活细胞的生长繁殖的简便性及具有很强的生命力，其污染可能性也很大。

三、如何控制 PCR 假阳性？

（1）在 PCR 检测时，每次都要设立阴性对照样品和阳性对照样品对检测参数进行参比对照。只有在阴性对照样品和阳性对照样品检测结果成立的前提下，才能对检测样品进行结果判定。

（2）合理分隔实验室：将样品的处理、配制 PCR 反应液、PCR 扩增及 PCR 产物鉴定等步骤分区或分室进行，特别注意样本处理及 PCR 产物的鉴定应与其他步骤严格分开，最好能划分。合理的 PCR 实验室应分为标本处理及核酸抽提区、PCR 反应液制备区、PCR 扩增区和 PCR 产物鉴定区。各区使用的仪器、设备、耗材和工作服应独立专用，实验前应将实验室用紫外线消毒以破坏残留的 DNA 或 RNA。

（3）规范试剂耗材管理：新购买的试剂需进行实验前验证。PCR 试剂可选择小量分装储存，避免污染。试验过程中所用的一次性塑料耗材，如吸头、离心管、八连管等均应采购无核酸酶的并且使用前进行高温高压处理。塑料器皿用 0.1% DEPC 水浸泡 4h 后高温高压处理分解 DEPC。玻璃仪器或金属器具使用前须 180℃高温干烤 6h 以上。

（4）采用 UNG 酶防止污染：由于 PCR 产物是最常见的污染源，PCR 试剂中以 dUTP 取代 dTTP，因此 PCR 产物都是含有 dU 的 DNA 链。在 PCR 开始前增加 50℃的保温步骤，UNG 酶即可将反应体系中已有的 U-DNA 污染物中的尿嘧啶碱基降解，并在随后变性这步的条件下 DNA 链断裂，消除由于污染 DNA 产生的扩增，从而保证扩增结果的特异性，准确性。同时 UNG 酶被灭活，不会再降解新扩增的产物 U-DNA。

（5）操作人员应经过专业培训，具有一定经验和操作技能，必须严格按照质量体系规定的检测标准和检测方法操作。

四、什么是 PCR 假阴性，产生假阴性的原因是什么？

假阴性是指实验中设置的阳性对照未能扩增呈阳性结果现象，但这里应注意，阳性对照应该包含样品核酸提取和 PCR 扩增步骤。因此，如果未在样品的核酸提取步骤设置了阳性对照，而恰好在该步骤存在问题，即使阳性对照均呈阳性，样品检测中还可能有假阴性。造成 PCR 假阴性问题的原因较为复杂，概括起来有以下几点。

（1）仪器因素：PCR 仪孔间差异或控温不准，引起扩增失败或扩增效率降低。

（2）试剂因素：核酸抽提试剂、引物和 PCR 扩增试剂质量问题导致扩增失败。

（3）采样因素：不合理的样本采集、转运及处理、样本中微生物滴度过低均有可能导致假阴性结果。

（4）核酸模板因素：模板中存在 PCR 抑制剂，如杂蛋白质、多糖、酚等抑制物；容器中存在 RNA 酶导致 RNA 降解。

（5）靶序列变异因素：待测靶序列的变异或其他原因导致的序列改变，影响引物与模板特异性结合，可能会导致假阴性结果。

（6）操作人员因素：PCR 实验的环节很多，而且对每一环节的质量要求都很高，例如少加、漏加试剂、离心不充分、反应参数设计错误等都能造成结果的假阴性。

五、如何控制 PCR 假阴性？

（1）在 PCR 检测时，每次都要设立阴性对照样品和阳性对照样品对检测参数进行参比对照。只有在阴性对照样品和阳性对照样品检测结果成立的前提下，才能对检测样品进行结果判定。此外设置合理的内对照（内标）是判断假阳性的有效手段，内对照必须覆盖样品处理、核酸抽提、PCR 扩增和产物检测全过程。

（2）定期监测 PCR 仪，出现问题应及时进行维护并校准。

（3）新购买的试剂和引物需进行实验前验证，试剂应合理保存并分装使用，防止酶失活，避免反复冻融。

（4）严格处理样品程序，核酸提取过程中尽量去除可能干扰或抑制 PCR 反应的物质。可采用稀释或再纯化模板 DNA 方法，进行扩增分析，减少假阳性发生。

操作人员应经过专业培训，具有一定经验和操作技能，必须严格按照质量体系规定的检测标准和检测方法操作。

参考文献

邵伟娟，高诚，陈鸿书，等.2000.RT-PCR方法在小鼠肝炎病毒检测中的应用.上海实验动物科学，20(3)：141-143.

邵伟娟，高诚，陆国平，等. 2000. 小鼠肝炎病毒 RT-PCR 检测方法的建立和比较研究. 中国实验动物学报，8（1）：26-30.

田克恭.1992. 实验动物病毒性疾病. 北京：中国农业出版社，76-83.

姚玉霞，丛斌，彭郁葱，等. 1998. 逆转录 - 聚合酶链反应检测鼠肝炎病毒方法的建立. 中国实验动物学报，6（2）：13-17.

Barthold SW，Smith AL，Povar ML.1985. Enterotropic mouse hepatitis virus infection in nude mice. Lab Anim Sci，35（6）：613-618.

Casebolt DB，Qian B，Stephensen CB.1997. Detection of enterotropic mouse hepatitis virus fecal excretion by polymerase chain reaction. Lab Anim Sci，47（1）：6-10.

GB 14922.2—2011 实验动物微生物学等级及监测.

GB/T 14926.22—2001 实验动物 小鼠肝炎病毒检测方法.

Homberger FR，Smith AL，Barthold SW.1991.Detection of rodent coronaviruses in tissues and cell cultures by using polymerase chain reaction. J Clin Microbiol，29（12）：2789-2793.

Huang DS，Emancipator SN，Fletcher DR，et al.1996. Hepatic pathology resulting from mouse hepatitis virus S infection in severe combined immunodeficiency mice. Lab Anim Sci，46（2）：167-173.

Kunita S，Terada E，Goto K，et al.1992.Sequence analysis and molecular detection of mouse hepatitis virus using the polymerase chain reaction. Lab Anim Sci，42（6）：593-598.

Wang RF，Campbell WL，Cao WW，et al. 1999.Diagnosis of mouse hepatitis virus contamination in mouse population by using nude mice and RT-PCR. Mol Cell Probes，13（1）：29-33.

Yamada YK，Yabe M，Takimoto K，et al. 1998.Application of nested polymerase chain reaction to detection of mouse hepatitis virus in fecal specimens during a natural outbreak in an immunodeficient mouse colony. Exp Anim，47（4）：261-264.

Yamada YK，Yabe M，Yamada A，et al. 1993.Detection of mouse hepatitis virus by the polymerase chain reaction and its application to the rapid diagnosis of infection. Lab Anim Sci，43（4）：285-290.

第二十六章　T/CALAS 26—2017《实验动物　小鼠脑脊髓炎病毒 PCR 检测方法》实施指南

第一节　工 作 简 况

根据中国实验动物学会实验动物标准化专业委员会的下达的 2016 年团体标准制（修）订计划，由广东省实验动物监测所和中国农业科学院哈尔滨兽医研究所共同负责团体标准《实验动物　小鼠脑脊髓炎病毒 PCR 检测方法》起草工作。该项目由全国实验动物标准化技术委员会（SAC/TC281）技术审查，由中国实验动物学会归口管理。

本标准的编制工作是按照《中华人民共和国国家标准 GB/T1.1 2009 标准化工作导则》第 1 部分“标准的结构和编写规则”的要求进行编写的。本标准是在国家科技支撑计划“实验动物质量检测关键技术研究”（项目编号 2013BAK11B01）和广东省科技计划项目“广东省实验动物检测技术平台”（项目编号 2011B040200010）课题基础上制定而成的，在制定过程中参考了国内外相关文献，对方法的敏感性、特异性、重复性等进行了研究，并对所建立的标准方法进行了应用研究，建立了可行、稳定、特异的小鼠脑脊髓炎病毒 PCR 检测方法。

第二节　工 作 过 程

本标准由中国实验动物学会实验动物标准化专业委员会提出，广东省实验动物监测所和中国农业科学院哈尔滨兽医研究所按照团体标准研制要求和编写工作的程序，组成了由单位专家和专业技术人员参加的编写小组，制定了编写方案，并就编写工作进行了任务分工。编制小组根据任务分工进行了资料收集和调查研究工作，在国家科技支撑计划“实验动物质量检测关键技术研究”（项目编号 2013BAK11B01）和广东省科技计划项目“广东省实验动物检测技术平台”（项目编号 2011B040200010）课题研究基础上，组织编写小鼠脑脊髓炎病毒 PCR 检测方法技术资料，于 2016 年 4 月完成了标准草案的起草工作。标准草案首先征求中国实验动物学会实验动物标准化专业委员会的意见，2016 年 10 月在南宁召开团体标准征求意见会议，参会专家对标准稿提出了系列修订建议和意见。根据提出的意见编制组对《实验动物　小鼠脑脊髓炎病毒 PCR 检测方法》标准草案进行修改。结合调研、试验验证，形成本标准征求意见稿。

2016 年 11 月至 12 月，标准征求意见稿在中国实验动物学会网站公开征求意见，共收集意见或建议 9 个，编制组根据专家提出的修改意见和建议，采纳 9 个，未采纳 0 个。

经对《实验动物　小鼠脑脊髓炎病毒 PCR 检测方法》团体标准整理修改后形成标准送审稿、标准送审稿编制说明和征求意见汇总处理表。

2017 年 2 月 21 日，全国实验动物标准化技术委员会在北京召开了标准送审稿专家审查会。会议由全国实验动物标准化技术委员会的委员组成审查组，认真讨论了标准送审稿编制说明、征求意见汇总处理表，提出了修改意见和建议。与会专家认为本标准填补了小鼠脑脊髓炎病毒分子检测方法空白，是国标的有力补充，一致同意通过审查。会后，编制组根据与会专家提出的修改意见，经对《实验动物　小鼠脑脊髓炎病毒 PCR 检测方法》团体标准修改完善后形成标准报批稿、标准报批稿编制说明和征求意见处理汇总表。

2017 年 5 月，本标准经中国实验动物学会第六届理事会常务理事会第八次会议审议通过，批准发布，于 2017 年 5 月 19 日起正式实施。

第三节　编 写 背 景

小鼠脑脊髓炎是由 Theiler's 小鼠脑脊髓炎病毒（Theiler's murine encephalomyelitis virus，TMEV）引起的主要侵害小鼠中枢神经系统的病毒性疾病，多数呈隐性感染，有时表现脑脊髓炎和后肢麻痹等症状。小鼠脑脊髓炎在我国小鼠群中广泛存在，感染率达 8%~35%。近年研究发现，大鼠也可以自然感染 TMEV 病毒，大鼠乳鼠脑内接种 TMEV 病毒可以导致动物发生后肢瘫痪、被毛蓬乱和体重减轻等症状。TMEV 不仅严重影响实验小鼠质量，还对科学研究工作造成潜在干扰，影响实验结果的准确性和重复性（田克恭，1992），是国标中 SPF 级小鼠需要排除的病原体，快速准确地检测 TMEV 是有效防制该病的前提。目前，国内 TMEV 感染诊断方法主要是针对抗体检测的血清学检测方法如酶联免疫吸附试验（ELISA）、免疫酶试验（IEA）和免疫荧光试验（IFA）等，但是这些方法中不能应用于免疫功能低下或免疫缺陷小鼠如 SCID 小鼠和裸小鼠等的检测，因为它们不能产生正常的抗体反应，而且，血清学抗体检测有一定局限性，一般只有活体动物才能采集血清用于检测，对病死动物和一些动物源性的生物制品（如动物细胞，及其他生物材料）检测造成限制。抗原检测方面，常规病毒分离鉴定方法既复杂又烦琐，不利于日常检测。

随着分子生物学的迅速发展，以 PCR 技术为基础的各种分子生物学诊断技术成为 TMEV 病毒感染诊断的重要手段。PCR 病原检测方法具有特异性强、敏感度高、诊断快速等传统诊断方法所无法比拟的优点。美国和欧盟许多实验动物质量检测实验室都推荐采用 PCR 技术作为实验动物病原的检测方法。国内一些实验动物检测机构也开展了实验动物病原 PCR 检测技术研究（Trottier et al.，2002；Bootz et al.，2003；袁文等，2012），增加实验动物病毒分子生物学检测技术方法主要应用于无血清实验动物样本的快速检测，是实验动物质量控制必不可少的方法。广东省实验动物监测所自 2011 年起进行小鼠脑脊髓炎病毒荧光定量 RT-PCR 检测方法研究，通过大量临床样本试验证明建立的方法敏感高、特异强、重复性好。

第四节 编制原则

本标准的编制主要遵循以下原则：一是科学性原则。在尊重科学、亲身实践、调查研究的基础上，制定本标准。二是可操作性原则。本标准无论是从样品采集、处理、RNA抽提、PCR反应，均操作简单，仅需4小时既可完成。具有可操作性和实用性。三是协调性原则。以切实提高我国实验动物小鼠脑脊髓炎病毒检测技术水平为核心，符合我国现行有关法律、法规和相关的标准要求。

第五节 内容解读

本标准由范围、规范性引用文件、术语、定义和缩略语、检测方法原理、主要设备和材料、试剂、检测方法、结果判定、检测过程中防止交叉污染的措施、附录共十章构成。现将《实验动物 小鼠脑脊髓炎病毒PCR检测方法》主要技术内容确定说明如下。

一、本标准范围的确定

本标准规定适用于实验动物及其产品、细菌培养物、实验动物环境和动物源性生物制品中小鼠脑脊髓炎病毒的检测。现行的实验动物国家标准抗体检测的适用范围存在一定局限，而本标准规定的荧光RT-PCR检测方法适用范围广泛，可以适用于实验动物及产品、实验动物接种物和环境等样本的检测。

二、规范性引用文件

本标准规定了实验动物小鼠肝炎病毒实时荧光RT-PCR检测方法。下列文件对于本文件的应用是必不可少的。凡是注明日期的引用文件，仅注日期的版本适用于本文件。凡是不注日期的引用文件，其最新版本（包括所有的修改单）适用于本文件。

本标准规定了实验动物小鼠脑脊髓炎病毒实时荧光RT-PCR检测方法。

GB/T 19495.2 转基因产品检测 实验室技术要求

三、术语、定义和缩略语

为方便标准的使用，本标准规定了以下术语、定义和缩略语

（一）术语和定义

下列术语和定义适合于本标准。

1. 聚合酶链式反应 polymerase chain reaction，PCR

体外酶催化合成特异DNA片段的方法，模板DNA先经高温变性成为单链，在DNA聚合酶作用和适宜的反应条件下，根据模板序列设计的两条引物分别与模板DNA两条链上相应的一段互补序列发生退火而相互结合，接着在DNA聚合酶的作用下以四种dNTP为底物，使引物得以延伸，然后不断重复变性、退火和延伸这一循环，使欲扩增的基因片段以几何倍数扩增。

2. 逆转录 - 聚合酶链式反应 reverse transcription polymerase chain reaction，RT-PCR

以 RNA 为模板，采用 Oligo（dT）、随机引物或特异性引物，RNA 在逆转录酶和适宜反应条件下，被逆转录成 cDNA，然后再以 cDNA 作为模板，进行 PCR 扩增。

3. 实时荧光逆转录 - 聚合酶链式反应 real-time RT-PCR，实时荧光 RT-PCR

实时荧光 RT-PCR 方法是在常规 RT-PCR 的基础上，在反应体系中加入特异性荧光探针，利用荧光信号积累实时检测整个 PCR 进程，通过检测每次循环中的荧光发射信号，间接反映了 PCR 扩增的目标基因的量，最后通过扩增曲线对未知模板进行定性或定量分析。

4. Ct 值 cycle threshold

实时荧光 PCR 反应中每个反应管内的荧光信号达到设定的阈值时所经历的循环数。

（二）缩略语

下列缩略语适用于本标准。

CPE　　细胞病变效应（cytopathic effect）

DEPC　　焦碳酸二乙酯（diethyl pyrocarbonate）

DNA　　脱氧核糖核酸（deoxyribonucleic acid）

PBS　　磷酸盐缓冲液（phosphate buffered saline）

RNA　　核糖核酸（ribonucleic acid）

TMEV　　小鼠脑脊髓炎病毒（Theiler’s murine encephalomyelitis virus）

四、检测方法原理

简要介绍了标准中采用的技术方法原理。根据小鼠脑脊髓炎病毒非编码蛋白（UTR）基因序列，设计合成一对特异性引物和一条特异性探针，探针两端分别标记一个报告荧光基团和一个淬灭荧光基团。探针完整时，报告基团发射的荧光信号被淬灭基团吸收；PCR 扩增时，*Taq* 酶的 5'→3' 外切酶活性将探针酶切降解，使报告荧光基团和淬灭荧光基团分离，淬灭作用消失，荧光信号产生并被检测仪器接受，随着 PCR 反应的循环进行，PCR 产物与荧光信号的增长呈对应关系。因此，可以通过检测荧光信号对核酸模板进行检测。

五、主要设备和材料

规定了检测方法所需要的设备和材料。

六、试剂

规定了检测方法所需要的试剂。

（1）灭菌 PBS。配制方法在标准附录中给出。

（2）无 RNase 去离子水：经 DEPC（焦炭酸乙二酯）处理的去离子水或商品无 RNase 水。配制方法在标准附录中给出。

（3）RNA 抽提试剂 TRIzol（Life technologies 公司，Cat.No. 15596-026）或其他等效产品。RNA 抽提试剂给出了具体的信息，目的是为了方便标准的使用者，并不表示对该产品的认可。如果其他等效产品具有相同的效果，则可以使用这些等效产品。

（4）无水乙醇。

（5）75% 乙醇（无 RNase 去离子水配制）。

（6）三氯甲烷（氯仿）。

（7）异丙醇。

（8）实时荧光 RT-PCR 试剂：One Step Primerscript™ RT-PCR Kit（Perfect Realtime）（Takara 公司，Cat.No.RR064A）或其他等效产品。实时荧光 RT-PCR 试剂均给出了具体的信息，目的是为了方便标准的使用者，并不表示对该产品的认可。如果其他等效产品具有相同的效果，则可以使用这些等效产品。

（9）引物和探针：根据表 1 的序列合成引物和探针，引物和探针加无 RNase 去离子水配制成 10μmol/L 储备液，–20℃保存。

表 1 实时荧光 RT-PCR 检测引物和探针

引物和探针名称	引物和探针序列（5'→3'）	产物大小（bp）
正向引物	CTTGTTGAAGTGTTTCCCTCC	
反向引物	GGGAGGCATGATGGTAGTTT	82
探针	FAM-TCGCGACGTGGTTGGAGATCTAA-BHQ-1	

注：探针也可选用具有与 FAM 和 BHQ-1 荧光基团相同检测效果的其他合适的荧光报告基团和荧光淬灭基团组合。

引物和探针设计根据 TMEV GDVII 毒株（GenBank 登录号为 X56019）序列为模板，利用 Primer Express3.0 软件（Applied Biosystems 公司）设计一套针对病毒 UTR 片段基因的荧光定量 PCR 引物和探针，从 NCBI 下载小鼠脑脊髓炎病毒的核酸全序列共 11 条，用 MAGE4.0 软件进行序列比对分析，保证引物和探针序列的通用性（图 1）。

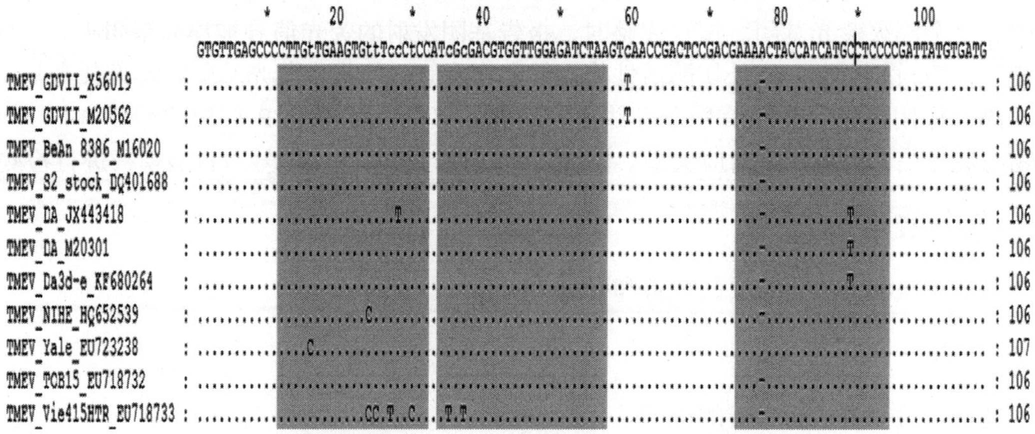

图 1 小鼠脑脊髓炎病毒 UTR 片段基因引物和探针序列比较

七、检测方法的确定

（一）生物安全措施

实验操作及处理按照 GB 19489 的规定，由具备相关资质的工作人员进行相应操作。

（二）采样及样本的处理

标准规定了动物脏器组织，盲肠内容物或粪便，细菌培养物，实验动物饲料、垫料和饮水，实验动物设施设备样本的采集及处理方法。

（三）样本 RNA 提取

规定了样本 RNA 的提取方法。对两种不同核酸提取方法进行比较，采用 RNA 提取试剂盒 QIAamp Viral RNA Mini Kit（Qiagen 公司）和 TRIzol（Invitrogen 公司）对 25 份盲肠内容物和肝脏组织样本，按各自说明书进行核酸抽提。采用 NanoDrop2000c 仪器对抽提的核酸进行浓度和纯度（OD_{260}/OD_{280}）检测。将两种方法提取的 RNA 模板，采用小鼠脑脊髓炎病毒实时荧光 RT-PCR 分别进行检测，统计检测结果，比较两种提取方法用于 PCR 扩增的检出率。结果两种方法的提取效果相当，OD_{260}/OD_{280} 均在 1.6~2.0，满足 RNA 模板的纯度要求（表 2）。将上述提取的 RNA 模板，进行 TMEV 检测，结果两种提取方法用于 PCR 扩增的检出率一致（表 3）。因此，两种核酸提取方法均适合用于该检测方法。

表 2　提取 RNA 模板的浓度、纯度比较结果

样本编号	QIAamp Viral RNA Mini Kit		TRIzol	
	OD_{260}/OD_{280}	浓度（ng/μL）	OD_{260}/OD_{280}	浓度（ng/μL）
1	1.72	97.58	1.71	95.81
2	1.74	96.88	1.70	96.57
3	1.67	86.80	1.82	88.38
4	1.75	98.04	1.83	96.69
5	1.69	118.35	1.81	118.20
6	1.72	45.38	1.79	45.82
7	1.72	96.59	1.67	96.83
8	1.84	87.84	1.82	87.62
9	1.65	58.59	1.79	56.18
10	1.67	55.33	1.80	46.49
11	1.73	68.18	1.79	68.25
12	1.69	125.53	1.80	126.68
13	1.81	118.66	1.83	126.55
14	1.72	97.23	1.85	98.91
15	1.79	24.76	1.82	26.51
16	1.76	47.74	1.73	46.65
17	1.84	86.99	1.76	86.80
18	1.82	45.66	1.87	47.54
19	1.75	57.37	1.80	57.70
20	1.79	58.09	1.89	56.70
21	1.83	97.92	1.78	96.62

续表

样本编号	QIAamp Viral RNA Mini Kit		TRIzol	
	OD_{260}/OD_{280}	浓度（ng/μL）	OD_{260}/OD_{280}	浓度（ng/μL）
22	1.74	95.47	1.82	98.44
24	1.83	38.48	1.78	38.69
24	1.81	55.26	1.71	56.53
25	1.80	67.71	1.76	69.57

表 3　检出率比较结果

试剂	检出率	参考值
QIAamp Viral RNA Mini Kit	24/25	24/25
TRIzol	24/25	

（四）实时荧光 RT-PCR

规定了实时荧光 RT-PCR 反应体系和反应参数。反应体系和反应参数的确定依据以下优化试验。

1. 方法优化

实时荧光 RT-PCR 反应选用的试剂盒为 One Step PrimerscriptTM RT-PCR Kit（Perfect Realtime）（Takara 公司，Cat.No.RR064A），扩增和检测在全自动荧光定量仪 Applied Biosystems 7500 Real-Time PCR Systems 上进行。

（1）扩增程序的确定

根据引物、探针的具体特性，仪器上的反应程序在退火延伸条件选择上试验了 3 种温度和 3 种时间：42℃ 5min，95℃ 30s，95℃ 5s →（58/60/62）℃（34/45/60）s，40 次循环，在退火延伸阶段采集荧光信号。各种试剂的加样量分别为每个反应管中含 2 × One Step RT-PCR Buffer III 25μL，*Ex Taq* HS（5U/μL）1μL，PrimeScript RT Enzyme Mix II 1μL，Forward Primer（10μmol/L）1μL、Reverse Primer（10μmol/L）1μL、Probe（10μmol/L）2μL，Rox 1μL、模板 RNA 10μL，用无 RNase 去离子水补足到反应总体积 50μL。结果均可见阳性扩增曲线，但考虑到使引物扩增有更好的特异性和缩短反应时间，最后确定扩增程序为：42℃ 5min，95℃ 30s，95℃ 5s → 60℃ 34s，40 次循环。

（2）最佳引物浓度的确定

应用以上扩增程序，先固定探针终浓度为 200nmol/L，TMEV 上下游引物浓度在 100nmol/L、150nmol/L、200nmol/L、250nmol/L、300nmol/L 之间选择，通过比较 Ct 值和荧光强度增加值（绝对荧光强度与背景荧光强度的差值，ΔRn）来判断优化结果。最佳引物浓度的确定以 Ct 值最小，扩增曲线荧光强度增加值最大所对应的引物浓度为最佳浓度（表 4、图 2）。最终确定 TMEV 上下游引物终浓度 200nmol/L。

表 4 引物优化 Ct 值结果

引物浓度	100nmol/L	150nmol/L	200nmol/L	250nmol/L	300nmol/L
Ct 值	17.54 ± 0.06	17.83 ± 0.20	17.32 ± 0.01	18.07 ± 0.04	18.15 ± 0.03

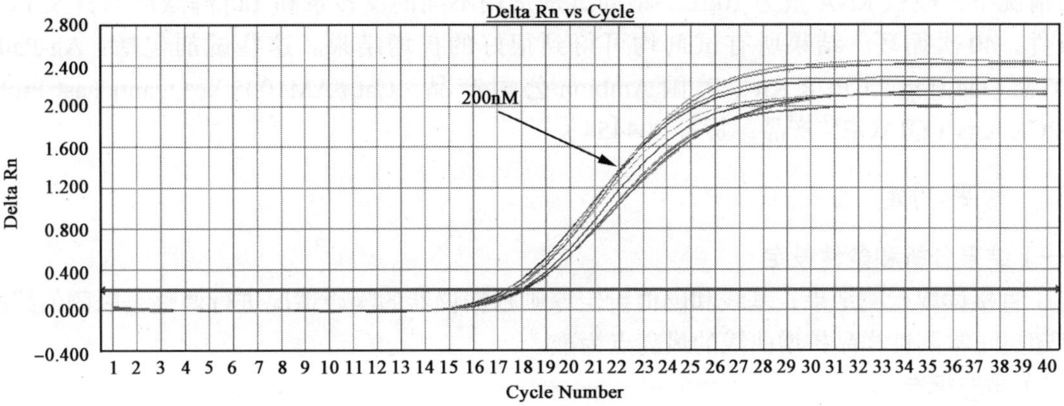

图 2 TMEV 引物优化扩增曲线图

（3）最佳探针浓度的确定

根据选择好的最佳 TMEV 上下游引物终浓度 200nmol/L，进一步进行 TaqMan 探针浓度的确定，在 50nmol/L、100nmol/L、150nmol/L、200nmol/L、250nmol/L、300nmol/L 之间选择。以 Ct 值最小，扩增曲线荧光强度增加值最大所对应的探针浓度为最佳浓度（表 5，图 3）。最终确定 TMEV 探针终浓度 250nmol/L。

表 5 探针优化 Ct 值结果

浓度	50nmol/L	100nmol/L	150nmol/L	200nmol/L	250nmol/L	300nmol/L
Ct 值	18.03 ± 0.04	17.44 ± 0.67	16.62 ± 0.08	16.10 ± 0.09	15.92 ± 0.02	16.04 ± 0.02

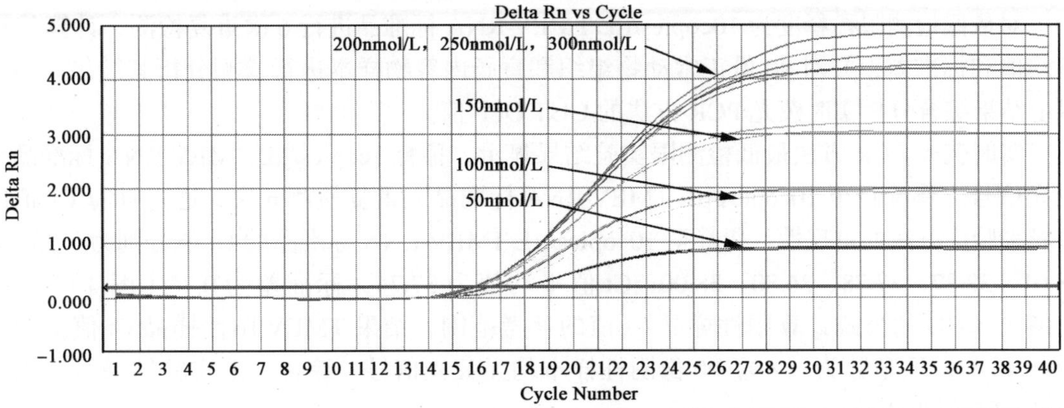

图 3 TMEV 探针优化扩增曲线图

2. 不同试剂的测试

本标准方法主要采用 One Step PrimerscriptTM RT-PCR Kit（Perfect Realtime）（Takara 公司，Cat.No.RR064A），除此以外，还选用了多种试剂按优化好的引物和探针浓度进行了测试，即按上下游引物终浓度 200nmol/L，探针终浓度 250nmol/L，反应总体积为 50μL 的情况下，模板 RNA 量为 10μL。不同试剂选用不同的反转录和 Taq 酶激活条件及 PCR 条件，40 次循环。结果所有试剂均可得到很好的扩增结果。这些试剂包括：Ag-Path-IDTM One step RT-PCR Kit（美国 Ambion 公司产品，Cat #AM1005），Quanti Fast Probe QPCR Kits（QIAGEN 产品，货号 204454）。

八、结果判定

（一）结果分析和条件设定

直接读取检测结果，基线和阈值设定原则根据仪器的噪声情况进行调整，以阈值线刚好超过正常阴性样品扩增曲线的最高点为准。

（二）质控标准

（1）空白对照无 Ct 值，并且无荧光扩增曲线，一直为水平线。

（2）阴性对照无 Ct 值，并且无荧光扩增曲线，一直为水平线。

（3）阳性对照 Ct 值应≤ 35，并且有明显的荧光扩增曲线，则表明反应体系运行正常，否则此次试验无效，需重新进行实时荧光 PCR 扩增。

（三）结果判定

（1）若待检测样品无荧光扩增曲线，则判定样品未检出小鼠脑脊髓炎病毒。

（2）若待检测样品有荧光扩增曲线，且 Ct 值应≤ 35 时，则判断样品中检出小鼠脑脊髓炎病毒。

（3）若待检测样品 Ct 值介于 35 和 40 之间时，应重新进行实时荧光 RT-PCR 检测。重新检测后，若 Ct 值≥ 40 时，则判定样品未检出小鼠脑脊髓炎病毒。重新检测后的 Ct 值仍介于 35 和 40 之间，则判定样品检出小鼠脑脊髓炎病毒。

其中 CUT OFF 值的确定依据以下试验确定：

对最低检测限稀释度为 10copies/μL TMEV-RNA 标准品进行 6 次重复检测，计算其 Ct 值均值和标准差，并对 90 份正常动物组织和盲肠内容物样本进行检测分析其结果。结合以上结果综合分析实时荧光 PCR 方法的 CUT OFF 值。

实时荧光 PCR 方法最低检测限实验结果显示，稀释 1copies/μL TMEV-RNA 标准品无荧光信号。将稀释至 10copies/μL TMEV-RNA 标准品，重复检测 6 次，通过计算 Ct 值的差异来验证方法的重现性。稀释至 10copies/μL TMEV-RNA 标准品的 Ct 值分别为：36.96、38.01、38.87、37.78、36.80、38.00，Ct 值平均值为 37.74，标准差为 0.76（图 4）。以平均值 +3 × SD 的公式计算阳性样品 Ct 值的参考范围，结果 TMEV 阳性样品 Ct 值范围应为＜ 40.03，取整数为＜ 40。90 份阴性样本均无荧光信号。综合以上实验结果最终确定 CUT OFF 值为 40。

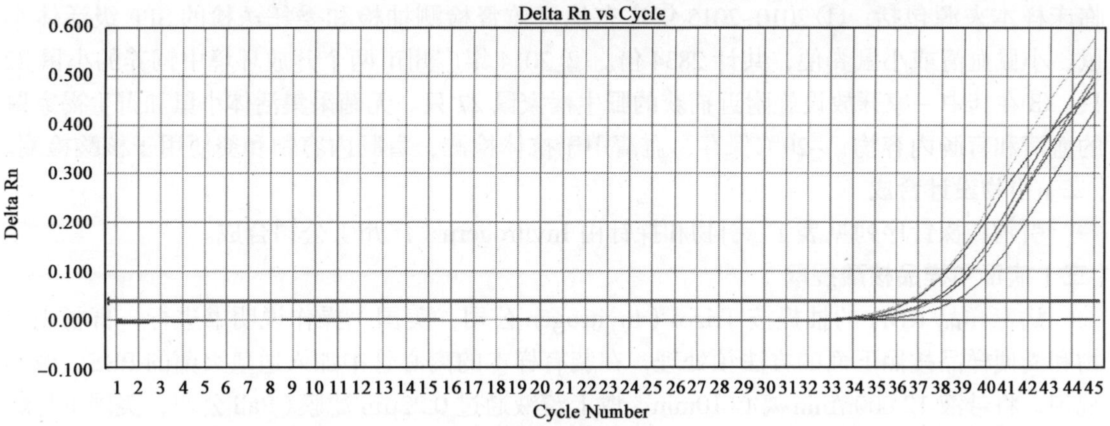

图 4　实时荧光 RT-PCR 方法重复 6 次检测稀释至 10copies/μLTMEV-RNA 的反应曲线

横坐标为实时荧光 PCR 反应的 Ct 值，纵坐标为荧光信号强度，6 条曲线代表稀释至 10copies/μL TMEV-RNA 分别在 6 个反应孔的检测结果

九、检测过程中防止交叉污染的措施

给出了检测过程中如何防止交叉污染的措施，具体按照 GB/T 19495.2 中的要求执行。

十、附录 A

本标准附录为规范性附录，给出了 PBS 和无 RNase 去离子水的配制方法。

第六节　分 析 报 告

一、材料与方法

（一）病毒、菌株、载体和临床样本

小鼠脑脊髓炎病毒（TMEV，ATCC VR-995）、小鼠肝炎病毒（MHV，ATCC VR-246）、大鼠冠状病毒 / 涎泪腺炎病毒（RCV，ATCC VR-1410）、仙台病毒（SV，ATCC VR-105）、小鼠肺炎病毒（PVM，ATCC VR-25）、呼肠孤病毒Ⅲ型（Reo-3，ATCC VR-232）、大鼠细小病毒 KRV 株（KRV，ATCC VR-235）、大鼠细小病毒 H-1 株（H-1，ATCC VR-356）、小鼠细小病毒 MVM 株（MVM，ATCC VR-1346）、鼠痘病毒（Ect，ATCC VR-1374）、多瘤病毒（Poly，ATCC VR-252）、小鼠腺病毒（Mad，ATCC VR-550）、小鼠巨细胞病毒（MCMV，ATCC VR-1399）、购自美国典型微生物菌种保藏中心，小鼠出血热病毒（HV）抗原为浙江天元生物药业股份有限公司生产的双价肾综合征出血热（汉滩型和汉城型）灭活疫苗，淋巴细胞性脉络丛脑膜炎病毒（LCMV）核酸由中国食品药品检定研究院惠赠、MNV Guangzhou/K162/09/CHN 毒株、大鼠泰勒病毒 RTV-PSD32 毒株由本实验室分离保存，BHK 细胞（ATCC CCL-10）购自美国典型微生物菌种保藏中心。pGEM-T easy 克隆载体购自 promega 公司，大肠杆菌 *E. coli* DH5α 购自宝生物工程（大连）有限公司（Takara 公司）。

临床样本来源包括：① 2010~2015 年广东地区监督检测抽检和委托送检的 SPF 级活体小鼠、小鼠血清或小鼠粪便，共计 2834 份。② 2014 年广州市两个开放环境中饲养的小鼠 82 只。③在其中一家开放设施附近捕获的野生褐家鼠 27 只。无菌采集活体小鼠和野生褐家鼠的血清和盲肠内容物，–20℃保存，血清用于抗体检测，盲肠内容物和粪便用于核酸检测。

（二）引物设计合成

引物和探针序列见表 1。引物和探针由 Invitrogern（广州）公司合成。

（三）病毒和样品核酸提取

病毒样品 RNA 的抽提按 Trizol（Invitrogen 公司，美国）操作说明书进行，盲肠内容物和粪便样品按照下面的方法预处理，在装有样本的离心管中加入适量灭菌的 PBS，漩涡混匀，将悬液 12 000r/min 离心 10min，取上清液通过 0.22μm 滤膜（Pall 公司，美国）过滤，取滤液进行 RNA 抽提。

（四）TMEV-RNA 标准品的制备

以提取的 TMEV RNA 为模板，用 PrimeScript™ One Step RT-PCR Kit Ver.2 试剂盒进行 RT-PCR，反应体系为：Enzyme Mix 2μL，2 × Buffer 25μL，上游引物 TMEV-F2（10μmol/L）2.5μL，下游引物 TMEV-R2（10μmol/L）2.5μL，RNA 5μL，加 RNase Free dH_2O 至 50μL。反应条件：50℃ 30min，94℃ 2min，一个循环 94℃ 30s、55℃ 30s、72℃ 1 min，共 35 个循环，最后 72℃ 延伸 10min。反应得到目的大小片段后，用胶回收试剂盒回收目的片段，将回收的目的片段连接至 pGEM-T easy 载体，并转化至 DH5α 感受态细胞中. 用含有 Amp 的 LB 琼脂平板筛选阳性克隆，用 PCR 鉴定阳性克隆菌。阳性克隆菌（pGEM-TMEV）送英潍捷基（上海）贸易有限公司进行测序，pGEM-TMEV 菌中含有的 PCR 产物大小为 1014bp。

将 pGEM-TMEV 质粒，37℃ *Sal* I 单酶切 4h，使质粒线性化，琼脂糖凝胶电泳及试剂盒回收纯化质粒 DNA 线性化产物，用于体外转录，按 T7 体外转录试剂盒 RibomaxTM Large Scale RNA Production Systems（Promega 公司）说明加入反应试剂 37℃作用 2h，然后加 DNase I 酶 1μL，37℃消化转录产物中未转录的 DNA 15min，70℃灭活 DNase I 酶 15min，用 QIAamp Viral RNA Mini Kit 试剂盒（Qiagen 公司）进行 RNA 提取。得到体外转录的 TMEV-RNA，用微量紫外分光光度计测定 RNA 浓度，根据 TMEV 转录 RNA 产物的大小计算质粒体外转录的 RNA 拷贝数。按照下面的公式计算 RNA 拷贝数。拷贝数（copies/μL）=6.022×10^{23}（copies/mol）× RNA 浓度（g/μL）/ 质量 MW（g/mol）。其中，MW=RNA 碱基数 ×340daltons/ 碱基，RNA 碱基数 = 载体序列碱基数 + 插入序列碱基数。根据计算得到的 TMEV-RNA 的浓度用无 RNase 水调整到 1×10^{11}copies/μL。-80℃保存备用。

（五）特异性试验

采用建立的 TMEV 实时荧光 RT-PCR 方法对 TMEV、RCV、KRV、H-1、MNV、MHV、SV、PVM、Reo-3、HV、LCMV、MVM、Ect、Poly、Mad 和 MCMV 的 RNA 和 cDNA 进行检测，验证该方法的特异性。

（六）定量标准曲线的建立及敏感性试验

将 TMEV-RNA 标准品用 Easy dilution（Takara 公司）做 10 倍系列稀释，得到 1×10^9~1×10^0copies/μL 系列标准模板。利用优化后的反应体系和条件测定各稀释度的 Ct 值，以

Ct 值为纵坐标，以起始模板浓度的对数为横坐标，绘制标准曲线。

（七）重复性试验

对 5 份 10 倍系列稀释的 TMEV-RNA 标准品（1×10^6~1×10^2copies/μL）在同一次反应中进行 5 次重复测定，对各稀释度的 Ct 值进行统计，计算每个样品各反应管之间的批内变异系数（CV%）；对上述样品分别进行 5 次测定，计算同一样品每次测定结果之间的批间变异系数（CV%）。

（八）临床样本的检测

利用实时荧光定量 PCR 方法对收集到临床样本进行检测，每次反应同时设置阳性对照和阴性对照。同时采用 ELISA 方法进行抗体检测。应用荧光定量 RT-PCR 方法对自然感染小鼠粪便、盲肠内容物、肠系膜淋巴结、脾脏、肝脏、心脏、肺脏、肾脏和脑等主要脏器进行检测，查看病毒在小鼠体内的分布情况，分析哪些样本是该方法的最佳检测样本。

（九）TMEV 实时荧光 RT-PCR 方法验证

1. 验证单位

中国食品药品检定研究院。

2. 验证过程

向验证单位提供 TMEV-RNA 标准品（1×10^{10}copies/μL）和 10 种小鼠病毒 RNA 和 DNA（已抽提好）：包括小鼠肝炎病毒（MHV）、小鼠肺炎病毒（PVM）、呼肠孤病毒 III 型（Reo-3）、仙台病毒（SV）、小鼠诺如病毒（MNV）、淋巴细胞脉络丛脑膜炎病毒（LCMV）、鼠痘病毒（Ect）、小鼠腺病毒（Mad）、多瘤病毒（Poly）、小鼠细小病毒（MVM）。提供引物、探针、实时荧光 RT-PCR 试剂，并且提供检测方法的反应体系和反应参数。由验证单位进行敏感性和特异性试验。同时使用 ABI7500 荧光定量 PCR 仪和 Rotor gene Q 荧光定量 PCR 仪进行两种仪器比对。

二、结果

（一）TMEV 质粒的制备

用 RT-PCR 扩增 TMEV 得到大小约 1014bp 的特异片段，与 pMD19-T 载体连接构建重组阳性质粒，对重组质粒进行 PCR 鉴定，条带大小与预期结果相符（图 5）。阳性菌株经测序鉴定与 TMEVGDVII 毒株（GenBank 登录号为 X56019）的同源性为 99%，但是引物探针部分未发生变异。

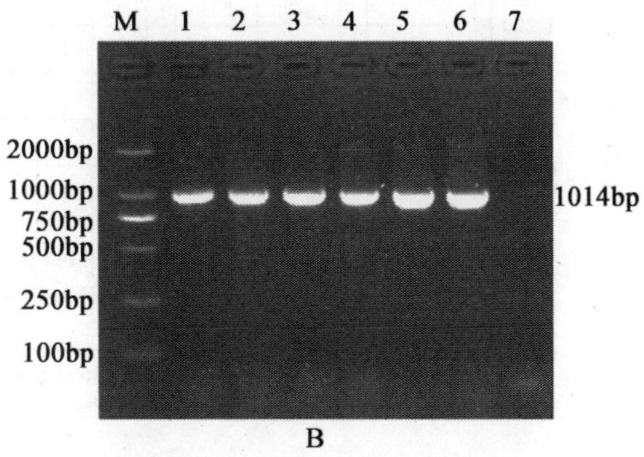

图 5　TMEV RT-PCR 电泳图

M：DNA Marker DL2000；1~6 泳道：TMEV 重组质粒；7 泳道：无模板对照

（二）特异性试验

采用建立的荧光定量 PCR 方法对 TMEV、RCV、KRV、H-1、MNV、MHV、SV、PVM、Reo-3、HV、LCMV、MVM、Ect、Poly、Mad 和 MCMV 的 RNA 和 cDNA 进行检测，结果除 TMEV 为阳性外，其他病毒均

为阴性，表明建立的方法具有良好的特异性（图 6）。

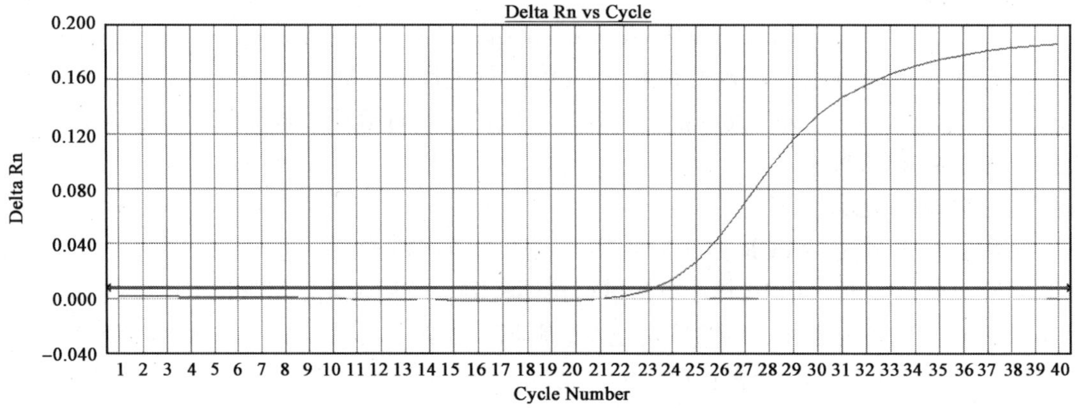

图 6 TMEV 荧光定量 RT-PCR 特异性检测结果

（三）定量标准曲线的建立及敏感性试验

将 TMEV-RNA 用 Easy dilution（Takara 公司）做 10 倍系列稀释，得到 1×10^8~1×10^0copies/μL 系列标准模板。利用优化后的反应体系和条件测定各稀释度的 Ct 值，以 Ct 值为纵坐标，以起始模板浓度的对数为横坐标，绘制标准曲线。结果见图 7，可见各梯度之间间隔的 Ct 值基本相等，无模板对照（no template control，NTC）没有荧光扩增曲线为阴性结果。以标准品稀释拷贝数的对数值为横坐标，以临界环数（threshold cycle，Ct）为纵坐标建立荧光实时定量 PCR 的标准曲线，标准品在 1×10^8copies/μL~1×10^1copies/μL 之间具有良好的线性关系，结果见图 8。其线性回归方程为 Ct=−3.10×lg（拷贝数）+39.27，标准曲线斜率为 −3.10，根据公式计算得扩增效率 $E=10^{1/3.10}-1=1.101$，即扩增效率为 110.1%，相关系数 $R^2=0.9984$，说明 PCR 扩增该标准品的效率较高，线性关系良好。标准品 1×10^0copies/μL 无扩增曲线，故本方法检测的灵敏度为 10copies/μL。

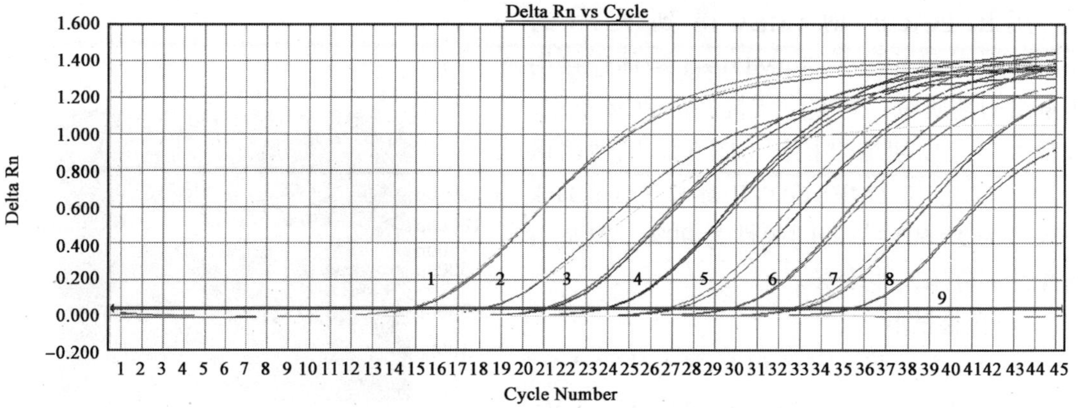

图 7 10 倍系列稀释标准品的荧光定量扩增曲线

1-8：1×10^8~1×10^1copies/μL 标准品，9：1×10^0copies/μL 标准品和无模板对照

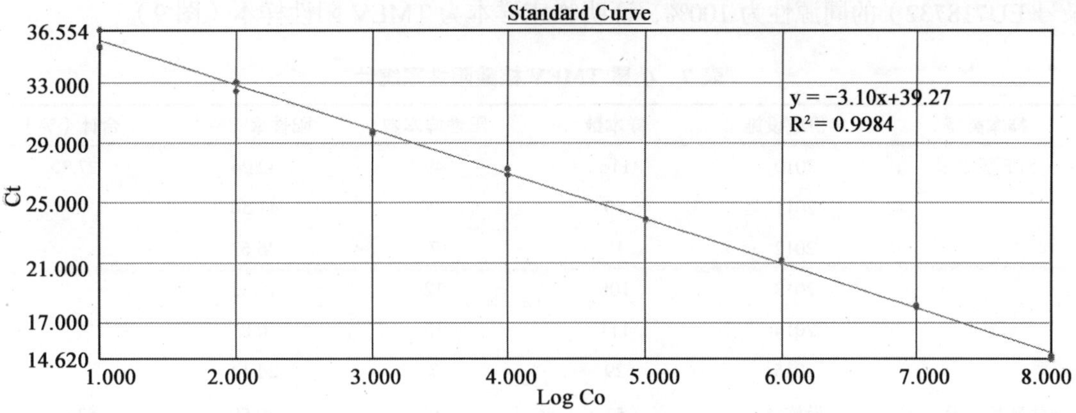

图 8 10 倍系列稀释标准品的标准曲线

（四）重复性试验结果

通过对 1×10^5copies/μL~1×10^2copies/μL 4 个稀释度 RNA 进行重复性检测，批内及批间重复性试验的变异系数均小于 2%（表 6），表明建立荧光定量 RT-PCR 方法重复性好，方法稳定可靠。

表 6 TMEV 荧光定量 RT-PCR 批内和批间重复性试验检测结果

样本（copies/μL）	Ct 值					Ct 平均值	标准差 SD	变异系数 CV（%）
	1	2	3	4	5			
批内								
1×10^5	22.48	22.67	22.82	22.51	22.43	22.58	0.16	0.71
1×10^4	26.31	26.27	26.43	26.06	26.59	26.33	0.20	0.75
1×10^3	29.69	29.23	29.45	29.73	29.8	29.58	0.24	0.80
1×10^2	33.1	33.04	32.57	33.1	32.61	32.88	0.27	0.82
批间								
1×10^5	22.52	22.48	22.34	22.76	22.87	22.59	0.22	0.96
1×10^4	26.21	26.67	26.26	26.82	26.35	26.46	0.27	1.01
1×10^3	29.63	29.31	29.01	29.39	29.68	29.40	0.27	0.92
1×10^2	32.89	32.39	33.13	33.29	33.26	32.99	0.37	1.13

（五）荧光定量 PCR 在临床样本检测中的应用

1. 核酸检测结果

核酸检测结果见表 7，从表中可知 2010~2015 年广东地区 SPF 级小鼠 TMEV 核酸阳性率为 27.35%（n=457），开放环境饲养小鼠的阳性率为 53.66%（n=82），而开放设施 A 附近捕获的野生褐家鼠阳性率为 25.93%（n=27）。用检测的上下游引物对其中三份阳性样本进行测序验证，测序结果显示三个样本扩增的基因序列相同，均为 84bp。通过 GenBank 上的 Blast 软件进行序列比对，阳性样本的序列与 GenBank 上的 TMEV 毒株（登录号 EU718732）的同源性为 100%，证明临床样本为 TMEV 阳性样本（图 9）。

表 7　小鼠 TMEV 核酸阳性率统计

样本类型	年份或设施	样本数	阳性样本数	阳性率（%）	合计（%）
SPF 级小鼠	2010	116	49	42.24	27.35
	2011	80	38	47.50	
	2012	15	7	46.67	
	2013	106	12	11.32	
	2014	111	12	10.81	
	2015	29	7	24.14	
开放环境饲养小鼠	设施 A	51	36	70.59	53.66
	设施 B	31	8	25.81	
野生褐家鼠	/	27	7	25.93	25.93

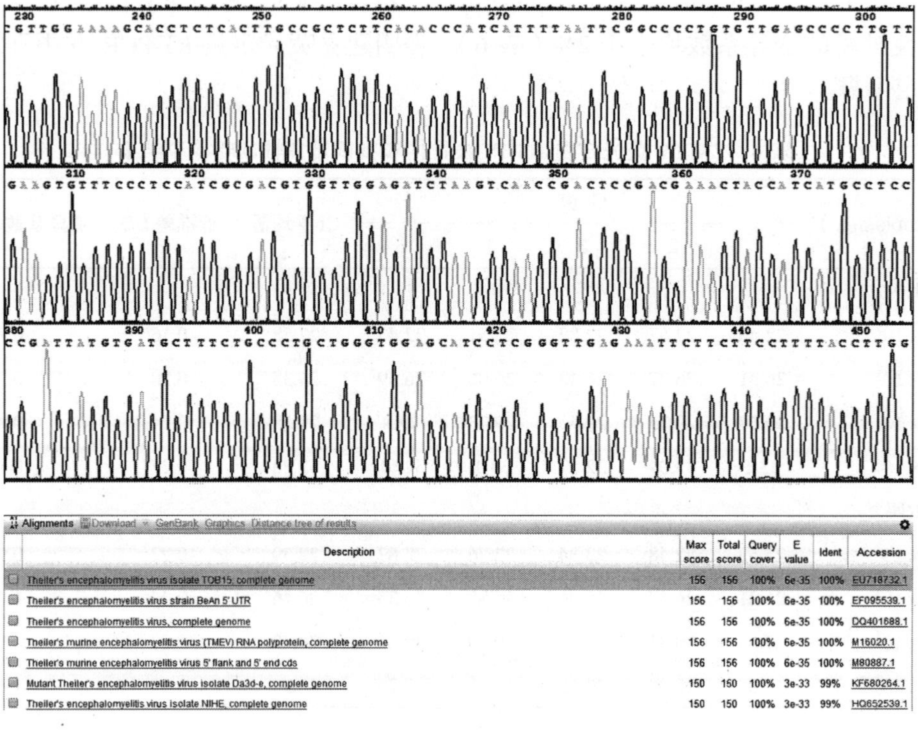

图 9　阳性样品测序验证

2. ELISA 和 qRT-PCR 方法比较

采用 ELISA 和 qRT-PCR 两种方法对其中一个设施的小鼠进行 6 年的跟踪检测，该设施 TMEV 抗体阳性率和核酸阳性率分别为 34.33% 和 35.32%（n=201），结果见图 10。采用配对计数资料 McNemar 法进行一致性检验，用 Kappa 值进行评价，统计分析结果表明：以 ELISA 检测结果为标准，荧光定量 PCR 结果与其比较，差异无统计学意义（p=0.868），说明两种方法诊断 TMEV 感染结果一致。两种检测方法吻合系数 Kappa=0.605（p=0），说明两种检测方法具有较好的一致性（表 8）。

表 8 ELISA 与 qRT-PCR 检测小鼠临床样本结果比较

ELISA	qRT-PCR		合计
	+	–	
+	52	17	69
–	19	113	132
合计	71	130	201

注：“+”表示阳性，“–”表示阴性。

3. TMEV 病毒在自然感染小鼠主要脏器中的分布

应用 qRT-PCR 方法对 16 只自然感染小鼠粪便、盲肠内容物、脑、脾脏、肝脏、心脏、肺脏、肾脏和胃等主要脏器进行检测，查看 TMEV 病毒在小鼠体内的分布情况，分析哪些样本是该方法的最佳检测样本。结果发现粪便和盲肠内容物中检出率最高，其次是脑和肝脏，小鼠脾脏、心脏、肺脏、肾脏和胃也可检出 TMEV 核酸，结果见表 9。因此在使用 qRT-PCR 方法进行 TMEV 检测时，粪便、盲肠内容物和脑是最佳的待检样本。

表 9 TMEV 病毒在自然感染小鼠脏器中的分布

器官	粪便	盲肠内容物	脑	脾脏	肝脏	心脏	肺脏	肾脏	胃
感染率	16/16	16/16	10/16	3/16	8/16	2/16	3/16	2/16	3/16

（六）方法验证结果

1. 敏感性验证

经验证单位（中检院）验证，TMEV 荧光定量 PCR 检测方法结果与方法建立单位（广东省实验动物监测所）结果基本一致，其中 ABI7500 荧光定量 PCR 仪灵敏度检测到 10^2copies/μL RNA，Roto gene Q 荧光定量 PCR 仪灵敏度检测 3 个重复样品，一个达到 10^2copies/μL RNA，两个为 10copies/μL RNA。造成分析原因可能为：第一，人员手工操作微量偏差在微量模板中表现较为明显。第二，本次比对实验所用的 RNA 假病毒模板为一个月前制备后保存于 –80℃冰箱，因 RNA 模板比较容易降解，再次取用时可能稍有降解，但结果基本一致。因此 TMEV 荧光定量 PCR 检测灵敏度为 10^1~10^2copies/μL RNA。

2. 特异性验证

验证单位结果与方法建立单位结果一致，该检测方法与 MNV、MHV、PVM、REO-3、SV、LCM、ECT、MAD、Poly、MVM 等 10 种非特异核酸模板均无特异性扩增，判定特异性检测成立。

因此，本单位 TMEV 荧光定量 PCR 检测方法具有较高的灵敏度和较强的特异性。

第七节 国内外同类标准分析

本标准为国内原创标准，国际上无类似标准。

第八节 与法律法规、标准关系

本标准按 GB/T 1.1—2009 规则和实验动物标准的基本结构编写，与实验动物标准体系协调统一；本标准与《实验动物管理条例》、《实验动物质量管理办法》等国家相关法规和实验动物强制性标准的规定和要求协调一致。目前实验动物国家标准没有小鼠脑脊髓炎病毒实时荧光 RT-PCR 检测方法标准，本标准作为团体标准是对现有标准的有利补充。

第九节 重大分歧的处理和依据

从标准结构框架和制定原则的确定、标准的引用、有关技术指标和参数的试验验证、主要条款的确定直到标准草稿征求专家意见（通过函寄和会议形式多次咨询和研讨），均未出现重大意见分歧的情况。

第十节 作为推荐性标准的建议

本标准发布实施后作为推荐性标准使用。

第十一节 标准实施要求和措施

本标准发布实施后，建议通过培训班、会议宣传和网络宣传等形式积极开展宣贯培训活动。面向各行业开展动物实验的机构和个人，宣传贯彻标准内容。

第十二节 本标准常见知识问答

一、现行实验动物国家标准中已有小鼠脑脊髓炎病毒检测方法，本标准如何配合这些检测方法使用？

实验动物国家标准小鼠脑脊髓炎病毒检测方法（GB/T 14926.22—2001）规定了 ELISA、IFA、免疫酶试验（IEA）和血凝抑制试验（HIA）四种血清学检测方法。这四种方法都是针对动物抗体进行检测，目前最常用的是 ELISA 和 IFA 检测方法，实际检测中 ELISA 可用于样本的大通量筛查，IFA 一般用做确认试验。

本标准中实时荧光 RT-PCR 检测方法为病原学检测方法，可以适用于实验动物及产品、实验动物接种物和环境等样本的检测。在实际检测中，如果出现可疑阳性样本，可以通过测序方法进行最终验证，即取待检样本扩增出的阳性 PCR 产物进行核酸序列测定，序列结果与已公开发表的小鼠脑脊髓炎病毒特异性片段序列进行比对，序列同源性在 90% 以上，可确诊待检样本小鼠脑脊髓炎病毒阳性，否则判定小鼠脑脊髓炎病毒阴性。

需要指出的是，血清抗体检测是诊断实验动物病毒感染的经典方法。本标准适用于不能通过血清抗体进行检测的样本快速检测，是实验动物质量控制必不可少的方法。

二、什么是 PCR 假阳性，产生假阳性的原因是什么？

假阳性是指对实验材料中阴性目的物检测反而得到阳性结果的现象。如果一次实验中的几个阴性对照中出现一个或几个阳性结果，提示本次实验中其他标本的检测结果可能有假阳性。假阳性主要来源于样本采集、处理、PCR 过程中的污染，造成假阳性的原因主要如下。

（1）样品间交叉污染：非一次性采样器具由于之前采样的痕量残留物含有本次检测的目的核酸而污染本次样品，造成假阳性。盛放样品器具密封不严造成样品间的污染样本污染。样本核酸模板在提取过程中，由于吸样枪污染导致标本间污染。有些微生物标本尤其是病毒可随气溶胶或形成气溶胶而扩散，导致彼此间的污染。

（2）PCR 试剂的污染：主要是由于在 PCR 试剂配制过程中，由于加样枪、容器、双蒸水及其他溶液被 PCR 核酸模板污染。

（3）PCR 扩增产物污染：由于 PCR 产物拷贝量大，远远高于 PCR 检测数个拷贝的极限，所以极微量的 PCR 产物污染，就可形成假阳性，这是 PCR 反应中最常见的污染问题。

还有一种容易忽视，最可能造成 PCR 产物污染的形式是气溶胶污染，空气与液体面摩擦时可形成气溶胶，在操作时比较剧烈地摇动反应管，开盖时、吸样时及污染进样枪的反复吸样都可形成气溶胶而污染。气溶胶造成的污染是造成假阳性的主要原因。

（4）克隆质粒的污染：常见于用克隆质粒做阳性对照的实验室。由于克隆质粒在单位容积内含量相当高，另外在纯化过程中需用较多的用具及试剂，而且在活细胞内的质粒，由于活细胞的生长繁殖的简便性及具有很强的生命力，其污染可能性也很大。

三、如何控制 PCR 假阳性？

（1）在 PCR 检测时，每次都要设立阴性对照样品和阳性对照样品对检测参数进行参比对照。只有在阴性对照样品和阳性对照样品检测结果成立的前提下，才能对检测样品进行结果判定。

（2）合理分隔实验室：将样品的处理、配制 PCR 反应液、PCR 扩增及 PCR 产物鉴定等步骤分区或分室进行，特别注意样本处理及 PCR 产物的鉴定应与其他步骤严格分开，最好能划分。合理的 PCR 实验室应分为标本处理及核酸抽提区、PCR 反应液制备区、PCR 扩增区和 PCR 产物鉴定区。各区使用的仪器、设备、耗材和工作服应独立专用，实验前应将实验室用紫外线消毒以破坏残留的 DNA 或 RNA。

（3）规范试剂耗材管理：新购买的试剂需进行实验前验证。PCR 试剂可选择小量分装储存，避免污染。试验过程中所用的一次性塑料耗材，如吸头、离心管、八连管等均应采购无核酸酶的并且使用前进行高温高压处理。塑料器皿用 0.1% DEPC 水浸泡 4h 后高温高压处理分解 DEPC。玻璃仪器或金属器具使用前须 180℃高温干烤 6h 以上。

（4）采用 UNG 酶防止污染：由于 PCR 产物是最常见的污染源，PCR 试剂中以 dUTP 取代 dTTP，因此 PCR 产物都是含有 dU 的 DNA 链。在 PCR 开始前增加 50℃的保温步骤，UNG 酶即可将反应体系中已有的 U-DNA 污染物中的尿嘧啶碱基降解，并在随后变性这步的条件下 DNA 链断裂，消除由于污染 DNA 产生的扩增，从而保证扩增结果的特异性，准确性。同时 UNG 酶被灭活，不会再降解新扩增的产物 U-DNA。

（5）操作人员应经过专业培训，具有一定经验和操作技能，必须严格按照质量体系规定的检测标准和检测方法操作。

四、什么是 PCR 假阴性，产生假阴性的原因是什么？

假阴性是指实验中设置的阳性对照未能扩增呈阳性结果现象，但这里应注意，阳性对照应该包含样品核酸提取和 PCR 扩增步骤。因此，如果未在样品的核酸提取步骤设置了阳性对照，而恰好在该步骤存在问题，即使阳性对照均呈阳性，样品检测中还可能有假阴性。造成 PCR 假阴性问题的原因较为复杂，概括起来有如下几点。

（1）仪器因素：PCR 仪孔间差异或控温不准，引起扩增失败或扩增效率降低。

（2）试剂因素：核酸抽提试剂、引物和 PCR 扩增试剂质量问题导致扩增失败。

（3）采样因素：不合理的样本采集、转运及处理、样本中微生物滴度过低均有可能导致假阴性结果。

（4）核酸模板因素：模板中存在 PCR 抑制剂，如杂蛋白质、多糖、酚等抑制物；容器中存在 RNA 酶导致 RNA 降解。

（5）靶序列变异因素：待测靶序列的变异或其他原因导致的序列改变，影响引物与模板特异性结合，可能会导致假阴性结果。

（6）操作人员因素：PCR 实验的环节很多，而且对每一环节的质量要求都很高，例如少加、漏加试剂、离心不充分、反应参数设计错误等都能造成结果的假阴性。

五、如何控制 PCR 假阴性？

（1）在 PCR 检测时，每次都要设立阴性对照样品和阳性对照样品对检测参数进行参比对照。只有在阴性对照样品和阳性对照样品检测结果成立的前提下，才能对检测样品进行结果判定。此外设置合理的内对照（内标）是判断假阳性的有效手段，内对照必须覆盖样品处理、核酸抽提、PCR 扩增和产物检测全过程。

（2）定期监测 PCR 仪，出现问题应及时进行维护并校准。

（3）新购买的试剂和引物需进行实验前验证，试剂应合理保存并分装使用，防止酶失活，避免反复冻融。

（4）严格处理样品程序，核酸提取过程中尽量去除可能干扰或抑制 PCR 反应的物质。可采用稀释或再纯化模板 DNA 方法，进行扩增分析，减少假阳性发生。

操作人员应经过专业培训，具有一定经验和操作技能，必须严格按照质量体系规定的检测标准和检测方法操作。

参考文献

田克恭 . 1992. 实验动物病毒性疾病 . 北京：中国农业出版社，76-83.

袁文，张钰，王静，等 .2012. 小鼠脑脊髓炎病毒非编码蛋白（UTR）片段实时荧光定量 PCR 标准品的构建 . 实验动物与比较医学，32（1）：1-6.

Bootz F，Sieber I，Popovic D，et al. 2003. Comparison of the sensitivity of *in vivo* antibody production tests with *in vitro* PCR-based methods to detect infectious contamination of biological materials. Laboratory animals，37：341-351.

GB 14922.2-2011 实验动物微生物学等级及监测 .

GB/T 14926.26-2001 实验动物 小鼠脑脊髓炎病毒检测方法 .

Trottier M，Schlitt BP，Lipton HL.2002. Enhanced detection of Theiler's virus RNA copy equivalents in the mouse central nervous system by real-time RT-PCR. Virol Methods，103（1）：89-99.

第二十七章　T/CALAS 27—2017《实验动物　小鼠细小病毒 MPV 株 PCR 检测方法》实施指南

第一节　工作简况

根据中国实验动物学会实验动物标准化专业委员会的下达的 2016 年团体标准制（修）订计划，由广东省实验动物监测所和中国农业科学院哈尔滨兽医研究所共同负责团体标准《实验动物　小鼠细小病毒 MPV 株 PCR 检测方法》起草工作。该项目由全国实验动物标准化技术委员会（SAC/TC281）技术审查，由中国实验动物学会归口管理。

本标准的编制工作是按照《中华人民共和国国家标准 GB/T1.1 2009 标准化工作导则》第 1 部分"标准的结构和编写规则"的要求进行编写的。本标准是在国家科技支撑计划"实验动物质量检测关键技术研究"（项目编号 2013BAK11B01）和广东省科技计划项目"广东省实验动物检测技术平台"（项目编号 2011B040200010）课题基础上制定而成的，在制定过程中参考了国内外相关文献，对方法的敏感性、特异性、重复性等进行了研究，并对所建立的标准方法进行了应用研究，建立了可行、稳定、特异的小鼠细小病毒 MPV 株实时荧光 PCR 检测方法。

第二节　工作过程

本标准由中国实验动物学会实验动物标准化专业委员会提出，广东省实验动物监测所和中国农业科学院哈尔滨兽医研究所按照团体标准研制要求和编写工作的程序，组成了由单位专家和专业技术人员参加的编写小组，制定了编写方案，并就编写工作进行了任务分工。编制小组根据任务分工进行了资料收集和调查研究工作，在国家科技支撑计划"实验动物质量检测关键技术研究"（项目编号 2013BAK11B01）和广东省科技计划项目"广东省实验动物检测技术平台"（项目编号 2011B040200010）课题研究基础上，组织编写小鼠细小病毒 MPV 株 PCR 检测方法技术资料，于 2016 年 4 月完成了标准草案的起草工作。标准草案首先征求中国实验动物学会实验动物标准化专业委员会的意见，2016 年 10 月在南宁召开团体标准征求意见会议，参会专家对标准稿提出了系列修订建议和意见。根据提出的意见，编制组对《实验动物　小鼠细小病毒 MPV 株 PCR 检测方法》标准草案进行修改。结合调研、试验验证，形成本标准征求意见稿。

2016 年 11 月至 12 月，标准征求意见稿在中国实验动物学会网站公开征求意见，共收集意见或建议 6 个，编制组根据专家提出的修改意见和建议，采纳 6 个，未采纳 0 个。

经对《实验动物　小鼠细小病毒 MPV 株 PCR 检测方法》团体标准整理修改后形成标准送审稿、标准送审稿编制说明和征求意见汇总处理表。

2017 年 2 月 21 日，全国实验动物标准化技术委员会在北京召开了标准送审稿专家审查会。会议由全国实验动物标准化技术委员会的委员组成审查组，认真讨论了标准送审稿编制说明、征求意见汇总处理表，提出了修改意见和建议。与会专家认为本标准填补了小鼠细小病毒 MPV 株分子检测方法空白，是国标的有力补充，一致同意通过审查。会后，编制组根据与会专家提出的修改意见，经对《实验动物　小鼠细小病毒 MPV 株 PCR 检测方法》团体标准修改完善后形成标准报批稿、标准报批稿编制说明和征求意见处理汇总表。

2017 年 5 月，本标准经中国实验动物学会第六届理事会常务理事会第八次会议审议通过，批准发布，于 2017 年 5 月 19 日起正式实施。

第三节　编 写 背 景

小鼠细小病毒（minute virus of mice，MVM），Kilham 大鼠病毒（Kilham rat virus，KRV），Toolan's 病毒 H-1（Toolan's H-1 parvovirus，H-1）是目前广为熟知的三种啮齿类动物细小病毒。相对前三种细小病毒，小鼠细小病毒（mouse parvovirus，MPV）是一种较新的细小病毒，1993 年，美国 Frank Fitch 细胞免疫实验室的 Fitch 等在进行脾细胞与 L3 细胞毒性 T 淋巴细胞共培养实验中首次分离到小鼠细小病毒 1 型（mouse parvovirus-1，MPV-1）。2005 年 Besselsen 等从自然感染动物分离鉴定两株新的细小病毒 MPV-2、MPV-3。随后研究人员从小鼠中分离到更多的 MPV。细小病毒感染对科研的危害主要表现在影响免疫学、移植、肿瘤学研究。现已证实 MPV-1 对杂交瘤和肉瘤细胞系有肿瘤抑制作用。MPV 在小鼠中感染率较高，呈世界范围流行，MPV 在北美和欧洲的感染率为 1.86%（n=594，539），国内的感染率在 2% 以上。我国实验动物国家标准中尚未把 MPV 列入检测项目，为了提高我国实验动物质量，促进我国实验动物检测技术发展，有必要制定小鼠细小病毒（MPV 株）检测方法标准。

MPV 检测方法主要为血清学和 PCR 方法，由于 MPV 比较难在体外细胞上传代增值，因此研究人员采用重组病毒抗原（rNS1 和 rVP2）替代全病毒抗原。rNS1 作为属特异性抗原可以检测所有啮齿类动物细小病毒，rVP2 作为种特异性抗原用于病毒分型。同血清学方法一样，PCR 方法也是针对 *NS1* 和 *VP2* 两个基因进行检测，*NS1* 基因作为属特异性基因，*VP2* 基因则是各个变种的特异性基因。PCR 方法适用于被污染的生物材料、感染动物组织以及粪便等材料的检测。

实时荧光 PCR（real-time fluorescence PCR）技术是在 PCR 扩增反应过程中加入荧光基团，利用荧光信号累积实时检测整个 PCR 进程，最后通过标准曲线对未知模板进行定量分析的方法。它具有定量准确、灵敏度高、反应速度快、重复性好及 PCR 反应后不需电泳检测等优点。该技术自发明以来，被广泛地应用于 DNA 或 RNA 绝对定量分析、基因表达差异分析和肿瘤基因检测等多个学科领域。

广东省实验动物监测所研究建立的 MPV 实时荧光 PCR 检测技术，其特异性强、敏感性高。既可以对直接从小鼠粪便、盲肠内容物、脏器组织等临床样品中取样抽提的 MPV DNA 进行检测，也可以应用于实验动物产品、实验动物接种物和污染环境评价等，而且整个操作过程不超过 4 小时，具有快速、高效的特点。

第四节 编 制 原 则

本标准的编制主要遵循以下原则：一是科学性原则。在尊重科学、亲身实践、调查研究的基础上，制定本标准。二是可操作性原则。本标准无论是从样品采集、处理、DNA 抽提、PCR 反应，均操作简单，仅需 4 小时既可完成。具有可操作性和实用性。三是协调性原则。以切实提高我国实验动物小鼠细小病毒 MPV 株检测技术水平为核心，符合我国现行有关法律、法规和相关的标准要求。

第五节 内 容 解 读

本标准由范围，规范性引用文件，术语、定义和缩略语，检测方法原理，主要设备和材料，试剂，检测方法，结果判定，检测过程中防止交叉污染的措施，附录共十章构成。现将《实验动物 小鼠细小病毒 MPV 株 PCR 检测方法》主要技术内容确定说明如下：

一、本标准范围的确定

本标准规定了实验动物小鼠细小病毒 MPV 株实时荧光 PCR 检测方法。本标准规定适用于实验动物及其产品、细菌培养物、实验动物环境和动物源性生物制品中小鼠细小病毒 MPV 株的检测。现行的实验动物国家标准抗体检测的适用范围存在一定局限，而本标准规定的荧光 PCR 检测方法适用范围广泛，可以适用于实验动物及产品、实验动物接种物和环境等样本的检测。

二、规范性引用文件

下列文件对于本文件的应用是必不可少的。凡是注明日期的引用文件，仅注日期的版本适用于本文件。凡是不注日期的引用文件，其最新版本（包括所有的修改单）适用于本文件。

GB 19489《实验室 生物安全通用要求》

三、术语、定义和缩略语

为方便标准的使用，本标准规定了以下术语、定义及缩略语

（一）术语和定义

下列术语和定义适合于本标准。

1. 聚合酶链式反应 polymerase chain reaction，PCR

体外酶催化合成特异 DNA 片段的方法，模板 DNA 先经高温变性成为单链，在 DNA 聚合酶作用和适宜的反应条件下，根据模板序列设计的两条引物分别与模板 DNA 两条链

上相应的一段互补序列发生退火而相互结合，接着在DNA聚合酶的作用下以四种dNTP为底物，使引物得以延伸，然后不断重复变性、退火和延伸这一循环，使欲扩增的基因片段以几何倍数扩增。

2. 实时荧光聚合酶链式反应 real-time PCR，实时荧光 PCR

实时荧光PCR方法是在常规PCR的基础上，在反应体系中加入特异性荧光探针，利用荧光信号积累实时检测整个PCR进程，通过检测每次循环中的荧光发射信号，间接反映了PCR扩增的目标基因的量，最后通过扩增曲线对未知模板进行定性或定量分析。

3. Ct 值 cycle threshold

实时荧光PCR反应中每个反应管内的荧光信号达到设定的阈值时所经历的循环数。

（二）缩略语

下列缩略语适用于本标准。

CPE 细胞病变效应（cytopathic effect）

DNA 脱氧核糖核酸（deoxyribonucleic acid）

MPV 小鼠细小病毒MPV株（murine parvovirus）

PBS 磷酸盐缓冲液（phosphate buffered saline）

四、检测方法原理

简要介绍了标准中采用的技术方法原理。根据小鼠细小病毒MPV株结构蛋白VP2基因序列，设计合成一对特异性引物和一条特异性探针，探针两端分别标记一个报告荧光基团和一个淬灭荧光基团。探针完整时，报告基团发射的荧光信号被淬灭基团吸收；PCR扩增时，*Taq* 酶的5'→3'外切酶活性将探针酶切降解，使报告荧光基团和淬灭荧光基团分离，淬灭作用消失，荧光信号产生并被检测仪器接受，随着PCR反应的循环进行，PCR产物与荧光信号的增长呈对应关系。因此，可以通过检测荧光信号对核酸模板进行检测。

五、主要设备和材料

规定了检测方法所需要的设备和材料。

六、试剂

规定了检测方法所需要的试剂。

（1）灭菌PBS。配制方法在标准附录中给出。

（2）DNA抽提试剂：基因组DNA提取试剂盒DNeasy Blood & Tissue Kit,（Qiagen公司，Cat.No.69504）或其他等效产品。DNA抽提试剂给出了具体的信息，目的是为了方便标准的使用者，并不表示对该产品的认可。如果其他等效产品具有相同的效果，则可以使用这些等效产品。

（3）无水乙醇。

（4）实时荧光PCR试剂：Premix Ex Taq™（Probe qPCR),（Takara公司，Cat.No.

DRR390S）或其他等效产品。实时荧光 PCR 试剂均给出了具体的信息，目的是为了方便标准的使用者，并不表示对该产品的认可。如果其他等效产品具有相同的效果，则可以使用这些等效产品。

（5）引物和探针：根据表 1 的序列合成引物和探针，引物和探针加无 RNase 去离子水配制成 10μmol/L 储备液，−20℃保存。

表 1　实时荧光 PCR 检测引物和探针

引物和探针名称	引物和探针序列（5'→3'）	产物大小（bp）
正向引物	TGGTTGCTCTKGAYTCTAACAACATA	
反向引物	TTAAAGTAGTACCTGTAAGGACTTGG	118
探针	FAM-CCTTACACACCAGCAACAGACAACCAAGA-BHQ-1	

注：简并碱基 K：T/G Y：T/C。探针也可选用具有与 FAM 和 BHQ-1 荧光基团相同检测效果的其他合适的荧光报告基团和荧光淬灭基团组合。

引物和探针设计根据 GenBank 中收录的 MPV 病毒 VP2 蛋白基因序列（Genbank 登录号 NC001630）为模板，利用 Primer Express3.0 软件（Applied Biosystems 公司）设计一套针对病毒 VP2 蛋白基因的荧光定量 PCR 引物和探针，从 NCBI 下载小鼠细小病毒 MPV 株的核酸全序列共 18 条，用 MAGE4.0 软件进行序列比对分析，保证引物和探针序列的通用性（图 1）。

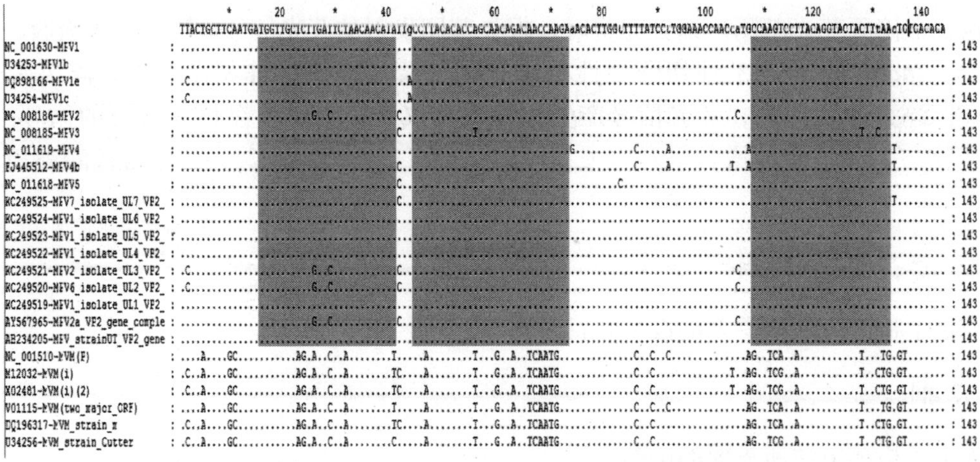

图 1　小鼠细小病毒 MPV 株 *VP2* 基因引物和探针序列比较

七、检测方法的确定

（一）生物安全措施

实验操作及处理按照 GB 19489 的规定，由具备相关资质的工作人员进行相应操作。

（二）采样及样本的处理

标准规定了动物脏器组织，盲肠内容物或粪便，细菌培养物，实验动物饲料、垫料和饮水，实验动物设施设备样本的采集及处理方法。

（三）样本 DNA 提取

规定了样本 DNA 的提取方法。对两种不同核酸提取方法进行比较，采用粪便基因组 DNA 提取试剂盒 TIANamp Stool DNA Kit（天根公司）和 DNeasy Blood & Tissue Kit（Qiagen 公司）对 15 份盲肠内容物样本，按各自说明书进行核酸抽提。采用 NanoDrop2000c 仪器对抽提的核酸进行浓度和纯度（OD_{260}/OD_{280}）检测。将两种方法提取的 DNA 模板，采用小鼠细小病毒 MPV 株实时荧光 PCR 分别进行检测，统计检测结果，比较两种提取方法用于 PCR 扩增的检出率。结果两种方法的提取效果相当，OD_{260}/OD_{280} 均在 1.8~2.0，满足 DNA 模板的纯度要求（表 2）。将上述提取的 DNA 模板，进行 MPV 检测，结果两种提取方法用于 PCR 扩增的检出率一致（表 3）。因此，两种核酸提取方法均适合用于该检测方法。

表 2　提取 DNA 模板的浓度、纯度比较结果

样本编号	TIANamp Stool DNA Kit		DNeasy Blood & Tissue Kit	
	OD_{260}/OD_{280}	浓度（ng/μL）	OD_{260}/OD_{280}	浓度（ng/μL）
1	1.87	12.0	1.93	16.1
2	1.85	13.6	1.88	15.7
3	1.82	64.8	1.91	59.4
4	1.85	51.1	1.83	53.9
5	1.89	19.8	1.98	21.9
6	1.71	40.4	1.97	52.4
7	1.81	38.3	1.95	28.8
8	1.84	18.3	1.89	18.9
9	1.83	46.5	1.97	35.2
10	1.89	36.9	1.86	52.8
11	1.89	53.7	1.97	47.1
12	1.81	62.5	1.89	58.9
13	1.82	31.8	1.95	39.8
14	1.87	36.4	1.91	41.7
15	1.89	30.6	1.89	23.9

表 3　检出率比较结果

试剂	检出率	参考值
TIANamp Stool DNA Kit	13/15	13/15
DNeasy Blood & Tissue Kit	13/15	

（四）实时荧光 PCR

规定了实时荧光 PCR 反应体系和反应参数。反应体系和反应参数的确定依据以下优化试验。

1. 方法优化

实时荧光 PCR 反应选用的试剂盒为 Premix Ex Taq™（Probe qPCR），（Takara 公司，Cat.No.DRR390S），扩增和检测在全自动荧光定量仪 Applied Biosystems 7500 Real-Time PCR Systems 上进行。

（1）扩增程序的确定

根据引物、探针的具体特性，仪器上的反应程序在退火延伸条件选择上试验了 3 种温度和 3 种时间：95℃ 30s，95℃ 5s→（58/60/62）℃（34/45/60）s，40 次循环，在退火延伸阶段采集荧光信号。各种试剂的加样量分别为每个反应管中含 2×Premix Ex Taq 25μL，正向引物（10μmol/L）1μL、反向引物（10μmol/L）1μL、探针（10μmol/L）2μL，Rox 1μL、模板 DNA 10μL，用去离子水补足到反应总体积 50μL。结果均可见阳性扩增曲线，但考虑到使引物扩增有更好的特异性和缩短反应时间，最后确定扩增程序为：95℃ 30s，95℃ 5s→60℃ 34s，40 次循环。

（2）最佳引物浓度的确定

应用以上扩增程序，先固定探针终浓度为 200nmol/L，MPV 上下游引物浓度在 100nmol/L、200nmol/L、400nmol/L、600nmol/L、800nmol/L、1000nmol/L 之间选择，通过比较 Ct 值和荧光强度增加值（绝对荧光强度与背景荧光强度的差值，ΔRn）来判断优化结果。最佳引物浓度的确定以 Ct 值最小，扩增曲线荧光强度增加值最大所对应的引物浓度为最佳浓度（表 4、图 2）。最终确定 MPV 上下游引物终浓度 400nmol/L。

表 4 引物优化 Ct 值结果

MPV-R 终浓度	MPV-F 终浓度					
	100nmol/L	200nmol/L	400nmol/L	600nmol/L	800nmol/L	1000nmol/L
100nmol/L	24.61/24.19	24.12/23.93	24.05/24.08	23.96/23.96	23.92/24.07	23.83/24.01
200nmol/L	24.10/24.11	24.38/23.92	24.15/24.13	24.19/24.12	24.18/24.03	24.15/24.26
400nmol/L	24.78/24.17	24.55/24.33	24.05/24.13	24.03/24.21	24.03/24.39	24.12/24.21
600nmol/L	25.02/24.38	24.47/24.34	24.25/24.27	24.14/24.24	24.23/24.35	24.39/23.82
800nmol/L	25.15/24.53	24.76/24.28	24.58/24.43	24.54/24.28	24.13/24.39	24.01/24.33
1000nmol/L	25.25/24.80	25.16/24.64	24.76/24.29	24.60/24.39	24.25/24.45	24.27/24.74

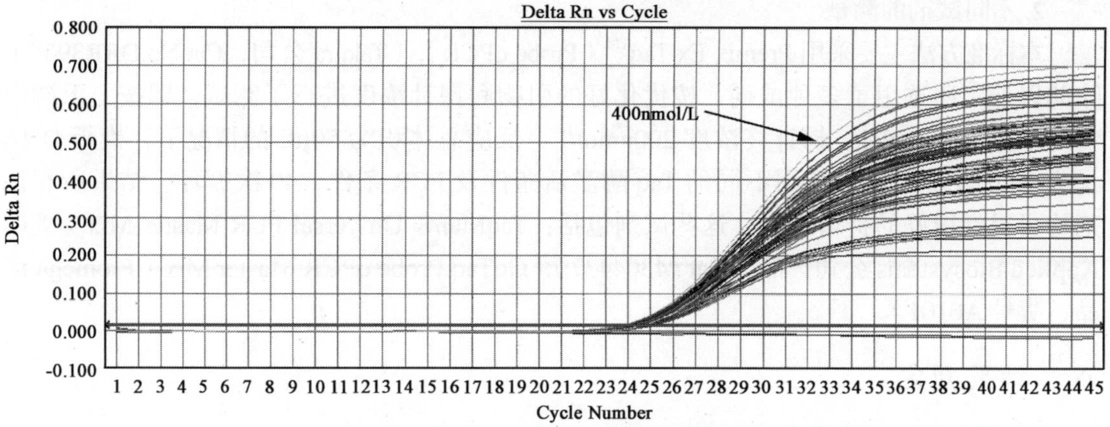

图 2　MPV 引物优化扩增曲线图

（3）最佳探针浓度的确定

根据选择好的最佳 MPV 上下游引物终浓度 400nmol/L，进一步进行 TaqMan 探针浓度的确定，在 100nmol/L、200nmol/L、300nmol/L、400nmol/L、500nmol/L、600nmol/L、700nmol/L 之间选择。以 Ct 值最小，扩增曲线荧光强度增加值最大所对应的探针浓度为最佳浓度（表 5、图 3）。考虑探针成本，最终确定 MPV 探针终浓度 200nmol/L。

表 5　探针优化 Ct 值结果

	MPV-P 终浓度						
	100nmol/L	200nmol/L	300nmol/L	400nmol/L	500nmol/L	600nmol/L	700nmol/L
Ct 值	25.98 ± 0.05	24.72 ± 0.26	25.02 ± 0.04	25.16 ± 0.07	24.82 ± 0.11	24.35 ± 0.12	24.72 ± 0.49

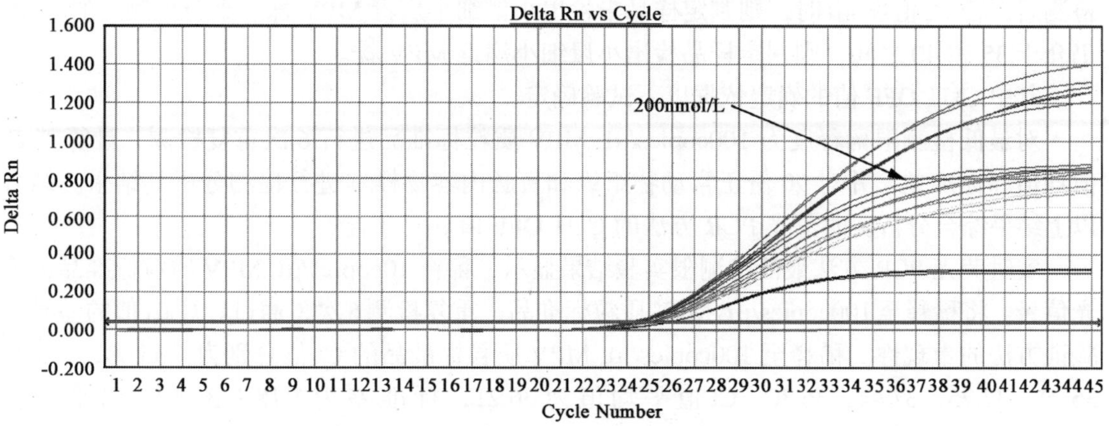

图 3　MPV 探针优化扩增曲线图

2. 不同试剂的测试

本标准方法主要采用 Premix Ex Taq™（Probe qPCR），（Takara 公司，Cat.No.DRR390S），除此以外，还选用了多种试剂 按优化好的引物和探针浓度进行了测试，即按上下游引物终浓度 400nmol/L，探针终浓度 200nmol/L，反应总体积为 50μL 的情况下，模板 DNA 量为 10μL。不同试剂选用不同的 Taq 酶激活条件及 PCR 条件，40 次循环。结果所有试剂均可得到很好的扩增结果。这些试剂包括：TaqMan® Universal PCR Master Mix（美国 Applied Biosystems 公司产品，Cat #4304437），GoTaq Probe qPCR Master Mix（Promega 产品，货号 A6101）。

八、结果判定

（一）结果分析和条件设定

直接读取检测结果，基线和阈值设定原则根据仪器的噪声情况进行调整，以阈值线刚好超过正常阴性样品扩增曲线的最高点为准。

（二）质控标准

（1）空白对照无 Ct 值，并且无荧光扩增曲线，一直为水平线。

（2）阴性对照无 Ct 值，并且无荧光扩增曲线，一直为水平线。

（3）阳性对照 Ct 值应≤ 35，并且有明显的荧光扩增曲线，则表明反应体系运行正常，否则此次试验无效，需重新进行实时荧光 PCR 扩增。

（三）结果判定

（1）若待检测样品无荧光扩增曲线，则判定样品未检出小鼠细小病毒 MPV 株。

（2）若待检测样品有荧光扩增曲线，且 Ct 值应≤ 35 时，则判断样品中检出小鼠细小病毒 MPV 株。

（3）若待检测样品 Ct 值介于 35 和 40 之间时，应重新进行实时荧光 PCR 检测。重新检测后，若 Ct 值≥ 40 时，则判定样品未检出小鼠细小病毒 MPV 株。重新检测后的 Ct 值仍介于 35 和 40 之间，则判定样品检出小鼠细小病毒 MPV 株。

其中 CUT OFF 值的确定依据以下试验确定。

对最低检测限稀释度为 100copies/μL MPV 质粒标准品进行 6 次重复检测，计算其 Ct 值均值和标准差，并对 90 份正常动物组织和盲肠内容物样本进行检测分析其结果。结合以上结果综合分析实时荧光 PCR 方法的 CUT OFF 值。

实时荧光 PCR 方法最低检测限实验结果显示，稀释 10copies/μL MPV 质粒标准品无荧光信号。将稀释至 100copies/μL MPV 质粒标准品，重复检测 6 次，通过计算 Ct 值的差异来验证方法的重现性。稀释至 100copies/μL MPV 质粒标准品的 Ct 值分别为：35.00，35.03，35.71，37.75，37.44，36.30，Ct 值平均值为 36.21，标准差为 1.18（图 4）。以平均值 +3 × SD 的公式计算阳性样品 Ct 值的参考范围，结果 MPV 阳性样品 Ct 值范围应为＜ 39.75，取整数为＜ 40。90 份阴性样本均无荧光信号。综合以上实验结果最终确定 CUT OFF 值为 40。

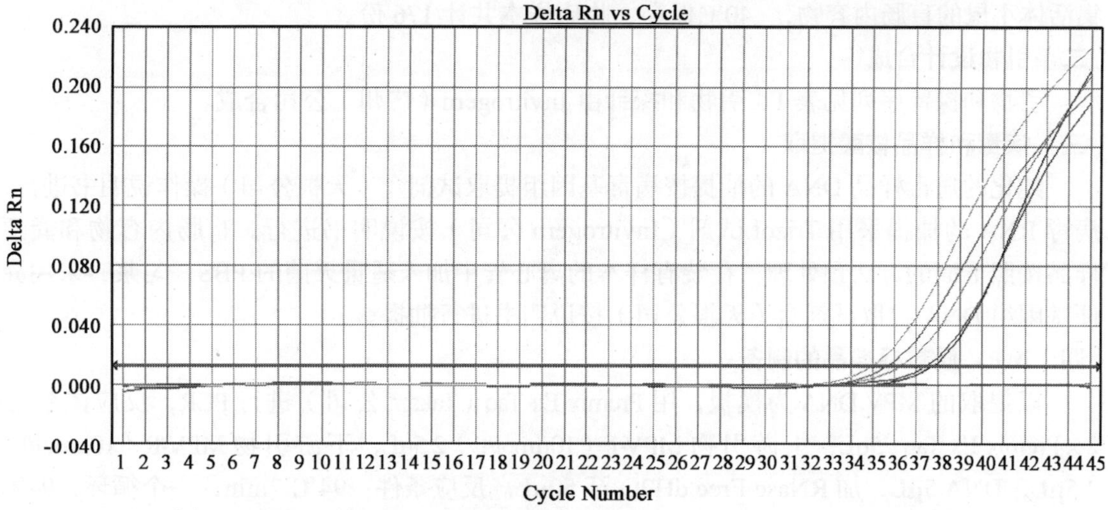

图 4　实时荧光 PCR 方法重复 6 次检测稀释至 100copies/μL MPV 质粒标准品的反应曲线

九、检测过程中防止交叉污染的措施

给出了检测过程中如何防止交叉污染的措施，具体按照 GB/T 19495.2 中的要求执行。

十、附录 A

本标准附录为规范性附录，给出了 PBS 的配制方法。

第六节　分 析 报 告

一、材料与方法

（一）病毒、菌株、载体和临床样本

小鼠 MPV GZ-1 毒株由本实验室分离保存，小鼠细小病毒 MVM 株（MVM，ATCC VR-1346）、大鼠细小病毒 KRV 株（KRV，ATCC VR-235）、大鼠细小病毒 H-1 株（H-1，ATCC VR-356）、鼠痘病毒（Ect，ATCC VR-1374）、多瘤病毒（Poly，ATCC VR-252）、小鼠腺病毒（Mad，ATCC VR-550）、小鼠巨细胞病毒（MCMV，ATCC VR-1399）、小鼠肝炎病毒（MHV，ATCC VR-246）、小鼠脑脊髓炎病毒（TMEV，ATCC VR-995）、呼肠孤病毒Ⅲ型（Reo-3，ATCC VR-232）购自美国典型微生物菌种保藏中心，MNV Guangzhou/K162/09/CHN 毒株由本实验室分离保存，大鼠细小病毒 RPV 株和 RMV 株阳性病料由本实验室鉴定和保存。大肠杆菌 *E.coli* DH5α 和克隆载体 pMD19-T 购自宝生物工程（大连）有限公司（Takara 公司）。临床样本包括：来源于 2010 年至 2014 年本实验室收到广东、湖北、北京、四川、云南和上海等各省市送检的 SPF 级活体小鼠或小鼠粪便 100 份，2014 年本实验室收到广东省送检的 KM 小鼠，背景调查表明该 KM 小鼠曾饲养于普通环境，共 52 只。捕获于广州市某实验动物养殖场附近的野鼠 24 份，野鼠为褐家鼠，无菌采

集活体小鼠的盲肠内容物，–40℃保存，临床样本共计 176 份。

（二）引物设计合成

引物和探针序列见表 1。引物和探针由 Invitrogern（广州）公司合成。

（三）病毒和样品核酸提取

纯化的病毒样品 DNA 的抽提按病毒基因组提取试剂盒（天根公司）操作说明书进行，病毒 RNA 的抽提采用 Trizol 试剂（Invitrogern 公司）按说明书进行。盲肠内容物和粪便样品按照下面的方法预处理，在装有样本的离心管中加入适量灭菌的 PBS，匀浆，采用粪便基因组 DNA 提取试剂盒（天根公司）按说明书进行抽提。

（四）MPV 质粒标准品的制备

以提取的 MPV DNA 为模板，用 Premix Ex Taq（Takara 公司）进行 PCR，反应体系为：2 × Premix Ex Taq 25μL，上游引物 MPV-F（10μmol/L）2.5μL，下游引物 MPV-R（10μmol/L）2.5μL，DNA 5μL，加 RNase Free dH2O 至 50μL。反应条件：94℃ 2min，一个循环；94℃ 30s、55℃ 30s、72℃ 30s，共 35 个循环；最后 72℃ 延伸 5min。反应得到目的大小片段后，用胶回收试剂盒回收目的片段，将回收的目的片段连接至 pMD-19T 载体，并转化至 DH5α 感受态细胞中。用含有 Amp 的 LB 琼脂平板筛选阳性克隆，用 PCR 鉴定阳性克隆菌，并对阳性重组质粒测序验证。用质粒提取试剂盒（OMEGA 公司）提取质粒，微量紫外分光光度计测定浓度与纯度，根据下面的公式计算拷贝数。拷贝数（copies/μL）= 6.022×10^{23}（copies/mol）× DNA 浓度（g/μL）/ 质量 MW（g/mol）。其中，MW=DNA 碱基数（bp）× 660daltons/bp，DNA 碱基数 = 载体序列碱基数 + 插入序列碱基数。

（五）特异性试验

采用建立的荧光定量 PCR 方法对 MPV、MVM、KRV、H-1、RPV、RMV、Ect、Poly、Mad、MCMV、MHV、MNV、TMEV 和 Reo-3 的 DNA 或 cDNA 进行检测，验证该方法的特异性。

（六）定量标准曲线的建立及敏感性试验

将质粒标准品用 Easy dilution（Takara 公司）做 10 倍系列稀释，得到 1×10^{8}~1×10^{0}copies/μL 系列标准模板。利用优化后的反应体系和条件测定各稀释度的 Ct 值，以 Ct 值为纵坐标，以起始模板浓度的对数为横坐标，绘制标准曲线。

（七）重复性试验

对 4 份 10 倍系列稀释的 MPV 质粒标准品（1×10^{6}~1×10^{3}copies/μL）在同一次反应中进行 5 次重复测定，对各稀释度的 Ct 值进行统计，计算每个样品各反应管之间的批内变异系数（CV%）；对上述样品分别进行 5 次测定，计算同一样品每次测定结果之间的批间变异系数（CV%）。

（八）临床样本的检测

利用 MPV 荧光定量 PCR 方法对 176 份临床样本进行检测，每次反应同时设置阳性对照和阴性对照。同时采用普通 PCR 方法进行检测，比较两种方法的阳性检出率。普通 PCR 的反应体系和反应条件参照文献（Besselsen，2006）进行，具体如下：上游引物 P1：5'-GCAGCAATGATGTAACTGAAGCT-3'；下游引物 P2：5'-CCATCTGCCTGAATCATAGCTAA-3'，反应体系为 20μL：DNA 模板 2μL，Premix

Buffer 2×（含 Mg^{2+}、dNTP、rTaq 酶）10μL，上游引物（10μmol/L）1μL，下游引物（10μmol/L）1μL，补 H_2O 至 20μL。反应条件：94℃ 5min，94℃ 30s、55℃ 30s、72℃ 30s，共 35 个循环，最后 72℃延伸 10min。反应完成后取 5μL 扩增产物，1.5% 琼脂糖凝胶电泳，紫外灯下观察结果。MPV 普通 PCR 产物大小为 260bp。采用测序方法对部分阳性样本进行测序，对检测方法作进一步验证。

二、结果

（一）MPV 质粒标准品的制备

用 PCR 扩增 MPV 得到大小约 118bp 的特异片段，与预期目的片段大小相符（图 5）。与 pMD19-T 载体连接构建重组阳性质粒，对重组质粒进行 PCR 鉴定，条带大小与预期结果相符。重组质粒的测序结果与目的基因序列同源性为 100%，表明质粒标准品制备成功。

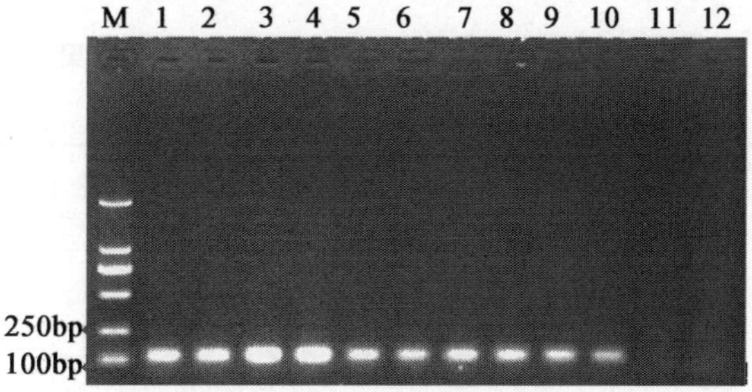

图 5 MPV PCR 电泳图

M：DL2000；泳道 1-10 泳道：MPV；11 和 12 泳道：阴性对照

（二）特异性试验

采用建立的荧光定量 PCR 方法对 MPV、MVM、KRV、H-1、RPV、RMV、Ect、Poly、Mad、MCMV、MHV、MNV、TMEV 和 Reo-3 的 DNA 或 cDNA 进行检测，结果除 MPV 为阳性外，其他病毒均为阴性，表明建立的方法具有良好的特异性（图 6）。

（三）定量标准曲线的建立及敏感性试验

将质粒标准品用 Easy dilution（Takara 公司）做 10 倍系列稀释，得到 1×10^8~1×10^0copies/μL 系列标准模板。利用优化后的反应体系和条件测定各稀释度的 Ct 值，以 Ct 值为纵坐标，以起始模板浓度的对数为横坐标，绘制标准曲线。结果见图 7，可见各梯度之间间隔的 Ct 值基本相等，无模板对照（no template control，NTC）没有荧光扩增曲线为阴性结果，该方法的最低检测限为 100copies/μL。以标准品稀释拷贝数的对数值为横坐标，以临界环数（threshold cycle，Ct）为纵坐标建立荧光实时定量 PCR 的标准曲线，标准质粒在 1×10^8~1×10^2copies/μL 之间具有良好的线性关系，结果见图 8。其线性回归方程为 Ct=−3.47×lg（拷贝数）+42.48，标准曲线斜率为 −3.47，根据公式计算得扩增效率 $E=10^{1/3.47}-1=0.942$，即扩增效率为 94.2%，相关系数 R^2=0.9991，说明 PCR 扩增该标准品的效率较高，线性关系良好。标准质粒在 1×10^1copies/μL 和 1×10^0copies/μL 无扩增曲线，故本方法检测的灵敏度为 100 个拷贝。

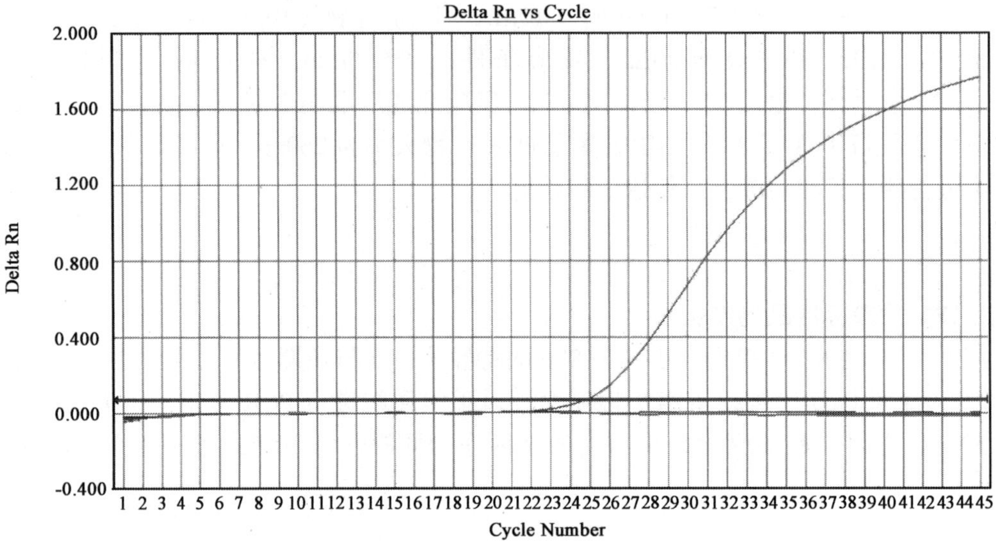

图 6 MPV 荧光定量 PCR 特异性检测结果

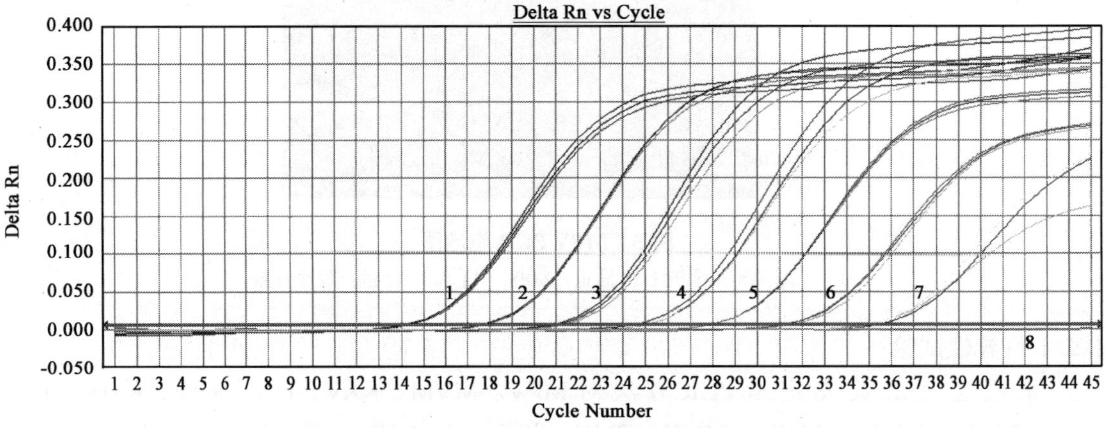

图 7 10 倍系列稀释质粒标准品的荧光定量扩增曲线

1~7：1×10^8copies/μL 至 1×10^2copies/μL 质粒标准品，8：1×10^1copies/μL、1×10^0copies/μL 质粒和无模板对照

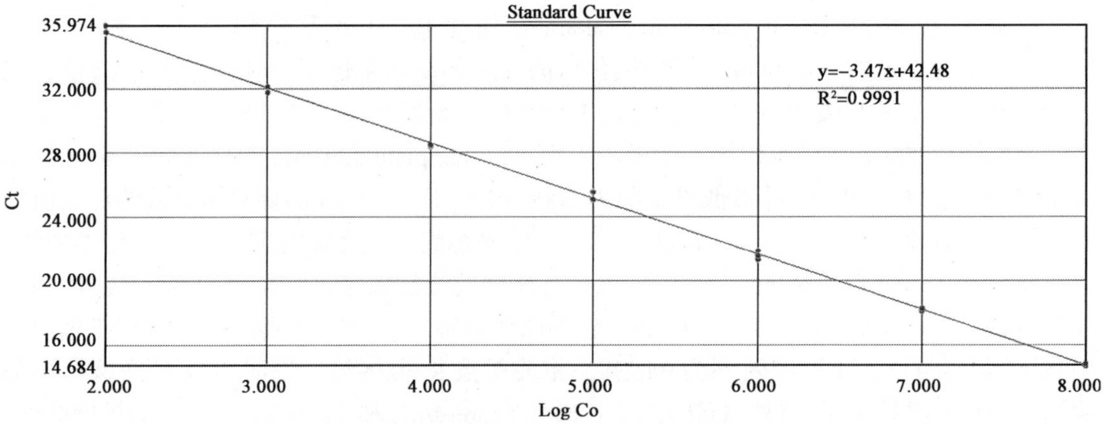

图 8 10 倍系列稀释标准品的标准曲线

（四）重复性试验结果

通过对 1×10^6~1×10^3copies/μL 4 个稀释度 RNA 进行重复性检测，批内及批间重复性试验的变异系数均小于 3%（表 6），表明建立荧光定量 PCR 方法重复性好，方法稳定可靠。

表 6 MPV 荧光定量 PCR 批内和批间重复性试验检测结果

样本（copies/μL）	Ct 值					Ct 平均值	标准差 SD	变异系数 CV（%）
	1	2	3	4	5			
批内								
1×10^6	21.27	21.11	20.65	20.79	21.15	20.99	0.26	1.25
1×10^5	23.91	24.48	23.94	24.46	23.84	24.13	0.32	1.31
1×10^4	27.91	27.9	27.65	27.81	27.96	27.85	0.12	0.44
1×10^3	31.16	31.12	31.3	31.4	31.17	31.23	0.12	0.37
批间								
1×10^6	21.03	21.02	20.04	20.08	21.08	20.65	0.54	2.61
1×10^5	24.34	24.97	24.28	24.88	24.24	24.54	0.35	1.44
1×10^4	27.28	27.76	27.54	28.18	27.79	27.71	0.33	1.20
1×10^3	31.19	31.05	31.08	31.05	31.36	31.15	0.13	0.43

（五）荧光定量 PCR 在临床样本检测中的应用

1. 检测结果

应用建立的 MPV 荧光定量 PCR 方法对 176 份样本进行检测，同时普通 PCR 方法进行检测，比较两种方法的阳性检出率（表 7）。结果发现荧光定量 PCR 比普通 PCR 敏感。

表 7 MPV 荧光定量 PCR 临床样本检测结果

临床样品	阳性数 / 样本数（检出率，%）	
	MPV 荧光定量检测方法	普通 PCR 检测方法
SPF 级小鼠	9/100（9.0%）	7/100（7.0%）
普通环境下饲养的 KM 小鼠	10/52（19.2%）	8/52（15.4%）
野鼠	0/24（0%）	0/24（0%）
合计	19/176（10.8%）	15/176（8.5%）

2. 阳性样本测序验证

对其中三份阳性进行测序验证，测序结果显示三个样本扩增的基因序列相同，均为 118bp。通过 GenBank 上的 Blast 软件进行序列比对，阳性样本的序列与 GenBank 上的 MPV 毒株的同源性在 93%~100%（图 9）。证明样本为 MPV 阳性样本，也验证了建立的检测方法正确有效。

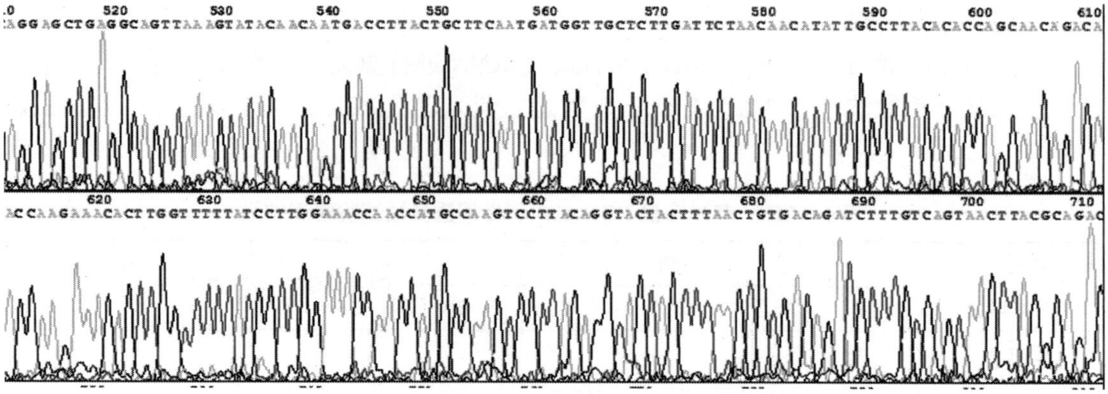

	Description	Max score	Total score	Query cover	E value	Ident	Accession
	Mouse parvovirus 1 isolate UL6 VP2 gene, partial cds	213	213	100%	6e-52	99%	KC249524.1
	Mouse parvovirus 1 isolate UL5 VP2 gene, partial cds	213	213	100%	6e-52	99%	KC249523.1
	Mouse parvovirus 1 isolate UL4 VP2 gene, partial cds	213	213	100%	6e-52	99%	KC249522.1
	Mouse parvovirus 1 isolate UL1 VP2 gene, partial cds	213	213	100%	6e-52	99%	KC249519.1
	Mouse parvovirus UT VP2 gene for capsid protein VP2, complete cds	213	213	100%	6e-52	99%	AB234205.1
	Mouse parvovirus 1b DNA	213	213	100%	6e-52	99%	U34253.1

图 9 阳性样品测序验证

第七节 国内外同类标准分析

本标准为国内原创标准，国际上无类似标准。

第八节 与法律法规、标准关系

本标准按 GB/T 1.1—2009 规则和实验动物标准的基本结构编写，与实验动物标准体系协调统一；本标准与《实验动物管理条例》、《实验动物质量管理办法》等国家相关法规和实验动物强制性标准的规定和要求协调一致。目前实验动物国家标准没有小鼠细小病毒 MPV 株 PCR 检测方法标准，本标准作为团体标准是对现有标准的有利补充。

第九节 重大分歧的处理和依据

从标准结构框架和制定原则的确定、标准的引用、有关技术指标和参数的试验验证、主要条款的确定直到标准草稿征求专家意见（通过函寄和会议形式多次咨询和研讨），均未出现重大意见分歧的情况。

第十节 作为推荐性标准的建议

本标准发布实施后作为推荐性标准使用。

第十一节　标准实施要求和措施

本标准发布实施后，建议通过培训班、会议宣传和网络宣传等形式积极开展宣贯培训活动。面向各行业开展动物实验的机构和个人，宣传贯彻标准内容。

第十二节　本标准常见知识问答

一、什么是PCR假阳性，产生假阳性的原因是什么？

假阳性是指对实验材料中阴性目的物检测反而得到阳性结果的现象。如果一次实验中的几个阴性对照中出现一个或几个阳性结果，提示本次实验中其他标本的检测结果可能有假阳性。假阳性主要来源于样本采集、处理、PCR过程中的污染，造成假阳性的原因主要有以下几点。

（1）样品间交叉污染：非一次性采样器具由于之前采样的痕量残留物含有本次检测的目的核酸而污染本次样品，造成假阳性。盛放样品器具密封不严造成样品间的污染样本污染。样本核酸模板在提取过程中，由于吸样枪污染导致标本间污染。有些微生物标本尤其是病毒可随气溶胶或形成气溶胶而扩散，导致彼此间的污染。

（2）PCR试剂的污染：主要是由于在PCR试剂配制过程中，由于加样枪、容器、双蒸水及其他溶液被PCR核酸模板污染。

（3）PCR扩增产物污染：由于PCR产物拷贝量大，远远高于PCR检测数个拷贝的极限，所以极微量的PCR产物污染，就可形成假阳性，这是PCR反应中最常见的污染问题。

还有一种容易忽视，最可能造成PCR产物污染的形式是气溶胶污染，空气与液体面摩擦时可形成气溶胶，在操作时比较剧烈地摇动反应管，开盖时、吸样时及污染进样枪的反复吸样都可形成气溶胶而污染。气溶胶造成的污染是造成假阳性的主要原因。

（4）克隆质粒的污染：常见于用克隆质粒做阳性对照的实验室。由于克隆质粒在单位容积内含量相当高，另外在纯化过程中需用较多的用具及试剂，而且在活细胞内的质粒，由于活细胞的生长繁殖的简便性及具有很强的生命力，其污染可能性也很大。

二、如何控制PCR假阳性？

（1）在PCR检测时，每次都要设立阴性对照样品和阳性对照样品对检测参数进行参比对照。只有在阴性对照样品和阳性对照样品检测结果成立的前提下，才能对检测样品进行结果判定。

（2）合理分隔实验室：将样品的处理、配制PCR反应液、PCR扩增及PCR产物鉴定等步骤分区或分室进行，特别注意样本处理及PCR产物的鉴定应与其他步骤严格分开，最好能划分。合理的PCR实验室应分为标本处理及核酸抽提区、PCR反应液制备区、PCR扩增区和PCR产物鉴定区。各区使用的仪器、设备、耗材和工作服应独立专用，实验前应将实验室用紫外线消毒以破坏残留的DNA或RNA。

（3）规范试剂耗材管理：新购买的试剂需进行实验前验证。PCR 试剂可选择小量分装储存，避免污染。试验过程中所用的一次性塑料耗材，如吸头、离心管、八连管等均应采购无核酸酶的并且使用前进行高温高压处理。塑料器皿用 0.1% DEPC 水浸泡 4h 后高温高压处理分解 DEPC。玻璃仪器或金属器具使用前须 180℃高温干烤 6h 以上。

（4）采用 UNG 酶防止污染：由于 PCR 产物是最常见的污染源，为避免以前检测中所产生的扩增产物的污染，可在 PCR 试剂中以 dUTP 取代 dTTP，因此 PCR 产物都是含有 dU 的 DNA 链。在 PCR 开始前增加 50℃的保温步骤，UNG 酶即可将反应体系中已有的 U-DNA 污染物中的尿嘧啶碱基降解，并在随后变性这步的条件下 DNA 链断裂，消除由于污染 DNA 产生的扩增，从而保证扩增结果的特异性，准确性。同时 UNG 酶被灭活，不会再降解新扩增的产物 U-DNA。

（5）操作人员应经过专业培训，具有一定经验和操作技能，必须严格按照质量体系规定的检测标准和检测方法操作。

三、什么是 PCR 假阴性，产生假阴性的原因是什么？

假阴性是指实验中设置的阳性对照未能扩增呈阳性结果现象，但这里应注意，阳性对照应该包含样品核酸提取和 PCR 扩增步骤。因此，如果未在样品的核酸提取步骤设置了阳性对照，而恰好在该步骤存在问题，即使阳性对照均呈阳性，样品检测中还可能有假阴性。造成 PCR 假阴性问题的原因较为复杂，概括起来有以下几点。

（1）仪器因素：PCR 仪孔间差异或控温不准，引起扩增失败或扩增效率降低。

（2）试剂因素：核酸抽提试剂、引物和 PCR 扩增试剂质量问题导致扩增失败。

（3）采样因素：不合理的样本采集、转运及处理、样本中微生物滴度过低均有可能导致假阴性结果。

（4）核酸模板因素：模板中存在 PCR 抑制剂，如杂蛋白质、多糖、酚等抑制物；容器中存在 RNA 酶导致 RNA 降解。

（5）靶序列变异因素：待测靶序列的变异或其他原因导致的序列改变，影响引物与模板特异性结合，可能会导致假阴性结果。

（6）操作人员因素：PCR 实验的环节很多，而且对每一环节的质量要求都很高，例如少加、漏加试剂、离心不充分、反应参数设计错误等都能造成结果的假阴性。

四、如何控制 PCR 假阴性？

（1）在 PCR 检测时，每次都要设立阴性对照样品和阳性对照样品对检测参数进行参比对照。只有在阴性对照样品和阳性对照样品检测结果成立的前提下，才能对检测样品进行结果判定。此外设置合理的内对照（内标）是判断假阳性的有效手段，内对照必须覆盖样品处理、核酸抽提、PCR 扩增和产物检测全过程。

（2）定期监测 PCR 仪，出现问题应及时进行维护并校准。

（3）新购买的试剂和引物需进行实验前验证，试剂应合理保存并分装使用，防止酶失活，避免反复冻融。

（4）严格处理样品程序，核酸提取过程中尽量去除可能干扰或抑制 PCR 反应的物质。

可采用稀释或再纯化模板 DNA 方法，进行扩增分析，减少假阳性发生。

操作人员应经过专业培训，具有一定经验和操作技能，必须严格按照质量体系规定的检测标准和检测方法操作。

参 考 文 献

Ball-Goodrich LJ，Hansen G，Dhawan R，et al.2002. Validation of an enzyme-linked immunosorbent assay for detection of mouse parvovirus infection in laboratory mice. Comp Med，52：160-166.

Ball-Goodrich LJ，Johnson E.1994.Molecular characterization of a newly recognized mouse parvovirus. J Virol，68：6476-6486.

Besselsen DG，Besch-Williford CL，et al.1995. Detection of newly recognized rodent parvoviruses by PCR.J Clin Microbiol，33（11）：2859-63.

Besselsen DG，Pintel DJ，Purdy GA，et al.1996.Molecular characterization of newly recognized rodent parvoviruses. J Gen Virol，77：899-911.

GB 14922.2—2011 实验动物微生物学等级及监测 .

McKisic MD，Lancki DW，Otto G，et al.1993. Identification and propagation of a putative immunosuppressive orphan parvovirus in cloned T cells. J Immunol，150：419-428.

McKisic MD，Paturzo FX，Smith AL.1996. Mouse parvovirus infection potentiates rejection of tumor allografts and modulates T cell effector functions. Transplant，61：292-299.

Riley LK，Knowles R，Purdy G，et al. 1996.Expression of recombinant parvovirus NS1 protein by a baculovirus and application to serologic testing of rodents. J Clin Microbiol，34：440-444.

Smith AL，Jacoby RO，Johnson EA，et al.1993. *In vivo* studies with an “orphan” parvovirus of mice. Lab Anim Sci，43：175-182.

第二十八章　T/CALAS 28—2017《实验动物　小鼠细小病毒 MVM 株 PCR 检测方法》实施指南

第一节　工 作 简 况

根据中国实验动物学会实验动物标准化专业委员会的下达的 2016 年团体标准制（修）订计划，由广东省实验动物监测所和中国食品药品检定研究院共同负责团体标准《实验动物　小鼠细小病毒 MVM 株 PCR 检测方法》起草工作。该项目由全国实验动物标准化技术委员会（SAC/TC281）技术审查，由中国实验动物学会归口管理。

本标准的编制工作是按照《中华人民共和国国家标准 GB/T1.1 2009 标准化工作导则》第 1 部分“标准的结构和编写规则”的要求进行编写的。本标准是在国家科技支撑计划“实验动物质量检测关键技术研究”（项目编号 2013BAK11B01）和广东省科技计划项目“广东省实验动物检测技术平台”（项目编号 2011B040200010）课题基础上制定而成的，在制定过程中参考了国内外相关文献，对方法的敏感性、特异性、重复性等进行了研究，并对所建立的标准方法进行了应用研究，建立了可行、稳定、特异的小鼠细小病毒 MVM 株 PCR 检测方法。

第二节　工 作 过 程

本标准由中国实验动物学会实验动物标准化专业委员会提出，广东省实验动物监测所和中国食品药品检定研究院按照团体标准研制要求和编写工作的程序，组成了由单位专家和专业技术人员参加的编写小组，制定了编写方案，并就编写工作进行了任务分工。编制小组根据任务分工进行了资料收集和调查研究工作，在国家科技支撑计划“实验动物质量检测关键技术研究”（项目编号 2013BAK11B01）和广东省科技计划项目“广东省实验动物检测技术平台”（项目编号 2011B040200010）课题研究基础上，组织编写小鼠细小病毒 MVM 株 PCR 检测方法技术资料，于 2016 年 4 月完成了标准草案的起草工作。标准草案首先征求中国实验动物学会实验动物标准化专业委员会的意见，2016 年 10 月在南宁召开团体标准征求意见会议，参会专家对标准稿提出了系列修订建议和意见。根据提出的意见编制组对《实验动物　小鼠细小病毒 MVM 株 PCR 检测方法》标准草案进行修改。结合调研、试验验证，形成本标准征求意见稿。

2016 年 11 月至 12 月，标准征求意见稿在中国实验动物学会网站公开征求意见，共收集意见或建议 5 个，编制组根据专家提出的修改意见和建议，采纳 5 个，未采纳 0 个。

经对《实验动物 小鼠细小病毒 MVM 株 PCR 检测方法》团体标准整理修改后形成标准送审稿、标准送审稿编制说明和征求意见汇总处理表。

2017 年 2 月 21 日，全国实验动物标准化技术委员会在北京召开了标准送审稿专家审查会。会议由全国实验动物标准化技术委员会的委员组成审查组，认真讨论了标准送审稿编制说明、征求意见汇总处理表，提出了修改意见和建议。与会专家认为本标准填补了小鼠细小病毒 MVM 株分子检测方法空白，是国标的有力补充，一致同意通过审查。会后，编制组根据与会专家提出的修改意见，经对《实验动物 小鼠细小病毒 MVM 株 PCR 检测方法》团体标准修改完善后形成标准报批稿、标准报批稿编制说明和征求意见处理汇总表。

2017 年 5 月，本标准经中国实验动物学会第六届理事会常务理事会第八次会议审议通过，批准发布，于 2017 年 5 月 19 日起正式实施。

第三节 编写背景

小鼠细小病毒 MVM 株（minute virus of mice，MVM）属于细小病毒科细小病毒属，核酸为单股线状 DNA，核衣壳为二十面体等轴立体对称，无囊膜。小鼠细小病毒 MVM 株具有高度传染性，广泛存在实验小鼠和野生小鼠群中。在大多数小鼠群中呈地方性流行。同时也是白血病病毒种毒和连续移植小鼠肿瘤的一种常见的污染物，MVM 是国内外实验动物健康监测的一个必检项目，快速准确地检测 MVM 是有效控制该病毒的前提。目前，国内 MVM 检测方法主要是针对抗体检测的血清学检测方法如酶联免疫吸附试验（ELISA）和免疫荧光试验（IFA）等，但是这些方法中不能应用于免疫功能低下或免疫缺陷小鼠如 SCID 小鼠和裸小鼠等的检测，因为它们不能产生正常的抗体反应。此外，抗体检测有一定局限性，一般只有活体动物才能采集血清用于检测，对病死动物和一些动物源性的生物制品（如动物细胞，及其他生物材料）检测造成限制。

传统的检测技术已不能满足实验动物质量检测需求。随着分子生物学的迅速发展，以 PCR 技术为基础的各种分子生物学诊断技术成为病毒检测的重要手段。PCR 病原检测方法具有特异性强、敏感度高、诊断快速等传统诊断方法所无法比拟的优点。美国和欧盟许多实验动物质量检测实验室都推荐采用 PCR 技术作为实验动物病原的检测方法。国内一些实验动物检测机构也开展了实验动物病原 PCR 检测技术研究，增加实验动物病毒分子生物学检测技术方法除了应用于实验动物质量检测之外，还可以应用于实验动物产品、实验动物接种物和污染环境评价等，具有快速、高效的特点。本项目在现有国家标准的基础上，增加了病毒分离鉴定、普通 PCR 和实时荧光 PCR 检测方法。病毒的分离和鉴定多用于急性病例的确诊，IFA 和 ELISA 主要用于检测 MVM 抗体，ELISA 可用于样本的大通量筛查，IFA 可做确认试验。普通 PCR 和实时荧光 PCR 适用于不能通过血清抗体检测的样本的快速检测。

第四节 编 制 原 则

本标准的编制主要遵循以下原则：一是科学性原则。在尊重科学、亲身实践、调查研究的基础上，制定本标准。二是可操作性原则。本标准无论是从样品采集、处理、DNA抽提、PCR反应，均操作简单，仅需4小时既可完成。具有可操作性和实用性。三是协调性原则。以切实提高我国实验动物小鼠细小病毒MVM株检测技术水平为核心，符合我国现行有关法律、法规和相关的标准要求。

第五节 内 容 解 读

本标准由范围，规范性引用文件，术语、定义和缩略语，检测方法原理，主要设备和材料，试剂，检测方法，结果判定检测过程中防止交叉污染的措施，附录共十章构成。现将《实验动物 小鼠细小病毒MVM株PCR检测方法》主要技术内容确定说明如下。

一、本标准范围的确定

本标准规定了实验动物小鼠细小病毒MVM株普通PCR和实时荧光PCR检测方法。本标准规定适用于实验动物及其产品、细菌培养物、实验动物环境和动物源性生物制品中小鼠细小病毒MVM株的检测。现行的实验动物国家标准抗体检测的适用范围存在一定局限，而本标准规定的普通PCR和实时荧光PCR检测方法适用范围广泛，可以适用于实验动物及产品、实验动物接种物和环境等样本的检测。

二、规范性引用文件

下列文件对于本文件的应用是必不可少的。凡是注明日期的引用文件，仅注日期的版本适用于本文件。凡是不注日期的引用文件，其最新版本（包括所有的修改单）适用于本文件。

GB 19489《实验室 生物安全通用要求》

三、术语、定义和缩略语

为方便标准的使用，本标准规定了以下术语、定义及缩略语

（一）术语和定义

下列术语和定义适合于本标准。

1. 聚合酶链式反应 polymerase chain reaction，PCR

体外酶催化合成特异DNA片段的方法，模板DNA先经高温变性成为单链，在DNA聚合酶作用和适宜的反应条件下，根据模板序列设计的两条引物分别与模板DNA两条链上相应的一段互补序列发生退火而相互结合，接着在DNA聚合酶的作用下以四种dNTP为底物，使引物得以延伸，然后不断重复变性、退火和延伸这一循环，使欲扩增的基因片段以几何倍数扩增。

2. 实时荧光聚合酶链式反应 real-time PCR，实时荧光 PCR

实时荧光 PCR 方法是在常规 PCR 的基础上，在反应体系中加入特异性荧光探针，利用荧光信号积累实时检测整个 PCR 进程，通过检测每次循环中的荧光发射信号，间接反映了 PCR 扩增的目标基因的量，最后通过扩增曲线对未知模板进行定性或定量分析。本标准中将“PCR”称为“普通 PCR”是为了与“实时荧光 PCR”进行区别，避免名称混淆。

3. Ct 值 cycle threshold

实时荧光 PCR 反应中每个反应管内的荧光信号达到设定的阈值时所经历的循环数。

（二）缩略语

下列缩略语适用于本标准。

CPE　细胞病变效应（cytopathic effect）

DNA　脱氧核糖核酸（deoxyribonucleic acid）

MVM　小鼠细小病毒 MVM 株（minute virus of mice）

PBS　磷酸盐缓冲液（phosphate buffered saline）

四、检测方法原理

简要介绍了标准中采用的技术方法原理。用合适的方法提取样本中的总 DNA，针对小鼠细小病毒 MVM 株 VP1 基因设计特异的引物序列，通过 PCR 对模板 DNA 进行扩增，根据 PCR 检测结果判定该样品中是否含有小鼠细小病毒 MVM 株。

实时荧光 PCR 方法是在常规 PCR 的基础上，加入了一条特异性的荧光探针，探针两端分别标记一个报告荧光基团和一个淬灭荧光基团。探针完整时，报告基团发射的荧光信号被淬灭基团吸收；PCR 扩增时，*Taq* 酶的 5' → 3' 外切酶活性将探针酶切降解，使报告荧光基团和淬灭荧光基团分离，淬灭作用消失，荧光信号产生并被检测仪器接受，随着 PCR 反应的循环进行，PCR 产物与荧光信号的增长呈对应关系。因此，可以通过检测荧光信号对核酸模板进行检测。

五、主要设备和材料

规定了检测方法所需要的设备和材料。

六、试剂

规定了检测方法所需要的试剂。

（1）灭菌 PBS。配制方法在标准附录中给出。

（2）DNA 抽提试剂：基因组 DNA 提取试剂盒 DNeasy Blood & Tissue Kit,（Qiagen 公司，Cat.No.69504）或其他等效产品。DNA 抽提试剂给出了具体的信息，目的是为了方便标准的使用者，并不表示对该产品的认可。如果其他等效产品具有相同的效果，则可以使用这些等效产品。

（3）无水乙醇。

（4）PCR 试剂：Premix Taq TM（Version 2.0 plus dye）（Takara 公司，Cat.No.RR901A）或其他等效产品。PCR 试剂均给出了具体的信息，目的是为了方便标准的使用者，并不表示对该产品的认可。如果其他等效产品具有相同的效果，则可以使用这些等效产品。

（5）实时荧光 PCR 试剂：Premix Ex Taq™（Probe qPCR），（Takara 公司，Cat. No.DRR390S）或其他等效产品。实时荧光 PCR 试剂均给出了具体的信息，目的是为了方便标准的使用者，并不表示对该产品的认可。如果其他等效产品具有相同的效果，则可以使用这些等效产品。

（6）DNA 相对分子质量标准：100~2000bp。

（7）50 × TAE 电泳缓冲液，配制方法在标准附录中给出。

（8）溴化乙锭：10mg/mL，配制方法在标准附录中给出。或其他等效产品。

（9）1.5% 琼脂糖凝胶，配制方法在标准附录中给出。

（10）引物和探针：根据表 1 和表 2 的序列合成引物和探针，引物和探针加无灭菌去离子水配制成 10μmol/L 储备液，−20℃保存。

普通 PCR 引物设计根据 GenBank 中收录的 MVM 病毒 VP1 蛋白基因序列（Genebank 登录号 NC001510）为模板，利用 Primer Primer5.0 软件设计一套针对病毒 VP1 蛋白基因的 PCR 引物，并使用 GenBank 的 Blast 软件与数据库同种病毒的其他毒株和其他病毒序列进行比较，保证引物和探针序列的通用性和特异性。

表 1 普通 PCR 检测引物

引物名称	引物序列（5'→3'）	检测基因	产物大小（bp）
正向引物	CAATACAACAGCACATCAGTCAA	VP1	465
反向引物	CCTTTGGTGTTCCCATCACATT		

引物和探针设计根据 GenBank 中收录的 MVM 病毒 VP2 蛋白基因序列（Genbank 登录号 NC001510）为模板，利用 Primer Express3.0 软件（Applied Biosystems 公司）设计一套针对病毒 VP2 蛋白基因的荧光定量 PCR 引物和探针，从 NCBI 下载小鼠细小病毒 MVM 株的核酸全序列共 6 条，用 MAGE4.0 软件进行序列比对分析，保证引物和探针序列的通用性（表 2，图 1）。

表 2 实时荧光 PCR 检测引物和探针

引物和探针名称	引物和探针序列（5'→3'）	产物大小（bp）
正向引物	GCCATACACACCTGCAGCAAA	
反向引物	TGGYGATGCTATGGTTGGT	73
探针	FAM-TCAATGGAAACACTTGGTTTCTACCCTTGGA-BHQ-1	

注：简并碱基 Y：T/C。探针也可选用具有与 FAM 和 BHQ-1 荧光基团相同检测效果的其他合适的荧光报告基团和荧光淬灭基团组合。

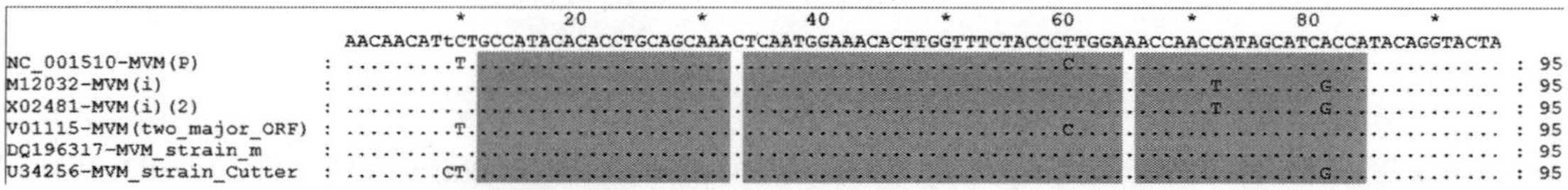

图 1 小鼠细小病毒 MVM 株 *VP2* 基因引物和探针序列比较

引物和探针设计根据 GenBank 中收录的 MVM 病毒 VP2 蛋白基因序列（Genbank 登录号 NC001630）为模板，利用 Primer Express3.0 软件（Applied Biosystems 公司）设计一套针对病毒 VP2 蛋白基因的荧光定量 PCR 引物和探针，从 NCBI 下载小鼠细小病毒 MVM 株的核酸全序列共 6 条，用 MAGE4.0 软件进行序列比对分析，保证引物和探针序列的通用性（图 1）。

七、检测方法的确定

（一）生物安全措施

实验操作及处理按照 GB 19489 的规定，由具备相关资质的工作人员进行相应操作。

（二）采样及样本的处理

标准规定了动物脏器组织，盲肠内容物或粪便，细菌培养物，实验动物饲料、垫料和饮水，实验动物设施设备样本的采集及处理方法。

（三）样本 DNA 提取

规定了样本 DNA 的提取方法。对两种不同核酸提取方法进行比较，采用粪便基因组 DNA 提取试剂盒 TIANamp Stool DNA Kit（天根公司）和 DNeasy Blood & Tissue Kit（Qiagen 公司）对 20 份盲肠内容物样本，按各自说明书进行核酸抽提。采用 NanoDrop2000c 仪器对抽提的核酸进行浓度和纯度（OD_{260}/OD_{280}）检测。将两种方法提取的 DNA 模板，采用小鼠细小病毒 MVM 株实时荧光 PCR 分别进行检测，统计检测结果，比较两种提取方法用于 PCR 扩增的检出率。结果两种方法的提取效果相当，OD260/OD280 均在 1.8~2.0 之间，满足 DNA 模板的纯度要求（表 3）。将上述提取的 DNA 模板，进行 MVM 检测，结果两种提取方法用于 PCR 扩增的检出率一致（表 4）。因此，两种核酸提取方法均适合用于该检测方法。

表 3 提取 DNA 模板的浓度、纯度比较结果

样本编号	TIANamp Stool DNA Kit		DNeasy Blood & Tissue Kit	
	OD_{260}/OD_{280}	浓度（ng/μL）	OD_{260}/OD_{280}	浓度（ng/μL）
1	1.89	33.0	1.93	43.1
2	1.88	13.6	1.98	16.5
3	1.82	64.8	1.98	59.4
4	1.89	51.1	1.93	53.9
5	1.89	14.8	1.98	18.9
6	1.96	20.6	1.91	18.2
7	1.87	19.5	1.91	21.6
8	1.85	45.3	1.89	40.3
9	1.83	27.4	1.97	25.5
10	1.85	16.3	1.87	21.6
11	1.69	73.6	1.95	68.9
12	1.84	32.3	1.98	28.2

续表

样本编号	TIANamp Stool DNA Kit		DNeasy Blood & Tissue Kit	
	OD_{260}/OD_{280}	浓度（ng/μL）	OD_{260}/OD_{280}	浓度（ng/μL）
13	1.84	10.0	1.91	13.4
14	1.87	53.0	1.93	54.6
15	1.86	38.6	1.87	35.4
16	1.90	41.5	1.97	51.2
17	1.88	72.2	1.97	64.9
18	1.82	84.0	1.94	89.4
19	1.86	17.5	1.87	19.4
20	1.82	16.4	1.89	13.3

表 4 检出率比较结果

试剂	检出率	参考值
TIANamp Stool DNA Kit	16/20	16/20
DNeasy Blood & Tissue Kit	16/20	

（四）普通 PCR

1. PCR 反应体系

PCR 反应体系见表 5。反应液的配制在冰上操作，每次反应同时设计阳性对照、阴性对照和空白对照，其中阳性对照以含有 MVM 的组织或培养物提取的 DNA 作为阳性对照模板，其中阴性对照以不含有 MVMDNA 样本（可以是正常动物组织或正常培养物）作为阴性对照模板，空白对照即为不加模板对照（no template control，NTC），即在反应中用水来代替模板。除引物终浓度不变，PCR 反应体系根据选择的试剂进行确定。

表 5 每个样品反应体系配制表

反应组分	用量（μL）	终浓度
2 × Premix Taq Mix（plus dye）	25	1 ×
正向引物（10μmol/L）	2	400nmol/L
反向引物（10μmol/L）	2	400nmol/L
DNA 模板	10	
灭菌去离子水	11	
总体积	50	

2. PCR 反应参数

PCR 反应参数见表 6。

表 6 PCR 反应参数

步骤	温度	时间	循环数
预变性	95℃	5min	1
变性	94℃	1min	35
退火	54℃	1min	
延伸	72℃	1min	
延伸	72℃	10min	1

当使用其他等效的 PCR 检测试剂进行，反应体系和反应参数可做相应调整。

3. PCR 产物的琼脂糖凝胶电泳检测和拍照

将适量 50 × TAE 稀释成 1 × TAE 溶液，配制含核酸染料溴化乙锭的 1.5% 琼脂糖凝胶。PCR 反应结束后，取 10μL PCR 产物在 1.5% 琼脂糖凝胶进行电泳检测，以 DNA 分子量作参照。电压大小根据电泳槽长度来确定，一般控制在 3~5V/cm，当上样染料移动到凝胶边缘时关闭电源。电泳完成后在凝胶成像系统拍照记录电泳结果。

（五）实时荧光 PCR

规定了实时荧光 PCR 反应体系和反应参数。反应体系和反应参数的确定依据以下优化试验。

1. 方法优化

实时荧光 PCR 反应选用的试剂盒为 Premix Ex Taq™（Probe qPCR），（Takara 公司，Cat.No.DRR390S），扩增和检测在全自动荧光定量仪 Applied Biosystems 7500 Real-Time PCR Systems 上进行。

（1）扩增程序的确定

根据引物、探针的具体特性，仪器上的反应程序在退火延伸条件选择上试验了 3 种温度和 3 种时间：95℃ 30s，95℃ 5s →（58/60/62）℃（34/45/60）s，40 次循环，在退火延伸阶段采集荧光信号。各种试剂的加样量分别为每个反应管中含 2 × Premix Ex Taq 25μL，正向引物（10μmol/L）1μL、反向引物（10μmol/L）1μL、探针（10μmol/L）2μL，Rox 1μL、模板 DNA 10μL，用去离子水补足到反应总体积 50μL。结果均可见阳性扩增曲线，但考虑到使引物扩增有更好的特异性和缩短反应时间，最后确定扩增程序为：95℃ 30s，95℃ 5s → 60℃ 34s，40 次循环。

（2）最佳引物浓度的确定

应用以上扩增程序，先固定探针终浓度为 200nmol/L，MVM 上下游引物浓度在 100nmol/L、200nmol/L、400nmol/L、600nmol/L、800nmol/L、1000nmol/L 之间选择，通过比较 Ct 值和荧光强度增加值（绝对荧光强度与背景荧光强度的差值，ΔRn）来判断优化结果。最佳引物浓度的确定以 Ct 值最小，扩增曲线荧光强度增加值最大所对应的引物浓度为最佳浓度（表 7、图 2）。最终确定 MVM 上游引物终浓度 200nmol/L，MVM 下游引物终浓度 600nmol/L。

表 7 引物优化 Ct 值结果

MVM-R 终浓度	MVM-F 终浓度					
	100nmol/L	200nmol/L	400nmol/L	600nmol/L	800nmol/L	1000nmol/L
100nmol/L	25.10/25.07	24.44/24.54	25.52/25.72	26.19/26.32	26.41/26.30	26.59/26.79
200nmol/L	25.92/25.39	24.81/24.98	26.25/26.50	26.89/26.86	27.06/27.17	27.24/27.14
400nmol/L	25.39/25.09	24.48/24.21	25.31/25.57	25.82/25.79	26.03/25.92	25.93/26.34
600nmol/L	25.48/25.03	24.44/24.22	25.10/25.24	25.81/25.83	25.94/25.98	25.94/26.17
800nmol/L	25.52/25.19	24.47/24.12	26.26/25.45	25.67/25.69	26.03/26.04	26.08/26.11
1000nmol/L	25.34/25.30	24.67/24.35	25.42/25.45	25.75/25.73	25.91/26.00	26.08/26.01

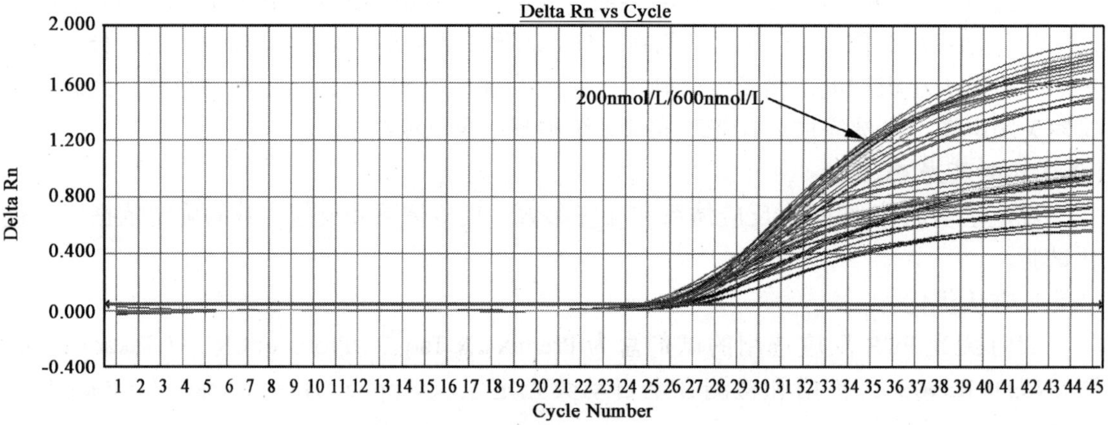

图 2 MVM 引物优化扩增曲线图

（3）最佳探针浓度的确定

根据选择好的最佳 MVM 上下游引物终浓度，进一步进行 TaqMan 探针浓度的确定，在 100nmol/L、200nmol/L、300nmol/L、400nmol/L、500nmol/L、600nmol/L、700nmol/L 之间选择。以 Ct 值最小，扩增曲线荧光强度增加值最大所对应的探针浓度为最佳浓度（表 8、图 3）。考虑探针成本，最终确定 MVM 探针终浓度 600nmol/L。

表 8 探针优化 Ct 值结果

	MVM-P 终浓度						
	100nmol/L	200nmol/L	300nmol/L	400nmol/L	500nmol/L	600nmol/L	700nmol/L
Ct 值	26.99/26.89	25.81/25.74	25.61/25.57	25.66/25.75	25.55/25.53	25.08/25.06	25.02/25.00

2. 不同试剂的测试

本标准方法主要采用 Premix Ex Taq^{TM}（Probe qPCR），（Takara 公司，Cat.No.DRR 390S），除此以外，还选用了多种试剂 按优化好的引物和探针浓度进行了测试，即按 MVM 上游引物终浓度 200nmol/L，MVM 下游引物终浓度 600nmol/L，探针终浓度 600nmol/L，反应总体积为 50μL 的情况下，模板 DNA 量为 10μL。不同试剂选用不同

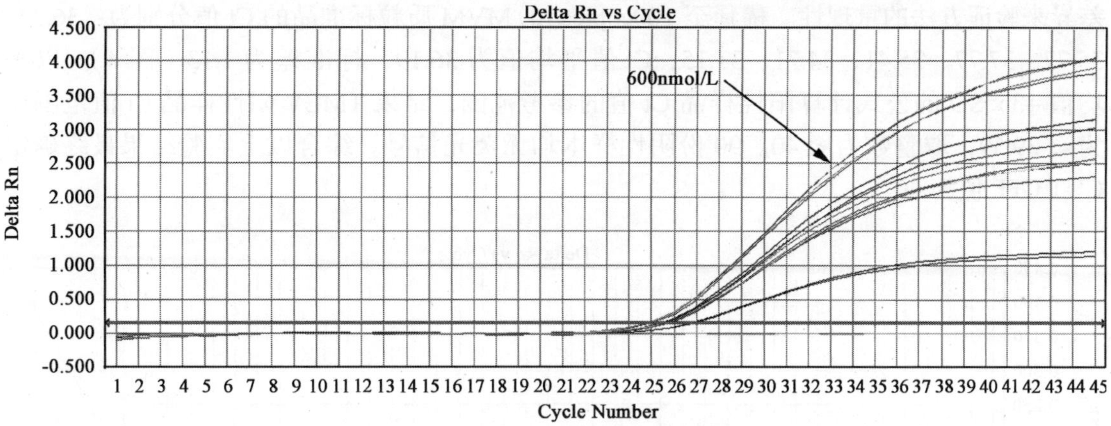

图 3 MVM 探针优化扩增曲线图

的 *Taq* 酶激活条件及 PCR 条件，40 次循环。结果所有试剂均可得到很好的扩增结果。这些试剂包括：TaqMan® Universal PCR Master Mix（美国 Applied Biosystems 公司产品，Cat #4304437），GoTaq Probe qPCR Master Mix（Promega 产品，货号 A6101）。

八、结果判定

（一）结果分析和条件设定

直接读取检测结果，基线和阈值设定原则根据仪器的噪声情况进行调整，以阈值线刚好超过正常阴性样品扩增曲线的最高点为准。

（二）质控标准

（1）空白对照无 Ct 值，并且无荧光扩增曲线，一直为水平线。

（2）阴性对照无 Ct 值，并且无荧光扩增曲线，一直为水平线。

（3）阳性对照 Ct 值应≤ 35，并且有明显的荧光扩增曲线，则表明反应体系运行正常，否则此次试验无效，需重新进行实时荧光 PCR 扩增。

（三）结果判定

（1）若待检测样品无荧光扩增曲线，则判定样品未检出小鼠细小病毒 MVM 株。

（2）若待检测样品有荧光扩增曲线，且 Ct 值应≤ 35 时，则判断样品中检出小鼠细小病毒 MVM 株。

（3）若待检测样品 Ct 值介于 35 和 40 之间时，应重新进行实时荧光 PCR 检测。重新检测后，若 Ct 值≥ 40 时，则判定样品未检出小鼠细小病毒 MVM 株。重新检测后的 Ct 值仍介于 35 和 40 之间，则判定样品检出小鼠细小病毒 MVM 株。

其中 CUT OFF 值的确定依据以下试验确定：

对最低检测限稀释度为 100copies/μL MVM 质粒标准品进行 6 次重复检测，计算其 Ct 值均值和标准差，并对 90 份正常动物组织和盲肠内容物样本进行检测分析其结果。结合以上结果综合分析实时荧光 PCR 方法的 CUT OFF 值。

实时荧光 PCR 方法最低检测限实验结果显示，稀释 10copies/μL MVM 质粒标准品无荧光信号。将稀释至 100copies/μL MVM 质粒标准品，重复检测 6 次，通过计算 Ct 值的差异来验证方法的重现性。稀释至 100copies/μL MVM 质粒标准品的 Ct 值分别为：36.34、35.77、37.77、35.41、34.71、37.15，Ct 值平均值为 36.19，标准差为 1.13（图 4）。以平均值 +3 × SD 的公式计算阳性样品 Ct 值的参考范围，结果 TMEV 阳性样品 Ct 值范围应为＜ 39.59，取整数为＜ 40。90 份阴性样本均无荧光信号。综合以上实验结果最终确定 CUT OFF 值为 40。

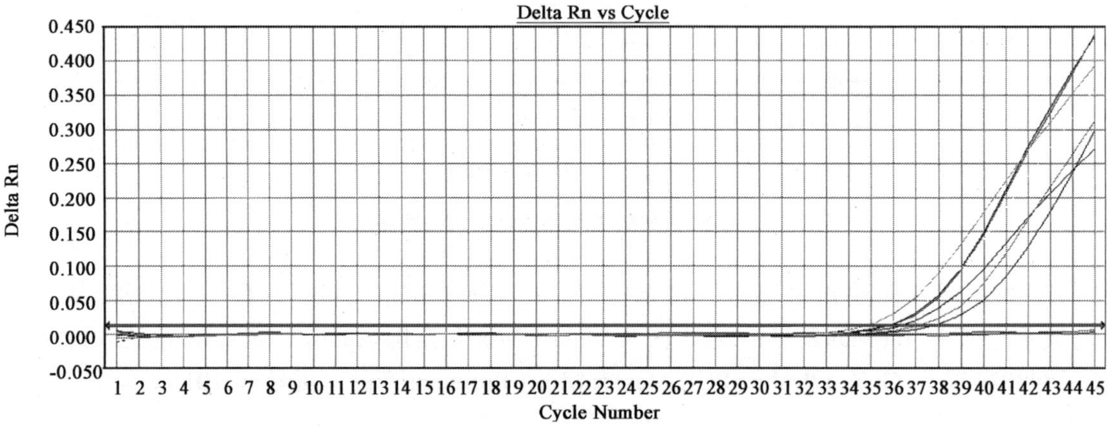

图 4　实时荧光 PCR 方法重复 6 次检测稀释至 100copies/μL MVM 质粒标准品的反应曲线

九、检测过程中防止交叉污染的措施

给出了检测过程中如何防止交叉污染的措施，具体按照 GB/T 19495.2 中的要求执行。

十、附录 A

本标准附录为规范性附录，给出了 PBS 等试剂的配制方法。

第六节　分 析 报 告

一、材料与方法

（一）病毒、菌株、载体和临床样本

小鼠细小病毒 MVM 株（MVM，ATCC VR-1346）、大鼠细小病毒 KRV 株（KRV，ATCC VR-235）、大鼠细小病毒 H-1 株（H-1，ATCC VR-356）、鼠痘病毒（Ect，ATCC VR-1374）、多瘤病毒（Poly，ATCC VR-252）、小鼠腺病毒（Mad，ATCC VR-550）、小鼠巨细胞病毒（MCMV，ATCC VR-1399）、小鼠肝炎病毒（MHV，ATCC VR-246）、小鼠脑脊髓炎病毒（TMEV，ATCC VR-995）、呼肠孤病毒Ⅲ型（Reo-3，ATCC VR-232）购自美国典型微生物菌种保藏中心，MNV Guangzhou/K162/09/CHN 毒株和 MPV GZ-1 毒株由本实验室分离保存，大鼠细小病毒 RPV 株和 RMV 株阳性病料由本实验室鉴定和保存。大肠杆菌 *E.coli* DH5 α 和克隆载体 pMD19-T 购自宝生物工程（大连）有限公司（Takara 公司）。

临床样本包括：来源于2010年至2014年本实验室收到广东、湖北、北京、四川、云南和上海等各省市送检的SPF级活体小鼠或小鼠粪便100份，2014年本实验室收到广东省送检的KM小鼠，背景调查表明该KM小鼠曾饲养于普通环境，共52只。捕获于广州市某实验动物养殖场附近的野鼠24份，野鼠为褐家鼠，无菌采集活体小鼠的盲肠内容物，-40℃保存，临床样本共计176份。

（二）引物设计合成

引物和探针序列见表2。引物和探针由Invitrogern（广州）公司合成。

（三）病毒和样品核酸提取

纯化的病毒样品DNA的抽提按病毒基因组提取试剂盒（天根公司）操作说明书进行，病毒RNA的抽提采用Trizol试剂（Invitrogern公司）按说明书进行。盲肠内容物和粪便样品按照下面的方法预处理，在装有样本的离心管中加入适量灭菌的PBS，匀浆，采用粪便基因组DNA提取试剂盒（天根公司）按说明书进行抽提。

（四）MVM质粒标准品的制备

以提取的MVM DNA为模板，用Premix Ex Taq（Takara公司）进行PCR，反应体系为：2×Premix Ex Taq 25μL，上游引物MVM-F（10μmol/L）2.5μL，下游引物MVM-R（10μmol/L）2.5μL，DNA 5μL，加RNase Free dH_2O 至50μL。反应条件：94℃ 2min，一个循环；94℃ 30s、55℃ 30s、72℃ 30s，共35个循环；最后72℃ 延伸5min。反应得到目的大小片段后，用胶回收试剂盒回收目的片段，将回收的目的片段连接至pMD-19T载体，并转化至DH5α 感受态细胞中. 用含有Amp的LB琼脂平板筛选阳性克隆，用PCR鉴定阳性克隆菌，并对阳性重组质粒测序验证。用质粒提取试剂盒（OMEGA公司）提取质粒，微量紫外分光光度计测定浓度与纯度，根据下面的公式计算拷贝数。拷贝数（copies/μL）= 6.022×10^{23}（copies/mol）×DNA浓度（g/μL）/ 质量MW（g/mol）。其中，MW=DNA碱基数（bp）×660daltons/bp，DNA碱基数 = 载体序列碱基数 + 插入序列碱基数。

（五）特异性试验

采用建立的荧光定量PCR方法对MVM、MPV、KRV、H-1、RPV、RMV、Ect、Poly、Mad、MCMV、MHV、MNV、TMEV和Reo-3的DNA或cDNA进行检测，验证该方法的特异性。

（六）定量标准曲线的建立及敏感性试验

将质粒标准品用Easy dilution（Takara公司）做10倍系列稀释，得到1×10^8~1×10^0copies/μL系列标准模板。利用优化后的反应体系和条件测定各稀释度的Ct值，以Ct值为纵坐标，以起始模板浓度的对数为横坐标，绘制标准曲线。

（七）重复性试验

对4份10倍系列稀释的MVM质粒标准品（1×10^6~1×10^3copies/μL）在同一次反应中进行5次重复测定，对各稀释度的Ct值进行统计，计算每个样品各反应管之间的批内变异系数（CV%）；对上述样品分别进行5次测定，计算同一样品每次测定结果之间的批间变异系数（CV%）。

（八）临床样本的检测

利用MVM荧光定量PCR方法对176份临床样本进行检测，每次反应同时设置阳性对照和阴性对照。同时采用普通 PCR 方法进行检测，比较两种方法的阳性检出率。

二、结果

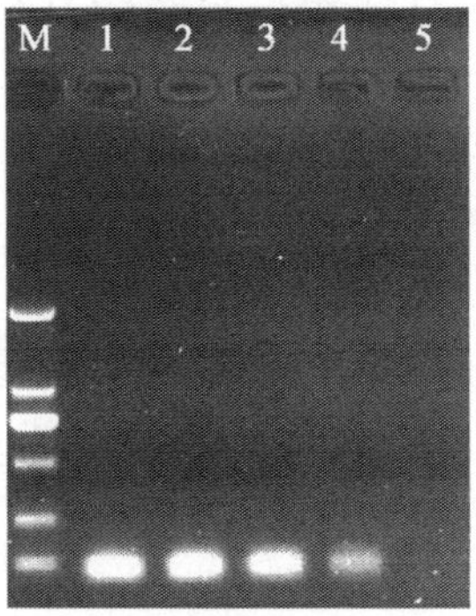

图 5 MVM PCR 电泳图

M：DL2000；泳道 1~4 泳道：MVM；5 泳道：阴性对照

（一）MVM 质粒标准品的制备

用 PCR 扩增 MVM 得到大小约 73bp 的特异片段，与预期目的片段大小相符（图 5）。与 pMD19-T 载体连接构建重组阳性质粒，对重组质粒进行 PCR 鉴定，条带大小与预期结果相符。重组质粒的测序结果与目的基因序列同源性为 100%，表明质粒标准品制备成功。

（二）特异性试验

采用建立的荧光定量 PCR 方法对 MVM、MPV、KRV、H-1、RPV、RMV、Ect、Poly、Mad、MCMV、MHV、MNV、TMEV 和 Reo-3 的 DNA 或 cDNA 进行检测，结果除 MVM 为阳性外，其他病毒均为阴性，表明建立的方法具有良好的特异性（图 6）。

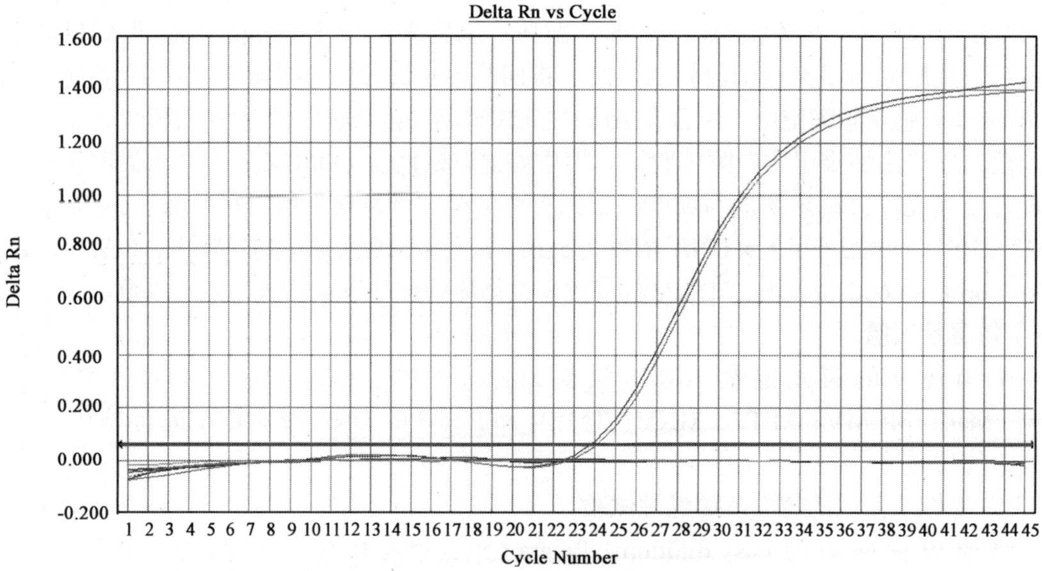

图 6 MVM 荧光定量 PCR 特异性检测结果

（三）定量标准曲线的建立及敏感性试验

将质粒标准品用 Easy dilution（Takara 公司）做 10 倍系列稀释，得到 1×10^8~1×10^0copies/μL 系列标准模板。利用优化后的反应体系和条件测定各稀释度的 Ct 值，以 Ct 值为纵坐标，以起始模板浓度的对数为横坐标，绘制标准曲线。结果见图 7，可见各梯度之间间隔的 Ct 值基本相等，无模板对照（no template control，NTC）没有荧光扩增曲线为阴性结果，该方法的最低检测限为 100copies/μL。以标准品稀释拷贝数的对数值为横坐标，以临界环数（threshold cycle，Ct）为纵坐标建立荧光实时定量 PCR 的标准曲线，

标准质粒在 1×10^8~1×10^2copies/μL 之间具有良好的线性关系，结果见图 8。其线性回归方程为 Ct=$-3.47\times$lg（拷贝数）+41.86，标准曲线斜率为 −3.47，根据公式计算得扩增效率 $E=10^{1/3.47}-1=0.942$，即扩增效率为 94.2%，相关系数 $R^2=0.9976$，说明 PCR 扩增该标准品的效率较高，线性关系良好。标准质粒在 1×10^1copies/μL 和 1×10^0copies/μL 无扩增曲线，故本方法检测的灵敏度为 100 个拷贝。

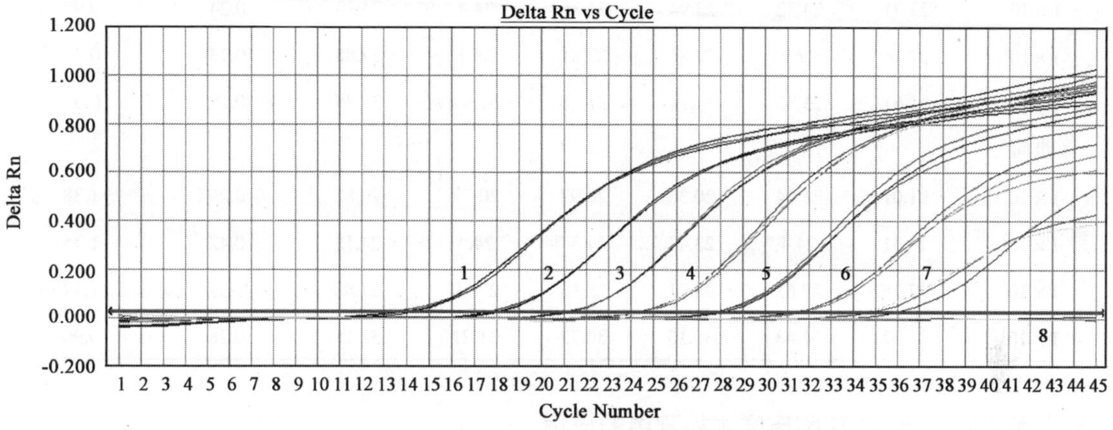

图 7　10 倍系列稀释质粒标准品的荧光定量扩增曲线

1~7：1×10^8copies/μL 至 1×10^2copies/μL 质粒标准品，8：1×10^1copies/μL、1×10^0copies/μL 质粒和无模板对照

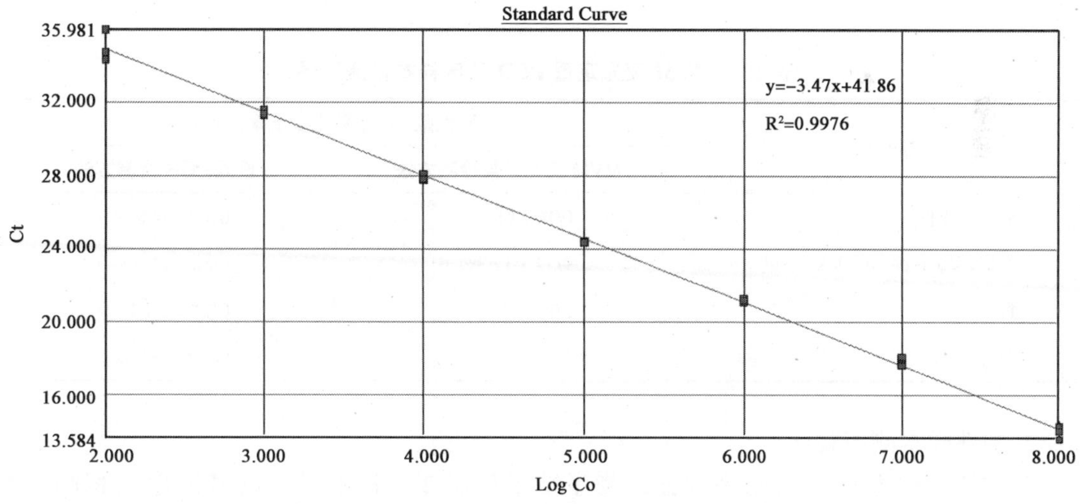

图 8　10 倍系列稀释标准品的标准曲线

（四）重复性试验结果

通过对 1×10^6~1×10^3copies/μL 4 个稀释度 RNA 进行重复性检测，批内及批间重复性试验的变异系数均小于 3%（表 9），表明建立荧光定量 PCR 方法重复性好，方法稳定可靠。

表 9 MVM 荧光定量 PCR 批内和批间重复性试验检测结果

样本（copies/μL）	Ct 值 1	2	3	4	5	Ct 平均值	标准差 SD	变异系数 CV（%）
批内								
1×10^6	21.26	21.09	21.18	20.79	21.18	21.10	0.18	0.87
1×10^5	23.91	24.32	23.94	24.36	24.4	24.19	0.24	0.99
1×10^4	27.78	27.9	27.81	27.81	28.1	27.88	0.13	0.47
1×10^3	31.61	31.33	31.12	31.38	31.44	31.38	0.18	0.57
批间								
1×10^6	21.01	21.04	20.36	20.97	20.72	20.82	0.29	1.38
1×10^5	24.31	24.4	23.43	24.37	24.4	24.18	0.42	1.75
1×10^4	27.78	27.63	28.01	28.18	27.39	27.80	0.31	1.12
1×10^3	31.37	31.43	31.16	30.72	31.21	31.18	0.28	0.90

（五）荧光定量 PCR 在临床样本检测中的应用

1. 检测结果

应用建立的 MPV 荧光定量 PCR 方法对 176 份样本进行检测，同时普通 PCR 方法进行检测，比较两种方法的阳性检出率（表 10）。结果发现荧光定量 PCR 比普通 PCR 敏感。

表 10 MVM 荧光定量 PCR 临床样本检测结果

临床样品	阳性数 / 样本数（检出率，%）	
	MVM 荧光定量检测方法	普通 PCR 检测方法
SPF 级小鼠	0/100（0%）	0100（0%）
普通环境下饲养的 KM 小鼠	9/52（17.3%）	6/52（11.5%）
野鼠	2/24（8.3%）	0/24（0%）
合计	11/176（6.3%）	6/176（3.4%）

2. 阳性样本测序验证

对其中 2 份阳性进行测序验证，测序结果显示 2 个样本扩增的基因序列相同，均为 73bp。通过 GenBank 上的 Blast 软件进行序列比对，阳性样本的序列与 GenBank 上的 MVM 毒株的同源性在 94%~99%（图 9）。证明样本为 MVM 阳性样本，也验证了建立的检测方法正确有效。

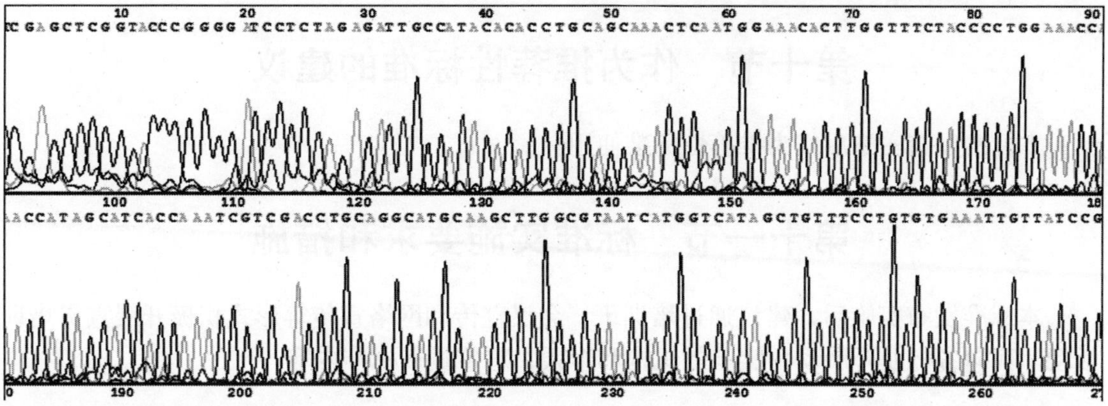

Alignments　Download　GenBank　Graphics　Distance tree of results

Description	Max score	Total score	Query cover	E value	Ident	Accession
Minute virus of mice with two major open reading frames (genome)	135	135	100%	6e-29	100%	V01115.1
Minute virus of mice, complete genome	135	135	100%	6e-29	100%	J02275.1
Minute virus of mice strain m, complete genome	130	130	100%	3e-27	99%	DQ196317.1
Mice minute virus DNA	124	124	100%	1e-25	97%	U34256.1
Minute virus of mice (MVM(i)), a lymphotropic variant of MVM, complete genome	119	119	100%	6e-24	96%	M12032.1
Mouse parvovirus minute virus immunosuppressive variant genome (= MVMi)	119	119	100%	6e-24	96%	X02481.1

图 9　阳性样品测序验证

第七节　国内外同类标准分析

本标准为国内原创标准，国际上无类似标准。

第八节　与法律法规、标准关系

本标准按 GB/T 1.1—2009 规则和实验动物标准的基本结构编写，与实验动物标准体系协调统一；本标准与《实验动物管理条例》、《实验动物质量管理办法》等国家相关法规和实验动物强制性标准的规定和要求协调一致。目前实验动物国家标准没有小鼠细小病毒 MVM 株 PCR 检测方法标准，本标准作为团体标准是对现有标准的有利补充。

第九节　重大分歧的处理和依据

从标准结构框架和制定原则的确定、标准的引用、有关技术指标和参数的试验验证、主要条款的确定直到标准草稿征求专家意见（通过函寄和会议形式多次咨询和研讨），均未出现重大意见分歧的情况。

第十节 作为推荐性标准的建议

本标准发布实施后作为推荐性标准使用。

第十一节 标准实施要求和措施

本标准发布实施后，建议通过培训班、会议宣传和网络宣传等形式积极开展宣贯培训活动。面向各行业开展动物实验的机构和个人，宣传贯彻标准内容。

第十二节 本标准常见知识问答

一、现行实验动物国家标准中已有小鼠细小病毒MVM株检测方法，本标准如何配合这些检测方法使用？

实验动物国家标准小鼠细小病毒检测方法（GB/T 14926.28—2001）规定了ELISA、IFA和免疫酶试验（IEA）三种血清学检测方法。这三种方法都是针对动物抗体进行检测，目前最常用的是ELISA和IFA检测方法，实际检测中ELISA可用于样本的大通量筛查，IFA一般用做确认试验。

本标准中普通PCR和实时荧光PCR检测方法都是病原学检测方法，可以适用于实验动物及产品、实验动物接种物和环境等样本的检测。可根据实验室的条件，选择其中一种或两种方法进行检测，实时荧光PCR检测方法采用闭管检测分析，可以减少检测过程的污染风险。在实际应用中，当普通PCR检测为阳性时，可以采用实时荧光PCR方法进行确证。如果两种方法检测结果不一致时，可通过测序方法进行最终验证，即取待检样本扩增出的阳性PCR产物进行核酸序列测定，序列结果与已公开发表的MVM特异性片段序列进行比对，序列同源性在90%以上，可确诊待检样本MVM阳性，否则判定MVM阴性。

需要指出的是，血清抗体检测是诊断实验动物病毒感染的经典方法。本标准适用于不能通过血清抗体进行检测的样本快速检测，是实验动物质量控制必不可少的方法。

二、什么是PCR假阳性，产生假阳性的原因是什么？

假阳性是指对实验材料中阴性目的物检测反而得到阳性结果的现象。如果一次实验中的几个阴性对照中出现一个或几个阳性结果，提示本次实验中其他标本的检测结果可能有假阳性。假阳性主要来源于样本采集、处理、PCR过程中的污染，造成假阳性的原因主要有以下几点。

（1）样品间交叉污染：非一次性采样器具由于之前采样的痕量残留物含有本次检测的目的核酸而污染本次样品，造成假阳性。盛放样品器具密封不严造成样品间的污染样本污染。样本核酸模板在提取过程中，由于吸样枪污染导致标本间污染。有些微生物标本尤其是病毒可随气溶胶或形成气溶胶而扩散，导致彼此间的污染。

（2）PCR 试剂的污染：主要是由于在 PCR 试剂配制过程中，由于加样枪、容器、双蒸水及其他溶液被 PCR 核酸模板污染。

（3）PCR 扩增产物污染：由于 PCR 产物拷贝量大，远远高于 PCR 检测数个拷贝的极限，所以极微量的 PCR 产物污染，就可形成假阳性，这是 PCR 反应中最常见的污染问题。

还有一种容易忽视，最可能造成 PCR 产物污染的形式是气溶胶污染，空气与液体面摩擦时可形成气溶胶，在操作时比较剧烈地摇动反应管，开盖时、吸样时及污染进样枪的反复吸样都可形成气溶胶而污染。气溶胶造成的污染是造成假阳性的主要原因。

（4）克隆质粒的污染：常见于用克隆质粒做阳性对照的实验室。由于克隆质粒在单位容积内含量相当高，另外在纯化过程中需用较多的用具及试剂，而且在活细胞内的质粒，由于活细胞的生长繁殖的简便性及具有很强的生命力，其污染可能性也很大。

三、如何控制 PCR 假阳性？

（1）在 PCR 检测时，每次都要设立阴性对照样品和阳性对照样品对检测参数进行参比对照。只有在阴性对照样品和阳性对照样品检测结果成立的前提下，才能对检测样品进行结果判定。

（2）合理分隔实验室：将样品的处理、配制 PCR 反应液、PCR 扩增及 PCR 产物鉴定等步骤分区或分室进行，特别注意样本处理及 PCR 产物的鉴定应与其他步骤严格分开，最好能划分。合理的 PCR 实验室应分为标本处理及核酸抽提区、PCR 反应液制备区、PCR 扩增区和 PCR 产物鉴定区。各区使用的仪器、设备、耗材和工作服应独立专用，实验前应将实验室用紫外线消毒以破坏残留的 DNA 或 RNA。

（3）规范试剂耗材管理：新购买的试剂需进行实验前验证。PCR 试剂可选择小量分装储存，避免污染。试验过程中所用的一次性塑料耗材，如吸头、离心管、八连管等均应采购无核酸酶的并且使用前进行高温高压处理。塑料器皿用 0.1% DEPC 水浸泡 4h 后高温高压处理分解 DEPC。玻璃仪器或金属器具使用前须 180℃高温干烤 6h 以上。

（4）采用 UNG 酶防止污染：由于 PCR 产物是最常见的污染源，为避免以前检测中所产生的扩增产物的污染，可在 PCR 试剂中以 dUTP 取代 dTTP，因此 PCR 产物都是含有 dU 的 DNA 链。在 PCR 开始前增加 50℃的保温步骤，UNG 酶即可将反应体系中已有的 U-DNA 污染物中的尿嘧啶碱基降解，并在随后变性这步的条件下 DNA 链断裂，消除由于污染 DNA 产生的扩增，从而保证扩增结果的特异性，准确性。同时 UNG 酶被灭活，不会再降解新扩增的产物 U-DNA。

（5）操作人员应经过专业培训，具有一定经验和操作技能，必须严格按照质量体系规定的检测标准和检测方法操作。

四、什么是 PCR 假阴性，产生假阴性的原因是什么？

假阴性是指实验中设置的阳性对照未能扩增呈阳性结果现象，但这里应注意，阳性对照应该包含样品核酸提取和 PCR 扩增步骤。因此，如果未在样品的核酸提取步骤设置了阳性对照，而恰好在该步骤存在问题，即使阳性对照均呈阳性，样品检测中还可能有假阴性。造成 PCR 假阴性问题的原因较为复杂，概括起来有：

（1）仪器因素：PCR 仪孔间差异或控温不准，引起扩增失败或扩增效率降低。

（2）试剂因素：核酸抽提试剂、引物和 PCR 扩增试剂质量问题导致扩增失败。

（3）采样因素：不合理的样本采集、转运及处理、样本中微生物滴度过低均有可能导致假阴性结果。

（4）核酸模板因素：模板中存在 PCR 抑制剂，如杂蛋白质、多糖、酚等抑制物；容器中存在 RNA 酶导致 RNA 降解。

（5）靶序列变异因素：待测靶序列的变异或其他原因导致的序列改变，影响引物与模板特异性结合，可能会导致假阴性结果。

（6）操作人员因素：PCR 实验的环节很多，而且对每一环节的质量要求都很高，例如少加、漏加试剂、离心不充分、反应参数设计错误等都能造成结果的假阴性。

五、如何控制 PCR 假阴性?

（1）在 PCR 检测时，每次都要设立阴性对照样品和阳性对照样品对检测参数进行参比对照。只有在阴性对照样品和阳性对照样品检测结果成立的前提下，才能对检测样品进行结果判定。此外设置合理的内对照（内标）是判断假阳性的有效手段，内对照必须覆盖样品处理、核酸抽提、PCR 扩增和产物检测全过程。

（2）定期监测 PCR 仪，出现问题应及时进行维护并校准。

（3）新购买的试剂和引物需进行实验前验证，试剂应合理保存并分装使用，防止酶失活，避免反复冻融。

（4）严格处理样品程序，核酸提取过程中尽量去除可能干扰或抑制 PCR 反应的物质。可采用稀释或再纯化模板 DNA 方法，进行扩增分析，减少假阳性发生。

操作人员应经过专业培训，具有一定经验和操作技能，必须严格按照质量体系规定的检测标准和检测方法操作。

参 考 文 献

田克恭 . 1992. 实验动物病毒性疾病 . 北京：中国农业出版社，76-83.

Ball-Goodrich LJ，Johnson E. 1994. Molecular characterization of a newly recognized mouse parvovirus. J Virol，68：6476-6486.

Besselsen DG，Besch-Williford CL，et al.1995.Detection of newly recognized rodent parvoviruses by PCR. J Clin Microbiol，33（11）：2859-2863.

Besselsen DG，Pintel DJ，Purdy GA，et al. 1996.Molecular characterization of newly recognized rodent parvoviruses. J Gen Virol，77：899-911.

Bootz F，Sieber I，Popovic D，et al. 2003. Comparison of the sensitivity of in vivo antibody production tests with *in vitro* PCR-based methods to detect infectious contamination of biological materials. Laboratory animals，37：341-351.

GB 14922.2—2011 实验动物微生物学等级及监测 .

GB/T 14926.28—2001 实验动物 小鼠细小病毒检测方法 .

实验动物科学丛书

I 实验动物管理系列
常见实验动物感染性疾病诊断学图谱（5）
实验动物科学史（10）
实验动物质量控制与健康监测（21）
II 实验动物资源系列
实验动物新资源（6）
悉生动物学（9）
III 实验动物基础科学系列
实验动物遗传育种学（8）
实验动物解剖学（13）
实验动物病理学（14）
实验动物营养学（15）
IV 比较医学系列
实验动物比较组织学彩色图谱（2，978-7-03-048450-5）
比较影像学（7）
比较解剖学（11）
比较病理学（12）
比较生理学（18）
V 实验动物医学系列
实验动物医学（20）
VI 实验动物福利系列
实验动物福利（16）
VII 实验动物技术系列
动物实验技术（19）
VIII 实验动物科普系列
实验室生物安全事故防范和管理（1，978-7-03-047319-6）
实验动物十万个为什么（17）
IX 实验动物工具书系列
中国实验动物学会团体标准汇编（第一卷）（3，978-7-03-053996-0）
中国实验动物学会团体标准汇编（第二卷）（4）
中国实验动物学会团体标准汇编（第三卷）（22）